# 电子线路仿真与设计

主　编　申继伟
副主编　张　晨　曾志鹏

北京理工大学出版社
BEIJING INSTITUTE OF TECHNOLOGY PRESS

## 内 容 简 介

本书配备相关的教学视频，以二维码的形式嵌入教材，便于读者随时随地学习。本书注重将理论分析与实践设计相结合，内容条理清晰、重点突出、注重实用，每章节前列出重点解决的问题和需要用到的知识点。教材提供了大量的实例供读者参考，提供了大量的练习，供不同层次的读者练习。

本书分为四部分，共11章。第一部分（第1、2章）介绍了Multisim10的基本操作方法、虚拟仪器及仿真分析方法；第二部分（第3~7章）介绍模拟电子线路的仿真设计方法，包括半导体元器件、单级放大电路、差分放大电路、功率放大电路、多级放大电路、负反馈放大电路、集成运算放大电路、信号发生电路、直流稳压电源；第三部分（第8~10章）介绍数字逻辑电路的仿真设计方法，包括组合逻辑电路、时序逻辑电路、555集成定时电路；第四部分（第11章）介绍电子线路综合设计。

本书可供电子信息类、电气、测控、计算机类等专业作为电子线路课程的实验、设计的指导书，也可供有关的工程技术人员参考。

**版权专有　侵权必究**

### 图书在版编目（CIP）数据

电子线路仿真与设计/申继伟主编. —北京：北京理工大学出版社，2016.5（2020.3重印）

ISBN 978-7-5682-2170-2

Ⅰ.①电… Ⅱ.①申… Ⅲ.①电子电路-计算机仿真 ②电子电路-电路设计 Ⅳ.①TN702

中国版本图书馆CIP数据核字（2016）第076632号

| | |
|---|---|
| 出版发行 / | 北京理工大学出版社有限责任公司 |
| 社　　址 / | 北京市海淀区中关村南大街5号 |
| 邮　　编 / | 100081 |
| 电　　话 / | （010）68914775（总编室） |
| | （010）82562903（教材售后服务热线） |
| | （010）68948351（其他图书服务热线） |
| 网　　址 / | http://www.bitpress.com.cn |
| 经　　销 / | 全国各地新华书店 |
| 印　　刷 / | 唐山富达印务有限公司 |
| 开　　本 / | 787毫米×1092毫米　1/16 |
| 印　　张 / | 23.5 |
| 字　　数 / | 550千字 |
| 版　　次 / | 2016年5月第1版　2020年3月第3次印刷 |
| 定　　价 / | 49.80元 |

责任编辑 / 陈莉华
文案编辑 / 陈莉华
责任校对 / 周瑞红
责任印制 / 李志强

图书出现印装质量问题，请拨打售后服务热线，本社负责调换

# 前　言

随着电子技术的迅猛发展，电子技术设计手段也日新月异，而电子设计自动化已成为电子技术设计手段的主流。对电子技术设计人员来说，熟练使用 EDA 工具，不仅能提高设计电路的效率，而且能减少设计电路的错误率。目前，各工科院校均采用 EDA 工具进行电路仿真分析与设计，这一方面可以加深学生对所学知识的理解，另一方面可以提高学生的实践动手能力。Multisim 以其操作简单、功能强大及仿真方法完备而受到电气类专业师生的青睐。

本书以培养学生的实践动手能力、电路设计能力和创新能力为目的，注重理论知识和实践相结合、注重电路分析与设计。书中主要介绍了 Multisim 软件的使用方法，常用电路仿真分析方法及电路设计方法，并展示了电子线路设计的全过程，使用者可以根据专业和教学计划的需要进行适当选择。

本书具有以下三大特点：

（1）注重理论与实践相结合。

理论对实践具有一定指导作用，在电路设计之前必须经过必要的理论分析，首先确定使用什么类型的电路，然后估算电路中的元件参数，接着利用软件进行仿真分析，验证电路设计的正确性。因此，在各章内容之前总结了相关的理论知识及估算方法，并对相关电路的元件参数进行估算，读者可以根据本书提供的方法估算其他电路的元件参数。通过本书学习使读者明白各类型电路的用途及元件参数的估算方法以及电路的仿真分析及设计方法。

（2）具有丰富的电路仿真分析实例及让学生自主设计的电路。

本书安排了大量的典型电路仿真分析实例，使读者能全面掌握理论分析、电路仿真分析、电路设计的具体方法及电路设计流程。为了强化读者的学习效果，在各章中安排了针对性较强的实验。实验给出详细的实验目的、实验任务、思考题，同一个实验具有几个不同的实验任务，读者或教师可以根据实验学时数和教学要求布置不同的实验任务。

（3）配有相关视频，使内容浅显易懂，方便读者自主学习。

本书配有相关视频，包括软件使用、电路理论分析、电路仿真分析实例等，以二维码的形式嵌入课本中，便于读者随时、随地观看学习。若二维码无法观看，请关注公众号"漫步紫金微课堂"，观看视频。视频的连续性使课本内容形象生动、浅显易懂。读者在学习电路仿真分析实例时，对于理论分析、参数估算、电路设计方法可以参考课本讲授内容，对于电路仿真分析方法及流程可以参考视频，将视频与课本相结合，可以有效地缩短学习时间、提高学习效率。

本书分为四部分，共 11 章：第一部分（第 1、2 章）介绍了 Multisim10 的基本操作方法、虚拟仪器及仿真分析方法；第二部分（第 3~7 章）介绍模拟电子线路的仿真设计方法，包括半导体元器件、单级放大电路、差分放大电路、功率放大电路、多级放大电路、负反馈放大电路、集成运算放大电路、信号发生电路、直流稳压电源；第三部分（第 8~10

章）介绍数字逻辑电路的仿真设计方法，包括组合逻辑电路、时序逻辑电路、555 集成定时电路；第四部分（第 11 章）介绍电子线路综合设计。

本书可供电子信息类、电气、测控、计算机类等专业作为电子线路课程的实验、设计的指导书，也可供有关的工程技术人员参考。

本书由申继伟担任主编，张晨、曾志鹏担任副主编，孟迎军教授、蒋立平教授主审。在本书编写过程中，朱甦、孙敦艳、陈姝君、周广丽、王彬彬、郁玲艳、朱丹等老师，为本书编写提供了帮助，在此表示衷心感谢！感谢南京理工大学紫金学院领导在本书编写中的大力支持和帮助。

由于编者水平有限，书中难免存在错漏和不妥之处，恳请读者、专家、同行批评指正。

编　者

2015 年 12 月

# 目 录

## 第1章 Multisim 简介 ··· 1
### 1.1 电子技术简介 ··· 1
### 1.2 Multisim10 软件简介 ··· 2
### 1.3 Multisim10 界面 ··· 3
#### 1.3.1 Multisim10 菜单栏 ··· 4
#### 1.3.2 Multisim10 工具栏 ··· 9
#### 1.3.3 Multisim10 设计工具箱（Design Toolbox） ··· 12
#### 1.3.4 Multisim10 电子表格窗口（Spreadsheet View） ··· 12
### 1.4 Multisim10 元器件 ··· 14
#### 1.4.1 Multisim10 元件栏 ··· 14
#### 1.4.2 Multisim10 元件库介绍 ··· 17
### 1.5 Multisim10 基本操作 ··· 26
#### 1.5.1 设置界面 ··· 26
#### 1.5.2 放置元件 ··· 31
#### 1.5.3 电路布局 ··· 32
#### 1.5.4 修改元件属性 ··· 33
#### 1.5.5 电路连线 ··· 34
#### 1.5.6 添加标题 ··· 34
#### 1.5.7 打印元件列表 ··· 35
#### 1.5.8 使用图形显示窗口 ··· 36
#### 1.5.9 定制元器件 ··· 39
#### 1.5.10 右键菜单 ··· 40
#### 1.5.11 恢复软件界面默认设置 ··· 42
#### 1.5.12 子电路 ··· 42

## 第2章 Multisim10 虚拟仪器及仿真分析方法 ··· 44
### 2.1 Multisim10 虚拟仪器 ··· 44
#### 2.1.1 模拟虚拟仪器 ··· 45
#### 2.1.2 数字虚拟仪器 ··· 54
#### 2.1.3 射频虚拟仪器（频谱分析仪） ··· 59
#### 2.1.4 模拟 Agilent、Tektronix 仪器 ··· 60
#### 2.1.5 虚拟面包板 ··· 63
### 2.2 Multisim10 仿真分析方法 ··· 67
#### 2.2.1 直流工作点分析 ··· 68

## 2.2.2 交流分析 … 69
## 2.2.3 瞬态分析 … 70
## 2.2.4 傅里叶分析 … 72
## 2.2.5 噪声分析 … 73
## 2.2.6 噪声系数分析 … 74
## 2.2.7 失真分析 … 75
## 2.2.8 直流扫描分析 … 76
## 2.2.9 灵敏度分析 … 77
## 2.2.10 参数扫描分析 … 77
## 2.2.11 温度扫描分析 … 79
## 2.2.12 极点零点分析 … 80
## 2.2.13 传递函数分析 … 81

# 第3章 半导体元器件 … 82
## 3.1 半导体二极管 … 82
### 3.1.1 普通二极管 … 83
### 3.1.2 特殊二极管 … 87
## 3.2 双极型晶体管 … 90
### 3.2.1 普通三极管 … 90
### 3.2.2 光电三极管 … 94
## 3.3 场效应管 … 95
### 3.3.1 MOS管的输出特性曲线 … 96
### 3.3.2 MOS管的转移特性曲线 … 98
### 3.3.3 MOS管的工作状态 … 100
## 3.4 半导体模型参数 … 101

# 第4章 放大电路 … 105
## 4.1 单级放大电路 … 105
### 4.1.1 共发射极放大电路 … 106
### 4.1.2 共集电极放大电路 … 117
### 4.1.3 共基极放大电路 … 122
### 4.1.4 场效应管放大电路 … 124
## 4.2 差分放大电路 … 131
### 4.2.1 电路结构 … 131
### 4.2.2 静态工作点分析 … 134
### 4.2.3 小信号动态分析 … 137
### 4.2.4 差分放大电路大信号特性 … 143
## 4.3 功率放大电路 … 147
### 4.3.1 OCL功率放大电路 … 148
### 4.3.2 OTL功率放大电路 … 152

  4.3.3 集成功率放大电路 ·········································································· 155
 4.4 多级放大电路 ·············································································································· 158
  4.4.1 阻容耦合多级放大电路 ···································································· 159
  4.4.2 直接耦合多级放大电路 ···································································· 162
  4.4.3 耦合元件的选择 ·············································································· 163
 4.5 负反馈放大电路 ········································································································ 165
  4.5.1 反馈放大电路极性判断 ···································································· 165
  4.5.2 反馈放大电路组态判断 ···································································· 167
  4.5.3 负反馈放大电路交流参数的估算 ···················································· 167
  4.5.4 反馈放大电路仿真与分析 ································································ 168

# 第 5 章 集成运算放大电路 ·············································································································· 176
 5.1 集成运放的分析依据 ······························································································· 176
 5.2 比例运算电路 ·············································································································· 177
  5.2.1 理论分析 ························································································· 178
  5.2.2 电路仿真与分析 ·············································································· 179
 5.3 加、减法运算电路 ·································································································· 185
  5.3.1 理论分析 ························································································· 185
  5.3.2 仿真验证 ························································································· 186
 5.4 积分运算电路 ·············································································································· 187
  5.4.1 理论分析 ························································································· 188
  5.4.2 电路仿真与分析 ·············································································· 189
 5.5 有源滤波电路 ·············································································································· 193
  5.5.1 有源低通滤波器 ·············································································· 194
  5.5.2 有源高通滤波器 ·············································································· 201
 5.6 集成电路设计举例 ·································································································· 202
  5.6.1 监测电路工作原理 ·········································································· 203
  5.6.2 电路参数估算 ·················································································· 203
  5.6.3 电路仿真与分析 ·············································································· 204

# 第 6 章 信号发生电路 ······················································································································ 208
 6.1 电压比较器 ·················································································································· 208
  6.1.1 迟滞电压比较器理论分析 ································································ 209
  6.1.2 迟滞电压比较器仿真与分析 ···························································· 211
 6.2 正弦波振荡电路 ········································································································ 213
  6.2.1 RC 正弦波振荡电路理论分析 ·························································· 213
  6.2.2 RC 正弦波振荡电路仿真与分析 ······················································ 215
 6.3 非正弦波发生电路 ·································································································· 219

# 第 7 章 直流稳压电源 ······················································································································ 223
 7.1 整流与滤波电路 ········································································································ 223

7.1.1 单相桥式整流电路理论分析 ······················································ 223
7.1.2 滤波电路理论分析 ···································································· 225
7.1.3 整流滤波电路仿真与分析 ························································ 226
7.2 三端集成直流稳压电源 ········································································ 229
7.2.1 稳压管稳压电路 ······································································ 230
7.2.2 三端集成稳压器 ······································································ 230
7.2.3 可调式三端集成直流稳压电源参数估算 ·································· 232
7.2.4 可调式三端集成直流稳压电源仿真与分析 ····························· 233

## 第8章 组合逻辑电路 ························································································ 236
8.1 全加器电路仿真分析 ············································································ 236
8.1.1 电路设计分析 ·········································································· 236
8.1.2 元器件选取及电路组成 ·························································· 237
8.1.3 电路仿真分析 ·········································································· 239
8.1.4 通用加法器集成电路应用 ······················································ 243
8.2 键盘编码电路设计 ················································································ 245
8.2.1 编码器 ······················································································ 245
8.2.2 译码器 ······················································································ 246
8.2.3 简易键盘编码电路仿真 ·························································· 250
8.3 通用译码器集成电路 ············································································ 251
8.3.1 3 线 – 8 线译码器 74138 ························································ 251
8.3.2 数据分配器 ·············································································· 254
8.4 数据选择器 ···························································································· 257
8.4.1 通用数据选择器集成电路 ······················································ 258
8.4.2 数据选择器实现组合逻辑函数 ··············································· 260
8.5 数值比较器 ···························································································· 262
8.5.1 数值比较器原理 ······································································ 262
8.5.2 通用数值比较器集成电路应用 ··············································· 262

## 第9章 时序逻辑电路 ························································································ 265
9.1 触发器仿真分析 ···················································································· 265
9.2 任意进制计数器的仿真分析 ································································ 267
9.2.1 通用同步计数器集成电路介绍 ··············································· 268
9.2.2 利用集成计数器构成任意进制计数器 ··································· 271
9.3 计数型序列信号发生器设计 ································································ 275
9.3.1 利用计数器设计计数型序列信号发生器 ······························· 275
9.3.2 简易十进制数字信号发生器设计 ··········································· 277
9.4 寄存器和移位寄存器 ············································································ 279
9.4.1 多功能双向移位寄存器 74194 ··············································· 279
9.4.2 移存型序列信号发生器设计 ··················································· 280

## 第10章 555集成定时电路的仿真分析 ··· 283
### 10.1 555集成定时器 ··· 283
#### 10.1.1 555定时器的电路结构 ··· 283
#### 10.1.2 555定时器的工作原理 ··· 284
### 10.2 555集成定时器构成单稳态触发电路的仿真分析 ··· 285
#### 10.2.1 单稳态触发电路设计分析 ··· 285
#### 10.2.2 单稳态触发电路的元器件选取及电路仿真分析 ··· 287
### 10.3 555集成定时器构成多谐振荡器的电路仿真分析 ··· 288
#### 10.3.1 多谐振荡器电路设计分析 ··· 288
#### 10.3.2 多谐振荡器电路的元器件选取及电路仿真分析 ··· 289

## 第11章 简易数字频率计仿真设计 ··· 291
### 11.1 功能要求 ··· 292
### 11.2 测频原理 ··· 292
### 11.3 总体方案设计 ··· 294
### 11.4 系统工作原理 ··· 295
### 11.5 单元电路设计 ··· 296
#### 11.5.1 放大电路 ··· 296
#### 11.5.2 反相比例放大电路 ··· 297
#### 11.5.3 同相比例放大电路 ··· 299
#### 11.5.4 有源滤波电路 ··· 301
#### 11.5.5 比较整形电路 ··· 305
#### 11.5.6 计数译码显示电路 ··· 310
#### 11.5.7 逻辑控制电路 ··· 315
#### 11.5.8 时基振荡电路 ··· 319
### 11.6 系统电路整体仿真 ··· 323
### 11.7 电路扩展训练 ··· 325

## 实践练习 ··· 326
### 实验一 软件基本操作 ··· 326
### 实验二 虚拟仪器使用及仿真方法 ··· 327
### 实验三 半导体器件特性 ··· 329
### 实验四 单级放大电路 ··· 332
### 实验五 差分放大电路 ··· 336
### 实验六 功率放大电路 ··· 338
### 实验七 多级放大电路 ··· 342
### 实验八 负反馈放大电路 ··· 346
### 实验九 集成运算放大电路 ··· 349
### 实验十 有源滤波电路 ··· 351
### 实验十一 电压比较器 ··· 352

实验十二　RC 正弦波振荡电路 ……………………………………………………… 357
实验十三　非正弦波振荡电路 ……………………………………………………… 358
实验十四　直流稳压电源设计 ……………………………………………………… 360
实验十五　组合逻辑电路 …………………………………………………………… 360
实验十六　时序逻辑电路 …………………………………………………………… 361
实验十七　555 集成电路仿真分析 ………………………………………………… 362

**参考文献** ……………………………………………………………………………… 363

# 第 1 章

# Multisim 简介

## 1.1 电子技术简介

电子技术是利用相关电子元器件设计并制造具有某种功能的电路以解决实际问题的学科，主要包括电子信息技术和电力电子技术两部分。电子信息技术主要包括模拟电子技术和数字电子技术。电子技术实习教程是培养电子、电气类专业实践应用型人才的基本内容之一，电子技术相关课程是大多数工科院校的必修课程，理论性和实用性较强，在整个教学体系中占有较大比重。

传统的电子技术教学方法为：先学习理论知识，然后根据需要绘制电路原理图，选用合适元件搭建电路，电路搭建完成后利用仪器仪表进行测量，如果没有达到要求则要对搭建电路进行修改，直到电路功能达到预期要求。这样对硬件电路的修改比较繁复，造成不必要的损失。为了确保电路设计的正确性，消除电路设计中潜在的问题，电子技术仿真变得尤为重要，在电子技术仿真过程中，可以让学生充分发挥主观能动性，激发学生的学习兴趣，提高电路的设计效率。

电路仿真，顾名思义就是对设计好的电路通过仿真软件进行实时模拟，模拟出实际功能，然后通过分析改进，从而实现电路的优化设计。电路仿真是 EDA（电子设计自动化）的一部分。

仿真系统可以对电路的功能行为进行模拟，而不需要建立实际的电路，因此它是一种很有实用价值的工具。由于仿真系统对真实情况的模拟越来越逼真，许多大学、研究机构都会使用这类工具来辅助电子工程方面的教学。由于电子电路仿真系统一般具有较好的图形化界面，它们常常可以使用户有身临其境的感觉。对于初学者，他们可以在仿真软件的帮助下进行分析、综合、组织和评估所学的知识。

在构建实际的电路之前，对设计进行仿真验证，可以大大地提高设计效率。这是由于设计人员可以在构建电路之前，预先观察、研究电路的行为，而不必为电路的物理实现付出时间和经济的成本。一些电子仿真系统集成了原理图编辑器、仿真引擎、波形显示功能，这样用户可以轻松地观察电路行为的即时状态。通常，仿真系统也会包括扩展模型以及电子元件库。其中模型主要包括集成电路专用的晶体管模型，例如 BSIM；而元件库会提供很多通用元件，如电阻器、电容器、电感元件、变压器和用户定义的模型（例如受控的电流源、电压源）等。现在比较常用的电路仿真软件有 Multisim 系列、Cadence 等。

## 1.2　Multisim10 软件简介

Multisim10 是由美国国家仪器公司（National Instrument，简称 NI）于 2007 年推出的电路仿真与分析软件，它可以实现电路原理图的建立、仿真、分析、设计、仿真仪器测试、单片机等高级应用，其界面直观形象、操作十分方便、简单易学。Multisim 可以设计、测试多种电子电路，包括电路、模拟电子线路、数字电路、射频电路及微控制器电路等。设计者可以利用 Multisim10 的虚拟仪器观察不同情况下电路的工作状态，利用不同的仿真方式对电路进行多种分析，可以利用软件存储仿真数据并列出仿真电路与器件清单等与电路相关的数据。

Multisim10 的主要特点如下。

**1. 操作界面直观形象**

Multisim10 提供了交互式的工作界面，整个界面类似于电子实验平台，所有用到的元器件和虚拟仪器都可以直接放置在工作界面中，单击鼠标就可以轻松完成电路连线。虚拟仪器面板与实际仪器面板非常相似，虚拟仪器操作方法与实际仪器操作方法类似，虚拟仪器测量的波形、数据和在实际仪器上看到的几乎一样。

**2. 多样化的元件库**

Multisim10 提供了多种实际元件和虚拟元件，包括基本的无源元件、半导体器件、CMOS 器件、IC 单元、模数转换、单片机等元器件。其中，实际元件型号、参数不可修改，有封装，有利于制作 PCB 板；虚拟元件参数可以修改，无封装，不能制作 PCB 板。用户也可以根据需要自行创建元件模型。

**3. 丰富的虚拟仪器仪表**

Multisim10 提供多种虚拟仪器仪表，用于测试电路性能参数及显示仿真波形。如：数字万用表、示波器、函数信号发生器、瓦特表、字信号发生器、逻辑分析仪等。同时 Multi-sim10 提供了 Agilent、Tektronix 仪器，这些仪器面板与真实仪器一模一样，操作方便、灵活。图 1.2.1 为虚拟示波器面板。

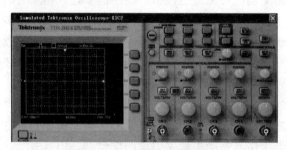

图 1.2.1　虚拟示波器面板

**4. 完备的仿真分析方法**

Multisim10 的仿真能力十分强大，可以对模拟电路、数字电路、模数混合电路、射频电路进行仿真分析，可以提供错误的相关信息及可能产生错误的原因，对仿真结果可以随时存储和打印。Multisim10 提供了多种分析方法，如：直流工作点分析、交流分析、瞬态分析、傅里叶分析、噪声分析、失真分析、参数扫描分析、灵敏度分析、温度扫描分析、极点－零点分析等。

5. 提供 3D 虚拟面包板环境

Multisim10 提供 NI ELVIS Breadboard View 功能，允许用户在 3D 面包板环境中制作相关电路并进行实验，用户在进行实物连接之前，可以利用虚拟面包板进行元件连接和虚拟实验，具有很强的真实感，实验效果与实际效果相似，图 1.2.2 为虚拟面包板界面。

图 1.2.2　虚拟面包板界面

## 1.3　Multisim10 界面

利用 Multisim10 进行的电路设计和仿真，都是在软件界面的电路工作窗口中进行的。Multisim10 基本界面如图 1.3.1 所示，包括菜单栏、工具栏、电路工作区、设计工具箱（Design Toolbox）、电子表格窗口、状态栏。

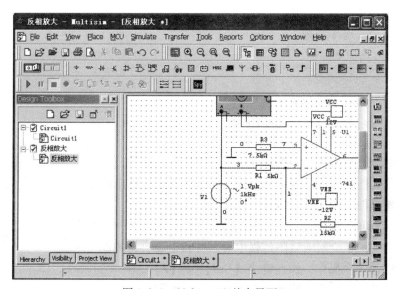

图 1.3.1　Multisim10 基本界面

## 1.3.1 Multisim10 菜单栏

Multisim10 菜单栏如图 1.3.2 所示，共有 12 个菜单，分别为文件（File）、编辑（Edit）、视图（View）、放置（Place）、微控制器（MCU）、仿真（Simulate）、文件输出（Transfer）、工具（Tools）、报表（Reports）、选项（Options）、窗口（Window）、帮助（Help）。

图 1.3.2　Multisim10 的菜单栏

**一、文件（File）菜单**

文件菜单用于管理电路文件，如打开、保存、打印等，大部分命令和 Office 软件基本相同。

New：新建电路图文件，文件类型有两种，分别为"Schematic capture"和"NI ELVIS Schematic"。

Open：打开已经设计好的电路。

Open Sample：打开软件自带的实例。

Close：关闭当前电路图文件。

Close all：关闭 Multisim10 中的所有文件。

Save：保存当前电路图文件。

Save As：将当前电路图文件另存。

Save all：保存 Multisim10 的所有文件。

New Project：新建工程。

Open Project：打开已有工程文件。

Save Project：保存当前工程文件。

Close Project：关闭当前工程。

Version Control：版本管理。

Print：打印电路原理图。

Print Preview：打印预览。

Print Options：打印选项设置。

Recent Circuits：最近打开的电路图文件。

Recent Project：最近打开的工程文件。

Exit：关闭当前电路并退出 Multisim10。

其中对工程文件的操作共有 4 个命令，完整的工程包括电路原理图、PCB 文件、仿真文件、工程文件和报告文件。

**二、编辑（Edit）菜单**

编辑菜单主要用于绘制电路图过程中对元件和电路进行操作。

Undo：撤销前一次操作，快捷键为【Ctrl】+【Z】。

Redo：恢复前一次操作，快捷键为【Ctrl】+【Y】。

Cut：剪切选中的内容，快捷键为【Ctrl】+【X】。

Copy：复制选中的内容，快捷键为【Ctrl】+【C】。

Paste：粘贴，快捷键为【Ctrl】+【V】。
Delete：永久删除选中的元器件和电路，快捷键为【Delete】。
Select all：全选，快捷键为【Ctrl】+【A】。
Delete Multi – Page：多页电路文件中删除指定页，一旦删除后无法恢复。
Paste as Subcircuit：将剪切板中的内容粘贴成子电路形式。
Find：查找，选择该项后可以寻找元件的名称、类型等，快捷键为【Ctrl】+【F】。
Graphic Annotation：图形注释。
Order：排列图形放置层次。
Assign to Layer：图层赋值。
Layer Setting：设置图层属性。
Orientation：设置元件旋转角度，包括水平翻转、垂直翻转、顺时针旋转、逆时针旋转。该选项可以改变电路中元件的方位，以三极管为例，四种操作如图 1.3.3 所示。

图 1.3.3　三极管的水平翻转、垂直翻转、顺时针旋转、逆时针旋转

Title Block Position：标题位置。
Edit Symbol/Title Block：对已选定图形符号或工作区域内的标题进行编辑。
Font：字体设置。
Comment：对注释项进行编辑。
Properties：打开已选元件的属性对话框，设置参数。

### 三、视图（View）菜单

视图菜单为窗口调整命令，用于添加或隐藏工具、元件库、状态栏等。
Full Screen：全屏，可用于观察电路整体情况，单击图 1.3.4 所示按钮可退出全屏模式。
Parent Sheet：层次。
Zoom In：放大，快捷键为【F8】，也可以向上滑动鼠标中轮。
Zoom Out：缩小，快捷键为【F9】，也可以向下滑动鼠标中轮。
Zoom Area：选择性放大电路图，快捷键为【F10】，可以选择需要放大的区域。
Zoom Fit to Page：放大到合适页面，快捷键为【F7】，在工作界面上显示整个页面。
Zoom to Magnification：按照比例放大，快捷键为【F11】，选择该项弹出放大比例设置对话框，如图 1.3.5 所示，"Custom"项用于自定义放大比例。

 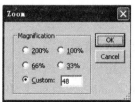

图 1.3.4　退出全屏按钮　　　图 1.3.5　比例放大设置对话框

Zoom Selection：放大选择，使用该选项首先应选择要放大的电路图，然后按【F12】键，则选中区域被放大至整个工作界面，若没有选择电路图，该选项处于灰色禁止操作状态。

Show Grid：显示栅格，显示栅格有助于绘制电路图。

Show Border：显示图纸边框。

Show Page Bounds：显示图纸边界。

Ruler bars：显示标尺。

Statusbar：显示状态条。

Design Toolbox：显示工程工具箱。

Spreadsheet View：显示电子数据表。

Circuit Description box：显示电路描述框。

Toolbars：设置工具栏，该命令下有多项子选项，可用于设置在界面中是否显示相关工具。

Show Comment：显示、关闭注释。

Grapher：打开图形窗口，该选项在仿真时常常用到。

### 四、放置（Place）菜单

放置菜单主要用于在电路图中放置元器件、电路节点、线条、文本、标注等绘图内容，同时包括电路层次化的操作命令。

Component：放置元件，快捷键为【Ctrl】+【W】。

Junction：放置节点，方便连线，快捷键为【Ctrl】+【J】。

Wire：放置连线，快捷键为【Ctrl】+【Q】。

Bus：放置总线，快捷键为【Ctrl】+【U】。

Connectors：放置连线端口。

New Hierachical Block：创建新层次模块。

New Subcircuit：创建子电路。

Replace by Subcircuit：子电路替换。

Multi-page：多页设置。

Merge Bus：合并总线。

Bus Vector Connect：总线矢量连接。

Text：放置文本。

Graphics：放置图形。

Title Block：放置标题块。

Place Ladder Rungs：放置梯形母线。

### 五、微控制器（MCU）菜单

微控制器菜单提供电路中 MCU 的调试操作命令。

No MCU Component Found：没有创建 MCU 器件。

Debug View Format：调试模式。

Show Line Numbers：显示行的编号。

Pause：暂停。

Step Into：程序单步调试。

Step Over：跳过。

Run to Cursor：运行到指针位置。

Toggle Breakpoint：为程序设置断点。

Remove all breakpoint：删除断点。

## 六、仿真（Simulate）菜单

仿真菜单包括与电路仿真相关的选项，如运行、停止、仿真方法、仿真设置等。

Run：仿真运行。

Pause：暂停仿真。

Stop：停止仿真。

Instruments：选择仿真虚拟仪器仪表，该命令包含若干子命令，所选择的虚拟仪器仪表的使用方法在第 2 章的 2.1 节进行介绍。

Interactive Simulation Setting：交互式仿真参数设置，主要用于设置仿真起始、结束时间，设置扫描单步时间、扫描点数等。

Digital Simulation Setting：数字仿真设置，可将仿真类型设置为理想和实际两种。

Analyses：设置仿真分析方法，该项包含若干子项，所设计的仿真分析方法在第 2 章 2.2 节进行详细介绍。

Postprocessor：后处理器。

Simulation Error Log/Audit Trail：仿真错误记录及查找。

Xspice Command Line Interface：Xspice 命令界面。

Load Simulation Settings：装载仿真设置。

Save Simulation Settings：保存仿真设置。

Auto Fault Option：自动设置电路故障。

Vhdl Simulation：VHDL 语言仿真。

Dynamic Probe Properties：动态探针属性。

Reverse Probe Direction：反向探针。

Clear Instrument Data：清除仿真仪器数据。

Use Tolerances：应用公差。

## 七、文件输出（Transfer）菜单

文件输出菜单用于将电路图及分析结果传送给其他应用程序，如 PCB、Excel 等。

Transfer to Ultiboard 10：将电路图传送到 Ultiboard 10。

Transfer to Ultiboard 9 or earlier：传送给 Ultiboard 9 或更早的版本。

Export to PCB Layout：传送给 PCB 软件。

Forward Annotate to Ultiboard 10：创建 Ultiboard 10 注释。

Forward Annotate to Ultiboard 9 or earlier：创建 Ultiboard 9 或更早版本的注释。

Backannotate from Ultiboard：修改 Ultiboard 注释文件。

Highlight Selection in Ultiboard：高亮显示所选择的 Ultiboard。

Export Netlist：输出电路网表。

## 八、工具（Tools）菜单

工具菜单可用于创建、编辑元件，更新元件库等。

Run Log Script：运行 Log 脚本。

Component Wizard：元器件编辑器。

Database：数据库。

Variant Manager：变量管理。

Set Active Variant：设置元器件变量。

Circuit Wizards：电路编辑器。

Rename/Renumber Components：重新命名元器件。

Replace Components：替换元件。

Update Circuit Components：更新元件。

Update HB/SC Symbols：更新 HB/SC 符号。

Electrical Rules Check：电气规则检查。

Symbol Editor：符号编辑器。

Title Block Editor：标题编辑器。

Description Box Editor：描述编辑器。

Edit Labels：编辑标签。

Capture Screen Area：抓图区域，用于复制所需要的界面。

Show Breadboard：显示实验电路板。

Education Web Page：打开网站。

## 九、报表（Reports）菜单

报表菜单包含各种与报表相关的命令，各命令含义如下。

Bill of Materials：器件清单。

Component Detail Report：元器件细节报表。

Netlist Report：电路网表报表。

Cross Reference Report：交叉表报表。

Schematic Statistics：电路统计报表。

Spare Gates Report：未用元件统计报表。

## 十、选项（Options）菜单

Global Preferences：全局参数设置。

Sheet Properties：电路图或子电路图属性参数设置。

Global Restrictions：全局限制设置。

Circuit Restrictions：电路限制设置。

Customize User Interface：定制用户界面。

Simplified Version：主窗口的简洁形式，选择该选项软件界面会变得比较简单。

## 十一、窗口（Window）菜单

New Window：建立新窗口。

Close：关闭窗口。
Close All：关闭所有窗口。
Casecade：窗口层叠排列。
Tile Horizontal：窗口水平平铺。
Tile Vertical：窗口垂直平铺。
Windows：显示所有窗口列表。

### 十二、帮助（Help）菜单

Multisim Help：帮助主题目录。
Component Reference：元件帮助主题索引。
Release Notes：版本注释。
Check For Updates：更新。
File Information：文件信息。
Patents：专利。
About Multisim：关于 Multisim 软件的说明。

## 1.3.2 Multisim10 工具栏

工具栏提供的各项功能在菜单栏中都能找到，使用工具栏可以使用户更加快捷、方便地操作软件。Multisim10 工具栏主要包括系统工具栏、标准工具栏、设计工具栏、视图工具栏、图形注释工具栏、状态栏、元件工具栏、虚拟元件工具栏等。通过执行"View"→"Toolbars"命令可以设置元件栏的显示与隐藏。

图 1.3.6 标准工具栏

### 一、标准（Standard）工具栏

标准工具栏如图 1.3.6 所示，具体功能如表 1.3.1 所示。

表 1.3.1 标准工具栏功能

| 符号 | 功　　能 |
| --- | --- |
| ▢ | 新建电路图 |
| ▣ | 打开已经编辑好的电路图 |
| ▤ | 打开 Multisim 自带的图例电路 |
| ▥ | 保存电路图 |
| ▦ | 打印当前电路文件 |
| ▧ | 打印预览 |
| ✂ | 剪切所选内容 |
| ▩ | 复制所选内容 |
| ▪ | 粘贴 |
| ↶ | 撤销上一次操作 |
| ↷ | 重做上一次操作 |

## 二、视图（View）工具栏

视图工具栏如图 1.3.7 所示，具体功能如表 1.3.2 所示，该功能和 View 菜单中的功能相同。

图 1.3.7 视图工具栏

表 1.3.2 视图工具栏功能

| 符号 | 功　　能 |
| --- | --- |
|  | 全屏显示工作界面 |
|  | 放大工作界面 |
|  | 缩小工作界面 |
|  | 选择性的放大工作界面 |
|  | 放大到合适界面 |

## 三、系统（Main）工具栏

系统工具栏如图 1.3.8 所示，具体功能如表 1.3.3 所示。

图 1.3.8 系统工具栏

表 1.3.3 系统工具栏功能

| 符号 | 功　　能 |
| --- | --- |
|  | 显示或隐藏设计管理窗口（Design Toolbar） |
|  | 显示或隐藏数据表格栏 |
|  | 打开元件库管理对话框（Database Manager） |
|  | 打开面包板 |
|  | 元件创建向导 |
|  | 打开图形显示窗口 |
|  | 后处理 |
|  | 电气规则检查 |
|  | 将所选区域截图 |
|  | 跳转到相应电路 |
|  | Ultiboard 后标注 |
|  | Ultiboard 前标注 |
| --- In Use List --- | 列出电路元器件列表 |
|  | 打开 NI 公司网页 |
|  | 帮助 |

## 四、仿真（Simulation）工具栏

仿真工具栏如图 1.3.9 所示，功能由左至右分别为仿真按钮、暂停仿真按钮，用于控制仿真的进行和停止。

图 1.3.9　仿真工具栏

## 五、图形注释（Graphic Annotation）工具栏

图形注释工具栏如图 1.3.10 所示，具体功能如表 1.3.4 所示。

图 1.3.10　图形注释工具栏

表 1.3.4　图形注释工具栏功能

| 符号 | 功　能 |
|---|---|
|  | 插入图片 |
|  | 绘制多边形 |
|  | 绘制弧线 |
|  | 绘制椭圆，按下【Shift】键绘制圆形 |
|  | 绘制矩形，按下【Shift】键绘制正方形 |
|  | 绘制折线 |
|  | 绘制直线 |
|  | 插入文本 |
|  | 插入注释 |

## 六、虚拟元件（Virtual）工具栏

虚拟元件工具栏如图 1.3.11 所示，具体功能如表 1.3.5 所示。

图 1.3.11　虚拟元件工具栏

表 1.3.5　虚拟元件工具栏功能

| 符号 | 功　能 |
|---|---|
| 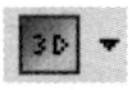  | 3D 元器件，提供常用器件的 3D 视图，生动形象 |
| 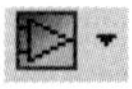  | 模拟元器件，包括限流器、3 端口和 5 端口理想运放 |
| 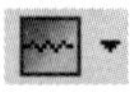  | 基本元器件，包括继电器、电阻、变压器、可变电容等 |
|   | 二极管器件，包括虚拟二极管、齐纳二极管 |
| 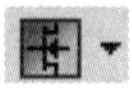  | 晶体管器件，包括虚拟双极型晶体管、耗尽型和增强型 MOS 管 |

续表

| 符号 | 功 能 |
|---|---|
| | 测量元件，包括电压表、电流表、指示灯、探针等 |
| | 混合元件，包括555、光电耦合、数码管、灯、电机等。 |
| | 电源，包括正负电压源、地、交直流电源等 |
| | 虚拟定值元件，包括晶体管、感应器、电阻、电容等 |
| | 信号源，包括交直流信号源、调幅电流源、脉冲电压源等 |

## 1.3.3　Multisim10 设计工具箱（Design Toolbox）

设计工具箱用来管理电路原理图，由三个不同的选项卡组成，界面如图 1.3.12 所示，功能如下。

图 1.3.12　设计工具箱的三个选项卡

Hierarchy：层次化，该选项卡包含设计的各层次电路，页面上方的 5 个按钮分别为新建、打开、保存、关闭、重命名。该选项卡使用频率比较高，尤其是对于初学者，可以显示单个文件，也可以显示子电路，还可以显示层次化设计，该选项卡使设计者可以清晰地看到设计电路的层次，哪些为顶层文件，哪些为底层的子文件，不仅有利于设计者从全局设计、修改总电路，而且有利于设计者设计、修改子电路。

Visibility：可视化选项卡，该选项卡可以决定用户当前选项卡显示哪些层次。

Project View：工程视图，显示所建立的工程，包括原理图、PCB、仿真文件、报表等。

## 1.3.4　Multisim10 电子表格窗口（Spreadsheet View）

电子表格窗口有利于查看和修改电路中各元件参数，电子表格窗口分为 4 个选项卡，各功能如下。

（1）"Result"选项卡：该选项卡可以显示电路中元件的查找结果和电气规则检查结果，如图 1.3.13 所示。

第 1 章　Multisim 简介　　13

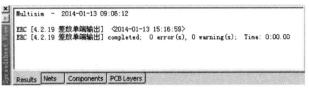

图 1.3.13　"Result"选项卡

（2）"Nets"选项卡：该选项卡显示电路中所有节点，如图 1.3.14 所示，当选中该选项卡中某一个节点时，电路图中对应节点则会蓝色高亮显示。"Nets"选项卡上方 9 个按钮功能如表 1.3.6 所示。

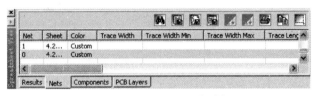

图 1.3.14　"Nets"选项卡

表 1.3.6　"Nets"选项卡按钮功能

| 图标 | 功　　能 |
| --- | --- |
|  | 查找并选中指定节点，操作时在"Nets"选项卡中选中节点，单击该按钮即可 |
|  | 将当前列表保存为文本形式 |
|  | 将当前列表保存为 CVS 形式 |
|  | 将当前列表保存为 Excel 形式 |
|  | 将已选栏数据按照升序排列 |
|  | 将已选栏数据按照降序排列 |
|  | 打印列表 |
|  | 复制列表中的数据 |
|  | 显示当前设计所有页面中的网点 |

（3）"Components"选项卡：该选项卡显示当前电路中所用的所有元件信息，如图 1.3.15 所示，该选项卡上方有 10 个按钮，各按钮功能如表 1.3.7 所示。

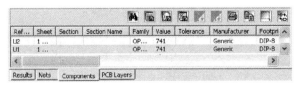

图 1.3.15　"Components"选项卡

表 1.3.7　"Components"选项卡按钮功能

| 图标 | 功能 |
| --- | --- |
|  | 查找并选中指定元件，操作时在选项卡中选中元件，单击该按钮即可 |
|  | 将当前列表保存为文本形式 |
|  | 将当前列表保存为 CVS 形式 |
|  | 将当前列表保存为 Excel 形式 |
|  | 将已选栏数据按照升序排列 |
|  | 将已选栏数据按照降序排列 |
|  | 打印列表 |
|  | 复制列表中的数据 |
|  | 显示当前设计所有页面中的元件信息 |
|  | 替换已选择元件 |

（4）"PCB Layers"选项卡：显示 PCB 层的相关信息，如图 1.3.16 所示，该选项卡上方有 7 个按钮，功能与"Components"选项卡上方按钮相似。

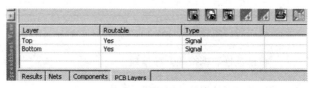

图 1.3.16　"PCB Layers"选项卡

## 1.4　Multisim10 元器件

元器件工具栏中有庞大的器件库，共有 18 个分类，在调用其中一个元件符号时实质为调用元件的数学模型。

### 1.4.1　Multisim10 元件栏

元件工具栏如图 1.4.1 所示，具体内容如表 1.4.1 所示。

图 1.4.1　元件工具栏

表 1.4.1　实际元器件工具栏

| 符号 | 功　　能 |
| --- | --- |
| ✚ | 电源库，包括交直流电压源、电流源，模、数接地端 |
| ⌁ | 基本元件库，包括电容、电感、电阻、开关、变压器等基本元件 |
| ⇥ | 二极管库，包括二极管、稳压管、晶闸管等 |
| ⚡ | 三极管库，包括NPN、PNP、达林顿、场效应管等 |
| ⇨ | 模拟集成元件库，包括运算放大器、比较器等 |
| ⇨ | TTL元件库 |
| CMOS | CMOS元件库 |
| 🎛 | 其他数字元件库，包括DSP、FPGA、CPLD等 |
| ô̂V | 模数混合集成电路，包括模数、数模转换，555定时器等 |
| ▣ | 指示元件库，包括数码管、指示灯、电流表、电压表等 |
| ⊡ | 电源器件库，包括保险丝、三端稳压器、PWM控制器等 |
| MISC | 其他元件库，包括滤波、振荡器、光电耦合等 |
| ▆ | 外围设备元件库，包括LCD、键盘等 |
| Ψ | 射频元件库，包括高频电容、电感、传输线等 |
| -Ⓜ- | 机电类元件 |
| 🎚 | 微控制器元件库，包括805x、PIC、RAM、ROM |
| 🔲 | 放置模块电路 |
| ⎍ | 总线 |

选择具体元件要通过元件选择对话框进行操作，以二极管库为例介绍元件选择对话框的使用。单击元件工具栏的"Diodes"图标，弹出元件选择对话框如图 1.4.2 所示，对话框各项含义如下。

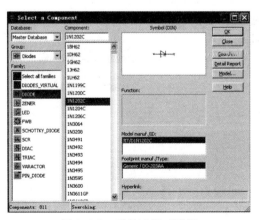

图 1.4.2　元件选择对话框

Database：选择元件所属的数据库，包括主数据库（Master Database）、用户自行向厂商索取的元件库（Corporate Database）、用户自建元件库（User Database），其中主数据库（Master Database）是默认的数据库。

Group：选择元器件分类。共有17种，其类型与表1.4.1中的元器件工具栏类型基本一致。

Family：在每种元件库中选择不同的元件系列，蓝色显示为虚拟元件库，灰色显示为实际元件库。

Component：显示Family元件系列中包含的所有元件。

Symbol（DIN）：显示所选元件的符号，这里为DIN标准，图1.4.2中显示的为1N1202C二极管的符号。

Function：描述所选元件的功能。

Model manuf./ID：所选元器件的制造厂商/编号，1N1202C的编号为D1N1202C。

Footprint manuf./Type：元器件的封装厂商/模式，1N1202C的封装模式为DO – 203AA。

OK：单击"OK"按钮则可以在工作界面放置所选元件。

Close：单击"Close"按钮则关闭元件选择对话框。

Search：搜索元器件，若知道元件编号，则可以通过"Search"按钮直接查找元件。单击"Search"按钮弹出查找元件对话框如图1.4.3所示，在"Component"输入框中输入元器件的相关信息即可查找到相应的元器件。如输入"7400"，单击"Search"按钮，弹出搜索结果如图1.4.4所示。

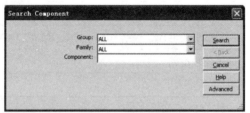

图1.4.3　元件搜索界面

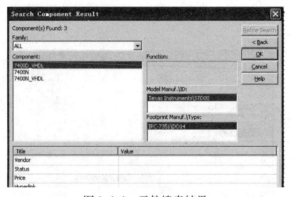

图1.4.4　元件搜索结果

Detail Report：元器件信息列表。选择二极管1N1202C，单击"Detail Report"按钮弹出"Report Window"窗口如图1.4.5所示，在该窗口中显示1N1202C的符号、封装、模型参数等详细信息。

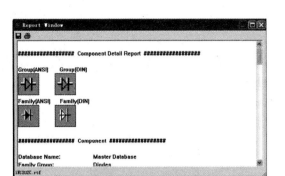

图 1.4.5　1N1202C 的详细信息

Model：元件的模型参数，单击该按钮弹出元件的模型参数，1N1202C 的模型参数如图 1.4.6 所示，该模型参数和 1N1202C 的"Report Window"窗口中的模型参数一致。

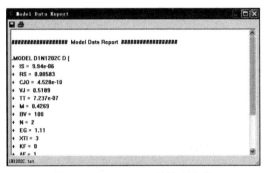

图 1.4.6　1N1202C 的模型参数

## 1.4.2　Multisim10 元件库介绍

**一、电源库（Sources）**

单击元件工具栏的"Sources"图标，弹出元件选择对话框，显示电源库，共有 6 种电源系列，各电源类型如表 1.4.2 所示。

表 1.4.2　电源库

| 符　　号 | 说　　明 |
|---|---|
| POWER_SOURCES | 电源类。交流电源设置的均为有效值，直流电源设置必须大于 0 |
| SIGNAL_VOLTAGE_SOURCES | 电压信号源。电压信号源设置的均为峰峰值 |
| SIGNAL_CURRENT_SOURCES | 电流信号源 |
| CONTROLLED_VOLTAGE_SOURCES | 受控电压源 |
| CONTROLLED_CURRENT_SOURCES | 受控电流源 |
| CONTROL_FUNCTION_BLOCKS | 控制功能模块 |

地是公共的参考点，电路进行仿真时，电路必须接地，数字电路接"DGND"，模拟电路接"GROUND"。运算放大器、变压器、受控源、示波器、波特仪、函数发生器在使用时必须接地，对于示波器，如果电路中已经接地，示波器的接地端可以悬空。

## 二、基本元件库（Basic）

单击元件工具栏的"Basic"图标，弹出元件选择对话框，显示基本元件库，共有17种系列，分为两大类，即虚拟元件和实际元件，各元件符号及说明如表1.4.3所示。

表1.4.3 基本元件库

| 符　号 | 说　明 |
| --- | --- |
| BASIC_VIRTUAL | 基本虚拟元件 |
| RATED_VIRTUAL | 额定虚拟元件 |
| 3D_VIRTUAL | 3D 虚拟元件 |
| RPACK | 排阻 |
| SWITCH | 开关 |
| TRANSFORMER | 变压器 |
| NON_LINEAR_TRANSFORMER | 非线性变压器 |
| RELAY | 继电器 |
| CONNECTORS | 连接器 |
| SOCKETS | 插座 |
| RESISTOR | 电阻 |
| CAPACITOR | 电容 |
| INDUCTOR | 电感 |
| CAP_ELECTROLIT | 电解电容，正极接高电位 |
| VARIABLE_CAPACITOR | 可变电容 |
| VARIABLE_INDUCTOR | 可变电感 |
| POTENTIOMETER | 电位器 |

## 三、二极管库（Diode）

单击元件工具栏的"Diode"图标，弹出元件选择对话框，显示二极管库，各元件符号及说明如表1.4.4所示。

表 1.4.4　二极管库

| 符　号 | 说　明 |
|---|---|
| DIODES_VIRTUAL | 虚拟二极管，模型参数可以修改 |
| DIODE | 普通二极管 |
| ZENER | 齐纳二极管，用作稳压管 |
| LED | 发光二极管，用作显示 |
| FWB | 二极管整流桥 |
| SCHOTTKY_DIODE | 肖特基二极管，导通电压小 |
| SCR | 晶闸管整流管 |
| DIAC | 双向开关二极管 |
| TRIAC | 三端开关可控硅 |
| VARACTOR | 变容二极管 |
| PIN_DIODE | PIN 二极管 |

## 四、晶体管库（Transistors）

单击元件工具栏的"Transistors"图标，弹出元件选择对话框，显示晶体管库，晶体管库主要分为双极型三极管和场效应管，各元件符号及说明如表 1.4.5 所示。

表 1.4.5　晶体管库

| 符　号 | 说　明 |
|---|---|
| TRANSISTORS_VIRTUAL | 虚拟晶体管 |
| BJT_NPN | NPN 三极管 |
| BJT_PNP | PNP 三极管 |
| DARLINGTON_NPN | NPN 达林顿晶体管 |
| DARLINGTON_PNP | PNP 达林顿晶体管 |
| DARLINGTON_ARRAY | 达林顿晶体管阵列 |
| BJT_NRES | 带偏置的 NPN 型三极管 |
| BJT_PRES | 带偏置的 PNP 型三极管 |
| BJT_ARRAY | 双极型晶体管阵列 |

续表

| 符　号 | 说　明 |
|---|---|
| IGBT | 绝缘栅双极型晶体管 |
| MOS_3TDN | 3 端 N 沟道耗尽型 MOS 管 |
| MOS_3TEN | 3 端 N 沟道增强型 MOS 管 |
| MOS_3TEP | 3 端 P 沟道增强型 MOS 管 |
| JFET_N | N 沟道结型场效应管 |
| JFET_P | P 沟道结型场效应管 |
| POWER_MOS_N | N 沟道功率 MOS 管 |
| POWER_MOS_P | P 沟道功率 MOS 管 |
| POWER_MOS_COMP | COMP 功率管 |
| UJT | 单结晶体管 |
| THERMAL_MODELS | 温度模型 |

### 五、模拟集成元件库（Analog）

单击元件工具栏的"Analog"图标，弹出元件选择对话框，显示模拟集成元件库，各元件符号及说明如表 1.4.6 所示。

表 1.4.6　模拟集成元件库

| 符　号 | 说　明 |
|---|---|
| ANALOG_VIRTUAL | 虚拟集成运放，包括比较器、运算放大器 |
| OPAMP | 运算放大器 |
| OPAMP_NORTON | 诺顿运算放大器 |
| COMPARATOR | 比较器 |
| WIDEBAND_AMPS | 宽带放大器 |
| SPECIAL_FUNCTION | 特殊功能放大器 |

### 六、TTL 元件库（TTL）

单击元件工具栏的"TTL"图标，弹出元件选择对话框，显示 TTL 元件库。使用 TTL 元件时可以通过查询"Detail Report"了解元件的逻辑关系，有些器件为复合型器件，即一个封装中包含多个独立的单元，如 7400 包含 A、B、C、D 四个功能相同、相互独立的输入与非门，4个单元可以任意选取。TTL 元件库中各元件符号及说明如表1.4.7所示。

表 1.4.7  TTL 元件库

| 符　　号 | 说　　明 |
|---|---|
| 74STD | 标准 TTL 集成电路，为单元模式 |
| 74STD_IC | 标准 TTL 集成电路，为集成块模式 |
| 74S | 肖特基型集成电路，为单元模式 |
| 74S_IC | 肖特基型集成电路，为集成块模式 |
| 74LS | 低功耗肖特基型集成电路，为单元模式 |
| 74LS_IC | 低功耗肖特基型集成电路，为集成块模式 |
| 74F | 高速 TTL 集成电路 |
| 74ALS | 先进低功耗肖特基型集成电路 |
| 74AS | 先进肖特基型集成电路 |

### 七、CMOS 元件库（CMOS）

单击元件工具栏的"CMOS"图标，弹出元件选择对话框，显示 CMOS 元件库，共 14 个系列，包括 74HC 系列、4000 系列、NC7 系列。CMOS 系列中 74C 系列和 TTL 引脚兼容，因此序号相同的集成电路可以互换使用。74HC/HCT 为 74C 系列的增强型集成电路，其开关速度更高，输出电流更大。74AC/ACT 系列功能和 TTL 相同，但是引脚不兼容。74AC/ACT 系列元件在噪声容限、传输延迟、时钟频率方面高于 74HC/HCT 系列元件。

CMOS 元件根据工作电压可以分为 6 个系列，分别为 CMOS_5V、CMOS_10V、CMOS_15V、74HC_2V、74HC_4V、74HC_6V。

使用 CMOS 元件可以通过查询"Detail Report"了解元件的逻辑关系。CMOS 元件库中各元件符号及说明如表 1.4.8 所示。

表 1.4.8  CMOS 元件库

| 符　　号 | 说　　明 |
|---|---|
| CMOS_5V | 4000 系列，工作电压 5 V，单元模块 |
| CMOS_5V_IC | 工作电压 5 V，集成模块 |
| CMOS_10V | 工作电压 10 V，单元模块 |
| CMOS_10V_IC | 工作电压 10 V，集成模块 |
| CMOS_15V | 工作电压 15 V，单元模块 |

续表

| 符　号 | 说　明 |
|---|---|
| 74HC_2V | 74HC 系列，工作电压 2 V，单元模块 |
| 74HC_4V | 74HC 系列，工作电压 4 V，单元模块 |
| 74HC_4V_IC | 74HC 系列，工作电压 4 V，集成模块 |
| 74HC_6V | 74HC 系列，工作电压 6 V，单元模块 |
| TinyLogic_2V | TinyLogic 系列，工作电压 2 V，单元模块 |
| TinyLogic_3V | TinyLogic 系列，工作电压 3 V，单元模块 |
| TinyLogic_4V | TinyLogic 系列，工作电压 4 V，单元模块 |
| TinyLogic_5V | TinyLogic 系列，工作电压 5 V，单元模块 |
| TinyLogic_6V | TinyLogic 系列，工作电压 6 V，单元模块 |

### 八、微控制器元件库（MCU）

单击元件工具栏的"MCU"图标，弹出元件选择对话框，显示 MCU 元件库，共 4 个系列，分为 2 大类，即单片机、存储器。MCU 元件库中各元件符号及说明如表 1.4.9 所示。

表 1.4.9　微控制器元件库

| 符　号 | 说　明 |
|---|---|
| 805x | 805x 系列单片机，包括 8051、8052 |
| PIC | PIC 系列单片机，包括 PIC16F84、PIC16F84C |
| RAM | 随机存储器 |
| ROM | 只读存储器 |

### 九、外围设备元件库（Advanced_Peripherals）

单击元件工具栏的"Advanced_Peripherals"图标，弹出元件选择对话框，显示外围设备元件库，共 3 大类，即键盘、液晶显示、终端设备。外围设备元件库中各元件符号及说明如表 1.4.10 所示。

表 1.4.10　外围设备元件库

| 符　号 | 说　明 |
|---|---|
| KEYPADS | 键盘 |
| LCDS | 液晶显示 |
| TERMINALS | 终端设备 |
| MISC_PERIPHERALS | 微外围设备，包括传送带、容器、指示灯、交通灯 |

## 十、其他数字元件库（Mise Digital）

在元件选择对话框中选择"Mise Digital"，显示其他数字元件库，在该元件库中元件按照元件功能进行排列，方便用户查找。其他数字元件库中各元件符号及说明如表 1.4.11 所示。

表 1.4.11 Mise Digital 元件库

| 符 号 | 说 明 |
| --- | --- |
| TIL | TIL 模块 |
| DSP | DSP 芯片 |
| FPGA | FPGA 芯片 |
| PLD | PLD 模块 |
| CPLD | CPLD 芯片 |
| MICROCONTROLLERS | 微控制器 |
| MICROPROCESSORS | 微处理器 |
| VHDL | VHDL 模块 |
| MEMORY | 存储器 |
| LINE_DRIVER | 线性驱动 |
| LINE_RECEIVER | 线性接收器 |
| LINE_TRANSCEIVER | 线性接发器 |

## 十一、混合元件库（Mixed）

混合元件库包含 5 大类，元件符号及说明如表 1.4.12 所示。

表 1.4.12 Mixed 元件库

| 符 号 | 说 明 |
| --- | --- |
| MIXED_VIRTUAL | 虚拟混合元件 |
| TIMER | 555 定时器 |
| ADC_DAC | A/D、D/A 转换器 |
| ANALOG_SWITCH | 模拟开关，为单元模式 |
| ANALOG_SWITCH_IC | 模拟单元，为集成模式 |
| MULTIVIBRATORS | 多谐振荡器 |

### 十二、指示元件库（Indicators）

指示元件库包含 8 大类，元件符号及说明如表 1.4.13 所示。

表 1.4.13  Indicators 元件库

| 符　号 | 说　明 |
|---|---|
| VOLTMETER | 电压表 |
| AMMETER | 电流表 |
| PROBE | 逻辑指示灯，高电平点亮 |
| BUZZER | 蜂鸣器 |
| LAMP | 灯泡，包含不同电压、不同功率的灯泡 |
| VIRTUAL_LAMP | 虚拟灯泡 |
| HEX_DISPLAY | 数码管，包括 15 段、七段等数码管 |
| BARGRAPH | 条形光柱 |

### 十三、电源库（Power）

电源库（Power）包含 9 大类，元件符号及说明如表 1.4.14 所示。

表 1.4.14  Power 元件库

| 符　号 | 说　明 |
|---|---|
| FUSE | 保险丝 |
| SMPS_Average_Virtual | 平均虚拟开关电源 |
| SMPS_Transient_Virtual | 瞬态虚拟开关电源 |
| VOLTAGE_REGULATOR | 稳压器 |
| VOLTAGE_REFERENCE | 基准电压源 |
| VOLTAGE_SUPPRESSOR | 限压器 |
| POWER_SUPPLY_CONTROLLER | 电源控制器 |
| MISCPOWER | 其他电源 |
| PWM_CONTROLLER | 脉宽调制器 |

### 十四、杂项元件库（Misc）

杂项元件库包含 14 大类，元件符号及说明如表 1.4.15 所示。

表 1.4.15　Misc 元件库

| 符　号 | 说　明 |
|---|---|
| MISC_VIRTUAL | 虚拟杂项，包括晶振、光电三极管、保险丝等 |
| TRANSDUCERS | 传感器，包括光敏元件、压敏元件、热敏电阻等 |
| OPTOCOUPLER | 光电耦合 |
| CRYSTAL | 晶振 |
| VACUUM_TUBE | 真空管 |
| BUCK_CONVERTER | 开关电源降压稳压器 |
| BOOST_CONVERTER | 开关电源升压稳压器 |
| BUCK_BOOST_CONVERTER | 开关电源升降压稳压器 |
| LOSSY_TRANSMISSION_LINE | 有损耗传输线 |
| LOSSLESS_LINE_TYPE1 | 无损耗传输线 1 |
| LOSSLESS_LINE_TYPE2 | 无损耗传输线 2 |
| FILTERS | 滤波器 |
| MISC | 其他杂项 |
| NET | 网络 |

**十五、射频元件库（RF）**

射频元件库包含 8 大类，元件符号及说明如表 1.4.16 所示。

表 1.4.16　RF 元件库

| 符　号 | 说　明 |
|---|---|
| RF_CAPACITOR | 射频电容 |
| RF_INDUCTOR | 射频电感 |
| RF_BJT_NPN | 射频 NPN 晶体管 |
| RF_BJT_PNP | 射频 PNP 晶体管 |
| RF_MOS_3TDN | 射频 MOS 管 |
| TUNNEL_DIODE | 隧道二极管 |
| STRIP_LINE | 带状传输线 |
| FERRITE_BEADS | 铁氧体磁环 |

### 十六、机电元件库（Electro Mechanical）

机电元件库包含 8 大类，元件符号及说明如表 1.4.17 所示。

表 1.4.17　Electro Mechanical 元件库

| 符　　号 | 说　　明 |
| --- | --- |
| SENSING_SWITCHES | 感测开关 |
| MOMENTARY_SWITCHES | 瞬时开关 |
| SUPPLEMENTARY_CONTACTS | 附加触点开关 |
| TIMED_CONTACTS | 定时触点开关 |
| COILS_RELAYS | 线圈继电器 |
| LINE_TRANSFORMER | 线性变压器 |
| PROTECTION_DEVICES | 保护装置 |
| OUTPUT_DEVICES | 输出设备 |

## 1.5　Multisim10 基本操作

Multisim10 基本操作主要包括界面设置、创建电路图，创建电路图主要包括放置元件、修改元件属性、电路布局、电路连线、打印电路元件列表等。

### 1.5.1　设置界面

运行 Multisim10，软件自动打开空白的电路窗口，该窗口为用户构建电路图的工作区域。为了软件使用方便，用户可以创建符合自己习惯的电路窗口。界面设置内容主要包括工具栏设置、电路颜色、背景颜色、界面尺寸大小、连线粗细、元件符号标准等。界面一般通过菜单"Options"中的"Global Preferences"和"Sheet Properties"两项进行设置。

#### 一、Global Preferences

选择"Option"→"Global Preferences"→"Parts"命令弹出"Preferences"对话框，各选项卡含义如下。

1."Paths"选项卡

"Paths"选项卡内容如图 1.5.1 所示，该选项卡用于改变库文件、电路图文件、用户文件的存储路径。

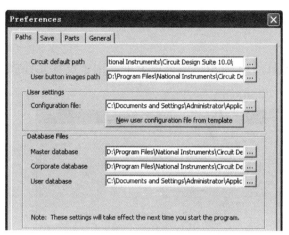

图 1.5.1 "Paths"选项卡

Circuit default path：电路图文件默认存储路径，可以根据需要更改。

User button images path：按钮图形的存储路径。

Configuration file：用户自定义界面后的配置文件存储目录。

Database Files 区：设定元件库 Master database、Corporate database、User database 的存储目录。

注意：当对上述选项进行修改后系统将保存修改记录。

2. "Save"选项卡

"Save"选项卡如图 1.5.2 所示，该选项卡主要用于设置自动保存、仿真数据及电路图的备份，各项功能如下。

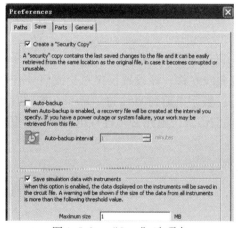

图 1.5.2 "Save"选项卡

Creat a "Security Copy"：设置电路图文件的安全备份。

Auto‐backup：设置是否进行电路图自动保存，若选中则在指定时间间隔内自动保存文件。

Save simulation data with instruments：是否将仿真结果保存，若选中则电路文件与仿真文件一起保存，文件大小超过一定值时则弹出警告。

Maximum size：设定保存仿真文件的大小。

3. "Parts" 选项卡

"Parts" 选项卡如图 1.5.3 所示，该选项卡主要用于设置元件放置模式、元件符号标准等。

图 1.5.3 "Parts" 选项卡

Place component mode：元件放置模式，选中"Return to Component Browser after placement"。"Place single component"表示一次只放置一个元件；"Continuous placement for multi - section part only（ESC to quit）"表示连续放置集成元件中的单元，直到按【ESC】键取消；"Continuous placement（ESC to quit）"表示连续放置相同的元件，直到按【ESC】键取消。

Symbol standard：元件符号模式，ANSI 为美国标准，DIN 为欧洲标准。以电阻为例，选用不同的标准，电阻显示不同的符号，如图 1.5.4 所示。

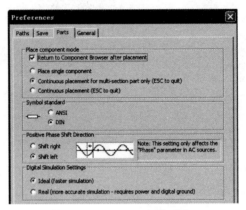

图 1.5.4 电阻美国标准、欧洲标准符号图

Positive Phase Shift Direction：图形显示方式。Shift right：图像曲线右移；Shift left：图像曲线左移。该设置仅仅对交流信号有效。

Digital Simulation Settings：数字电路仿真设置。Ideal：按照理想器件模型仿真，仿真速度快；Real：按照实际器件模型仿真，电路必须连接电源和地，仿真数据精确，但是仿真速度较慢。

4. "General" 选项卡

"General" 选项卡如图 1.5.5 所示，该选项卡主要用于设置选择方式、鼠标操作方式、自动连线模式等。

Selection Rectangle：选择方式。Intersecting：选择选择框所包含的；Fully enclosed：全部选择。

Mouse Wheel Behaviour：鼠标滑轮操作方式。Zoom workspace：滚动鼠标滑轮实现电路图的放大与缩小；Scroll workspace：滚动鼠标滑轮实现电路图翻页。

Wiring：自动连线。Autowire when pins are touching：引脚接触时自动连线；Autowire on connection：连接时自动连线；Autowire on move：在移动时自动连线。

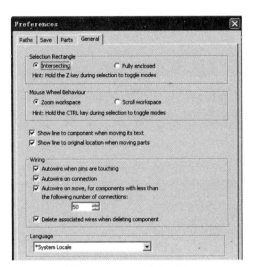

图 1.5.5 General 选项卡

## 二、Sheet Properties

选择"Options"→"Sheet Properties"命令(或者在工作界面上单击鼠标右键选择"Properties"→"Workspace"命令),弹出"Sheet Properties"设置对话框,该对话框共有 6 个选项卡。

1. "Circuit"选项卡

"Circuit"选项卡如图 1.5.6 所示。该选项卡主要用于设置电路元件的标号、节点、电路图背景及颜色等。

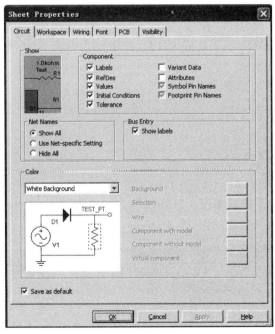

图 1.5.6 "Circuit"选项卡

(1)"Component"区,设置元件标号等信息。
Labels:显示元件标号。
RefDes:显示元件序号。
Values:显示元件参数。
Initial Conditions:显示元器件初始条件。
Tolerance:显示元件公差。
Variant Data:显示变量。
Attributes:显示元件属性。
Symbol Pin Names:显示符号引脚。
Footprint Pin Names:显示引脚封装名称。
(2)"Net Names"区,设置电路节点。
Show All:显示全部的网络名称。
Use Net – specific Setting:显示特殊设置节点名称。
Hide All:全部隐藏。
(3)"Color"区,设置背景及电路颜色,通过下拉菜单进行设置。分为自定义、黑底色、白底色、白底色黑色线条、黑底色白色线条。一般采用白底色彩色线条。

2."Workspace"选项卡

"Workspace"选项卡如图1.5.7所示,"Workspace"选项卡内容如下。
(1)"Show"区。
Show grid:是否显示栅格,显示栅格有助于用户整齐放置元件;
Show page bounds:是否显示纸张边界;
Show border:是否显示电路图边框。
(2)"Sheet size"区。下拉菜单中有多种页面尺寸,"Custom"为自定义尺寸,还包括A、B、C、D、E等尺寸。
(3)"Orientation"区,设置纸张放置的方向。
Portrait:纵向;
Landscape:横向。
(4)"Custom size"区,设置自定义尺寸。
Width:设置纸张宽度;
Height:设置纸张高度。
在设置尺寸时可以选不同的单位,"Inches"为英寸,"Centimeters"为厘米。

3."Wiring"选项卡

"Wiring"选项卡如图1.5.8所示,"Wiring"选项卡内容如下。
(1)"Drawing Option"区,"Wire width"用于设置连线宽度,单位为像素;"Bus width"用于设置总线宽度,单位为像素。
(2)"Bus Wiring Mode"区,设置总线连接方式。

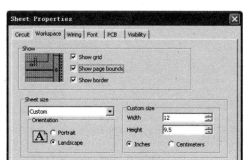 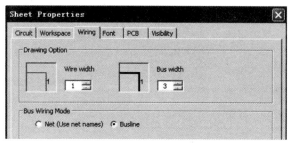

图 1.5.7  Workspace 选项卡　　　　　　　图 1.5.8  Wiring 选项卡

4. "Font" 选项卡

"Font" 选项卡用于设置字体及字体大小、字体应用范围。

5. "PCB" 选项卡

"PCB" 选项卡用于设置生成 PCB 的参数。

6. "Visibility" 选项卡

"Visibility" 选项卡用于添加注释，设置电路层次是否显示。

## 1.5.2  放置元件

在 Multisim10 中放置元器件有多种方法：通过元件工具栏；通过选择 "Place"→"Component" 命令；通过在工作界面空白处单击右键，在弹出的快捷菜单中选择 "Place Component" 命令；通过快捷键【Ctrl】+【W】。不论使用哪种方法，都会弹出元件选择对话框，然后选择合适的元件。以单级放大电路为例介绍如何放置电路元器件。

使用快捷键【Ctrl】+【W】打开元件选择对话框，在元件选择对话框的 "Group" 中选择 "Transistors"，在 "Family" 中选择 "BJT_NPN"，在 "Component" 中查找型号为 "2N2222A" 的晶体管，在 "Symbol (DIN)" 中会显示晶体管的符号图，如图 1.5.9 所示。

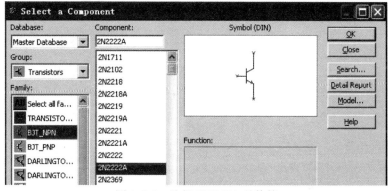

图 1.5.9  选择 2N2222A 晶体管

单击元件选择对话框的 "OK" 按钮，元件会随鼠标的移动而移动，选择合适的位置单击鼠标左键即可将晶体管放置在该位置。

按照上述方法可以将其他元件放置在工作界面中，其他元件信息如表 1.5.1 所示。

表 1.5.1 元件列表

| 元件名称 | Group | Family | Component |
|---|---|---|---|
| 电阻 | Basic | RESISTOR | 1k |
| 电解电容 | Basic | CAP_ELECTROLIC | 10μ |
| 交流信号源 | Sources | SIGNAL_VOLTAGE_SOURCES | AC_VOLTAGE |
| 直流电源 | Sources | POWER_SOURCES | DC_POWER |
| 地 | Sources | POWER_SOURCES | GROUND |

## 1.5.3 电路布局

放置电路元器件后，为了使电路整齐美观，需要对电路进行布局，布局主要包括移动、旋转、翻转、删除等。

（1）移动：鼠标左键单击元件并按下左键不放，移动鼠标即可移动元器件。

（2）旋转：鼠标左键单击元件即可选中元件，按快捷键【Ctrl】+【R】实现顺时针旋转，快捷键【Ctrl】+【Shift】+【R】实现逆时针旋转，或者可以选择"Edit"→"Orientation"命令实现旋转，或者选中元件后单击鼠标右键，选择"90 Clockwise"（顺时针）、"90 Counter CW"（逆时针）命令即可。

（3）翻转：鼠标左键单击元件即可选中元件，按快捷键【Alt】+【X】实现水平翻转，快捷键【Alt】+【Y】实现垂直翻转，或者可以选择"Edit"→"Orientation"命令实现翻转，或者选中元件后单击鼠标右键，选择"Flip Horizontal"（水平翻转）、"Flip Vertical"（垂直翻转）命令即可。

（4）删除：鼠标左键单击选中元件，按下键盘中【Delete】键即可，或鼠标右键单击元件，在弹出的快捷键中选择"Delete"命令即可。

布局前和布局后的单级电路图如图 1.5.10 所示。

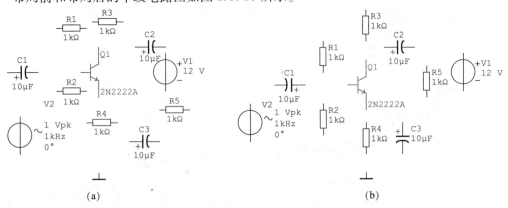

图 1.5.10 布局前和布局后的单级电路
（a）布局前；（b）布局后

实际上在放置一个元件后就可以对该元件进行调整，最后对整个电路进行微调完成布局。

## 1.5.4 修改元件属性

放置好元件后，需要根据要求对元件属性进行修改，如修改元件标签、元件信息显示设置、元件参数设置等，以交流信号源为例介绍如何修改元件属性。

双击交流电压信号源元器件（或鼠标右键单击元件，在弹出的快捷菜单中选择"Properties"）弹出元件属性设置对话框，共有7个选项卡供设置，下面主要介绍前4个选项卡。

1. "Label"选项卡

"Label"选项卡用于设置元器件的标识（Label）和编号（RefDes），编号由系统自动按器件类型和放置顺序分配，可以按照需要修改，如：负载一般为"RL"，集电极电阻为"RC"，发射极电阻为"RE"，必须保证编号的唯一性，地元器件没有编号。

2. "Display"选项卡

设置标识、编号等的显示方式，该对话框的设置与菜单"Option"中的"Global Preferences"选项卡设置类似。若选中"Use Schematic Globe Setting"选项，表示电路中所有元件的标识信息受电路全局参数显示的控制。若不选中"Use Schematic Globe Setting"选项，则下面的4个选项被激活，可以单独设置某个元件的标识、大小、参考序号、属性等。

3. "Value"选项卡

图1.5.11为交流电压信号源的"Value"选项卡。

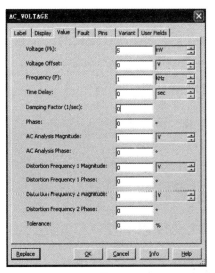

图1.5.11 交流电压信号源"Value"选项卡

Voltage（pk）：可以设置信号源值，注意这里信号源值为电压的峰值；
Voltage Offset：设置电压的偏差，一般为0。
Frequency（F）：可以设置电压的频率。
Time Delay：设置时间延迟，一般设置为0。

Damping Factor（1/sec）：设置阻尼因子，一般为0。

另外还可以设置交流分析的振幅、频率和频率失真的幅度等参数。

4."Fault"选项卡

设置元器件的隐含故障。如交流电压信号源在管脚1、2提供无故障（None）、开路（Open）、短路（Short）、漏电（Leakage）4种设置，如图1.5.12所示。

按照上述方法可以对其他元件属性进行设置，设置完成后电路如图1.5.13所示。

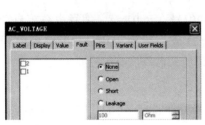

图1.5.12　交流电压信号源Fault选项卡　　　图1.5.13　修改元件属性后的电路图

## 1.5.5　电路连线

电路元件布局完成后，需要为元件之间连线，Multisim10提供了两种连线方式：自动连线和手动连线。自动连线模式下，用户选择需要连线的两个引脚后，系统会自动在两个引脚之间连线，在连线过程中会自动避开元件。手动连线模式下，用户可以控制连线路径。一般采用手动连线方式，使电路图整齐美观。连线模式的设置在1.5.1中已经介绍过（选择"Option"→"Global Preferences"→"General"命令）。

连线只能从器件引脚或电路节点开始。将鼠标移动到器件引脚上，鼠标会变成十字形，单击鼠标左键一次就可以从该引脚引出连线，移动鼠标到另外一个引脚，单击鼠标左键即可以完成连线。

若要对连线进行修改，先选中连线，将鼠标移动到连线上，鼠标会变成上下双箭头，按下鼠标左键移动鼠标可以拖动连线。

若要为连线添加节点可以采用快捷键【Ctrl】+【J】。

连线后的电路图如图1.5.14所示。

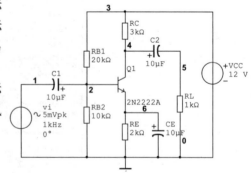

图1.5.14　连线后的电路图

## 1.5.6　添加标题

用户可以为电路添加标题框，在标题框中输入电路信息。

选择"Place"→"Title Block"命令，在弹出的对话框中选择标题模板，将标题框放置在电路图中。双击标题框,在弹出的标题框中填入相应信息,然后单击"OK"按钮即可,电路标题框如图 1.5.15 所示。

| Electronics Workbench<br>801-111 Peter Street<br>Toronto, ON M5V 2H1<br>(416) 977-5550 | | NATIONAL INSTRUMENTS<br>ELECTRONICS WORKBENCH GROUP | |
|---|---|---|---|
| Title: 单级放大电路 | Desc.: 类型共发射极,放大倍数-30 输入电阻2.3k 输出电阻3k | | |
| Designed by: xiaoshen | Document No: 0001 | Revision: | 1.0 |
| Checked by: xiaoshen | Date: 2014-01-15 | Size: | Custom |
| Approved by: xiaoshen | Sheet  1  of  1 | | |

图 1.5.15  电路标题框

## 1.5.7 打印元件列表

在电子表格窗口中选择"Components"选项卡,单击上方按钮(按钮功能在 1.3.4 节中已介绍)生成 Excel 表格,生成的 Excel 表格部分内容如表 1.5.2 所示。

表 1.5.2  电路元件列表

| RefDes | Sheet | Family | Value |
|---|---|---|---|
| vi | Circuit1 | SIGNAL_VOLTAGE_SOURCES | 5mVpk  1kHz  0° |
| VCC | Circuit1 | POWER_SOURCES | 12 V |
| RL | Circuit1 | RESISTOR | 1kΩ |
| RE | Circuit1 | RESISTOR | 2kΩ |
| RC | Circuit1 | RESISTOR | 3kΩ |
| RB2 | Circuit1 | RESISTOR | 10kΩ |
| RB1 | Circuit1 | RESISTOR | 20kΩ |
| Q1 | Circuit1 | BJT_NPN | 2N2222A |
| CE | Circuit1 | CAP_ELECTROLIT | 10μF |
| C2 | Circuit1 | CAP_ELECTROLIT | 10μF |
| C1 | Circuit1 | CAP_ELECTROLIT | 10μF |
| 0 | Circuit1 | POWER_SOURCES | |

## 1.5.8　使用图形显示窗口

仿真分析结果可以在图形显示窗口中显示，图形显示窗口是一个多功能工具，不仅能显示仿真分析结果，而且能保存分析结果，同时能将分析结果输出到其他数据处理软件中。图形显示窗口如图 1.5.16 所示，有 4 个菜单栏及相关的工具栏。

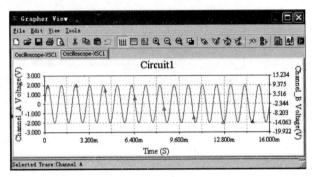

图 1.5.16　图形显示窗口

### 一、常用工具栏介绍

常用工具符号及功能如表 1.5.3 所示。

表 1.5.3　常用工具符号及功能

| 符　　号 | 功　　能 |
| --- | --- |
|  | 新建图形文件 |
|  | 打开已有文件 |
|  | 保存 |
|  | 打印 |
|  | 打印预览 |
|  | 将当前图形剪切到剪切板 |
|  | 复制当前图形 |
|  | 粘贴 |
|  | 撤销上一次操作 |
|  | 显示栅格线 |
|  | 显示图例 |
|  | 显示游标 |
|  | 放大 |
|  | 缩小 |
|  | 黑白背景切换 |

## 二、属性设置

属性工具有 4 个：,分别是：页面属性设置、图形属性设置、复制页面属性、粘贴属性。

### 1. 页面属性设置

单击工具栏按钮,弹出页面属性设置对话框,如图 1.5.17 所示,各项含义如下。

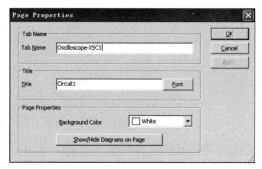

图 1.5.17 页面属性设置对话框

Tab Name：设置页面标签。
Title：设置页面名称,单击"Font"按钮可以设置字体。
Background Color：设置背景色。

### 2. 图形属性设置

单击工具栏按钮,弹出图形属性设置对话框,如图 1.5.18 所示,共有 6 个选项卡。图形属性设置只对当前页面有效。

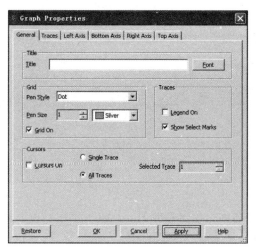

图 1.5.18 图形属性设置对话框

1)"General"选项卡

Title：图形名称。
Pen Style：设置栅格线类型,如点、线等。
Pen Size：设置栅格点大小,右边的选项框可以设置栅格线的颜色。

2)"Traces"选项卡

"Traces"选项卡设置图形曲线属性,"Traces"选项卡如图 1.5.19 所示,各项含义如下。

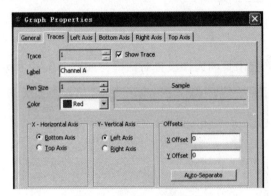

图 1.5.19　Traces 选项卡

Trace:选择曲线,如果在同一个图形中存在多条曲线,可以通过单击选项框的上下箭头按钮选择要进行设置的曲线;若要隐藏曲线可以不选择 Show Trace 复选框。

Label:设置曲线名称。

Pen Size:设置曲线粗细,数值越大曲线越粗。

Color:设置曲线颜色。

3)"Left Axis"选项卡

"Left Axis"选项卡设置左侧坐标轴属性,"Left Axis"选项卡如图 1.5.20 所示,各项含义如下。

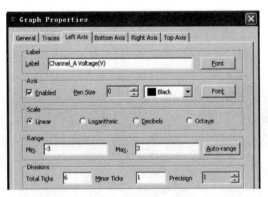

图 1.5.20　Left Axis 选项卡

"Label"栏:设置纵轴名称,单击右侧的"Font"按钮,可以设置名称的字体。

"Axis"区:"Enabled"复选框,选择则显示左侧坐标轴;"Pen Size"设置坐标轴粗细,数值越大坐标轴越粗,单击右侧选项框可以设置坐标轴颜色。

"Scale"区:设置刻度类型。"Linear"为线性,"Logarithmic"为对数,"Decibels"为分贝,"Octave"为倍频程。

"Range"区:设置坐标轴显示范围。"Min"为最小值,"Max"为最大值。

"Divisions"区:设置刻度线。"Total Ticks"设置刻度线数目,"Minor Ticks"设置显示

最小刻度数,"Precision"设置刻度精度(即小数点后的位数)。

"Bottom Axis"选项卡、"Right Axis"选项卡、"Top Axis"选项卡设置与"Left Axis"选项卡一致。

3. 图形属性复制与粘贴

图形属性设置只对当前页面有效,若多个页面图形属性设置一致,则可以利用图形属性复制与粘贴功能。

显示图形属性设置好的页面,鼠标单击图形激活属性复制图标 ,单击 按钮复制图形属性,然后切换到需要进行图形设置的页面,单击图形激活属性粘贴图标 ,单击 按钮粘贴图形属性。

### 三、图形合并

很多情况下,设计者需要对多个图形进行比较,则要在同一页面中显示多个页面中的图形,可以利用图形显示窗口的图形合并功能。

页面 1 和页面 2 的图形如图 1.5.21 所示,假设要合并两个图形。将页面切换到图形 2 中,在工具栏单击图形合并按钮 ,弹出图形选择对话框,如图 1.5.22 所示,在图形选择对话框中选择要合并的页面,一次只能选择一个页面,然后单击"OK"按钮即可,合并完成后会建立一个新的页面,合并后的页面图形如图 1.5.23 所示。

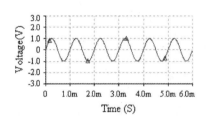
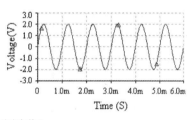

图 1.5.21　图形 1 和图形 2

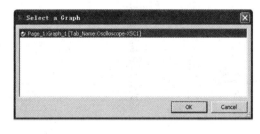

图 1.5.22　图形选择窗口　　　　图 1.5.23　合并后的图形

### 四、数据导出

用户可以将图形数据导出,其按钮有三个 、 、 ,分别为导出成 Excel 文件、Mathcad 文件、另存为虚拟仪器文件。

## 1.5.9　定制元器件

在调用元件过程中,当元件库中缺少所用元件时可以通过修改虚拟元件参数定制所需元件，以定制三极管为例介绍定制元件过程。

双击虚拟三极管符号弹出三极管参数表，如图1.5.24所示。

单击"Edit Model"按钮，弹出参数设置对话框，如图1.5.25所示，在这个对话框中所列的三极管参数都是理想值，用户可以根据实际要求对三极管的参数进行设置，例如要将"BF"项的100改为85，可以先选中该项，然后单击一次后就可以输入所需要的值，如图1.5.26所示；如果所有的值已经修改完，可以单击"Change All Models"按钮，此时参数修改完成。

图1.5.24　三极管参数表

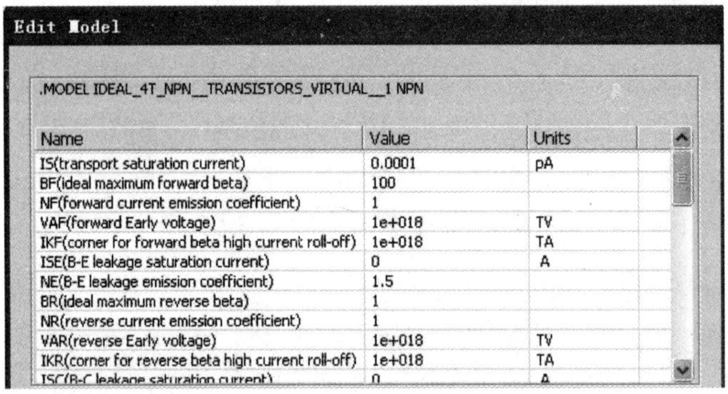

图1.5.25　三极管参数设置对话框

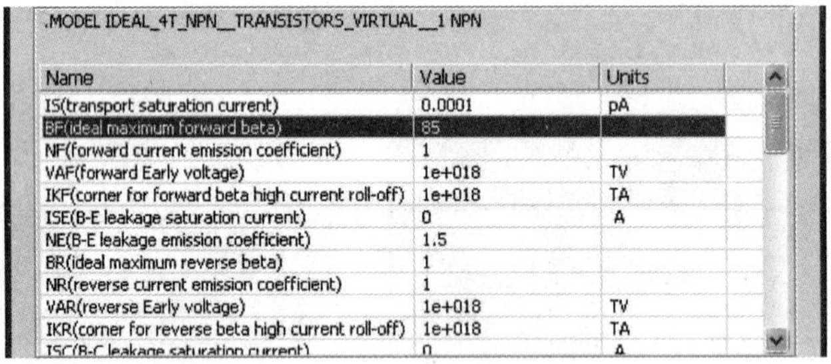

图1.5.26　修改三极管参数

## 1.5.10　右键菜单

利用Multisim10设计电路时，单击鼠标右键可以弹出菜单，熟练使用Multisim10的右键菜单可以有效提高工作效率，右键菜单一般分成3类：工作界面空白处的右键菜单、选中元件时的右键菜单、选中导线时的右键菜单。

### 一、界面空白处的右键菜单

在工作界面空白处单击鼠标右键弹出菜单，主要命令含义如表1.5.4所示。

表 1.5.4　界面空白处的右键菜单

| 名　　称 | 作　　用 |
| --- | --- |
| Place Component | 添加元器件 |
| Place Schematic | 添加电路图相关内容，包括节点、总线、导线、端口等 |
| Place Graphic | 添加图形 |
| Place Comment | 添加注释 |
| Cut | 剪切 |
| Copy | 拷贝 |
| Paste | 粘贴 |
| Delete | 删除 |
| Select All | 全选，选中工作界面中的所有元件、导线等 |
| Clear ERC Markers | 清除 ERC 标识 |
| Replace by Subcircuit | 将选中电路生成子电路 |
| Font | 设置字体 |
| Properties | 设置页面属性 |

## 二、选中元件时的右键菜单

在选中的元件上单击鼠标右键弹出菜单，主要命令含义如表 1.5.5 所示。

表 1.5.5　选中元件时的右键菜单

| 名　　称 | 作　　用 |
| --- | --- |
| Cut | 剪切 |
| Copy | 拷贝 |
| Paste | 粘贴 |
| Delete | 删除 |
| Flip Horizontal | 将元件水平翻转 |
| Flip Vertical | 将元件垂直翻转 |
| 90 Clockwise | 将元件顺时针旋转 90° |
| 90 Counter CW | 将元件逆时针旋转 90° |
| Replace by Subcircuit | 将选中电路生成子电路 |
| Replace Components | 替换元器件 |
| Change Color | 改变器件颜色 |
| Font | 设置字体 |

### 三、选中导线时的右键菜单

在选中的导线上单击鼠标右键弹出菜单,主要命令含义如表 1.5.6 所示。

表 1.5.6 选中导线时的右键菜单

| 名 称 | 作 用 |
| --- | --- |
| Delete | 删除导线 |
| Change Color | 改变器件颜色 |
| Font | 设置字体 |
| Properties | 设置导线属性 |

## 1.5.11 恢复软件界面默认设置

Multisim 软件允许用户自定义用户界面,可以从菜单中添加或删除相应的按钮,从工具栏中添加删除快捷键,用户也可以更改菜单的层次、顺序,但是不能创建新的菜单。初学者在自定义用户界面时可能导致界面的凌乱,甚至找不到常用的菜单和工具栏,此时可以通过恢复默认设置使界面回到初始状态。

在用户自定义界面时,软件会自动生成相应文件,用户只要把生成的文件删除就可以了。文件路径为:C:\Documents and Settings \ Administrator \ Application Data \ National Instruments \ Circuit Design Suite \ 10.0 \ config,其中"Administrator"为用户名,不同的电脑用户名可能不同。在 config 文件夹中查找 standard_ ms_ uni. ewcfg 或 standard_ ub_ uni. ewcfg 文件,删除该文件,然后重新启动软件,用户界面就和初始状态一致了。

## 1.5.12 子电路

子电路是用户自建的单元电路。子电路是将比较复杂电路图中的局部单元电路组合成一个易于管理的电路模块,子电路可以被调用和修改。子电路的应用可以使复杂系统的设计模块化,极大地增加了设计电路的可读性,缩短电路设计周期,提高电路设计效率。下面以搭建直流稳压电源电路为例介绍创建子电路的步骤。

### 一、创建子电路

要使用子电路首先要创建子电路,建立的电路图如图 1.5.27 所示。

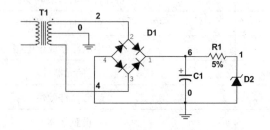

图 1.5.27 创建子电路电路图

## 二、添加端口

为了能对子电路进行连接就要为子电路添加输入输出节点。本例为变压器输入端添加输入节点，为稳压二极管输出端提供两个输出节点。在工作界面空白处单击鼠标右键，选择"Place Schematic"→"HB/SC Connector"命令就可以在窗口中添加输入、输出节点，双击端口符号可以修改该节点的名字。添加完的电路如图1.5.28所示。

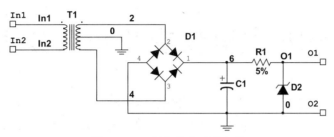

图 1.5.28　添加节点后的电路

## 三、生成子电路

在工作界面空白处单击鼠标右键，选择"Select All"命令选中电路，在工作界面空白处单击鼠标右键，选择"Replace by Subcircuit"命令弹出子电路命名对话框，如图1.5.29所示，填入子电路名称，然后单击"OK"按钮即可生成子电路，生成的子电路以符号形式显示，如图1.5.30所示。

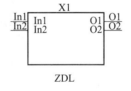

图 1.5.29　子电路命名对话框　　　图 1.5.30　子电路图标

选中子电路符号，单击鼠标右键选择"Editor symbol/Title Block"命令可以修改子电路符号，修改后的子电路符号如图1.5.31所示。

## 四、调用子电路

在含有子电路的电路中，连接子电路即可，完成连接后的电路如图1.5.32所示。

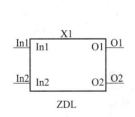
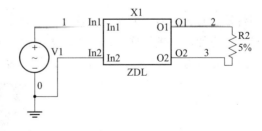

图 1.5.31　修改子电路符号　　　　图 1.5.32　包含子电路的电路图

# 第 2 章

# Multisim10 虚拟仪器及仿真分析方法

电路设计完成后，需要对电路进行仿真分析，测量电路的参数是否符合设计要求，判断电路设计是否正确合理。EDA 软件为用户提供了方便快捷的虚拟仪器与功能强大、种类齐全的仿真分析方法，合理利用虚拟仪器与仿真方法能非常方便地监测电路工作情况并对仿真结果进行显示与测量。本章主要介绍 Multisim10 的虚拟仪器及 Multisim10 的仿真分析方法。

## 2.1 Multisim10 虚拟仪器

虚拟仪器是 Multisim 仿真软件最具特色的一部分内容。Multisim10 软件为用户提供了大量虚拟仪器仪表进行电路仿真测试，电路在仿真时，电路的运行状态与测量结果可以通过虚拟仪器来进行显示。这些虚拟仪器的操作、使用、测量与真实仪器非常类似。

Multisim10 提供的虚拟仪器主要分为模拟类仪器、数字类仪器、射频仪器、真实仪器。虚拟仪器符号如图 2.1.1 所示，从左到右依次为数字万用表、函数信号发生器、瓦特表、双通道示波器、四通道示波器、波特图仪、频率计、字信号发生器、逻辑分析仪、逻辑转换仪、伏安分析仪、失调分析仪、频谱分析仪、网络分析仪、Agilent 函数发生器、Agilent 万用表、Agilent 示波器、Tektronix 示波器、测量探针、Labview 自定义仪器、电流探针。

图 2.1.1　Multisim10 虚拟仪器

虚拟仪器共有 3 种显示方式，在仪器栏中以图标符号方式显示，在工作界面上以仪器连线符号显示，方便用户进行连线，也可以通过仪器面板进行显示，在仪器面板上可以显示测量结果，三种显示方式如图 2.1.2 所示（以万用表为例）。

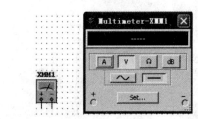

图 2.1.2　万用表的图标符号、连线符号、仪器面板

虚拟仪器的使用可分为以下 3 个步骤：

（1）为电路添加合适的虚拟仪器。用鼠标左键单击一次需要使用的仪器图标后松开鼠标按键，移动鼠标到设计窗口中，再次单击鼠标左键，仪器图标变为仪器连线符号。仪器上方的符号用于标识仪器的种类和编号。

（2）将仪器的接线柱连入电路中。

（3）双击仪器连线符号，打开仪器面板，单击仿真按钮 ▨，或选择"Simulate"→"Run"命令，或按键盘的【F5】键进行仿真。

## 2.1.1 模拟虚拟仪器

### 一、数字万用表（Multimeter）

万用表是一种常用仪器，可以测量交流电流、交流电压、直流电流、直流电压、电阻，其符号和面板如图 2.1.3 所示。使用时将图标上的"+""-"两端连接在所要测量的节点上，使用方法和实际万用表一样，测量电阻和电压时，将万用表与所测元件并联；测电流时，将万用表与所测元件串联。

图 2.1.3 Multimeter 数字万用表图形和面板

1. 被测信号类型

万用表可以测量直流信号和交流信号。选择面板按钮 ▨，表示所测量为交流量；选择面板按钮 ▨，表示所测量为直流量。测电流时，数字万用表的内阻很小，约 1 nΩ。

2. 万用表的功能

万用表面板共有 4 个功能键。

选择"A"按钮，可测量电路中某一支路电流，若再选择 ▨，表示测量交流电流，结果为有效值；若选择 ▨，表示测量的为直流电流。

选择"V"按钮，可测量电路中任意两个节点之间的电压。测电压时，数字万用表的内阻很高，可达 1 GΩ。

选择"Ω"按钮，可测量电路中两个节点之间的电阻。

选择"dB"按钮，可测量电路中两个节点之间电压降的分贝值，此时万用表应与两个节点并联。

3. 万用表参数的设置

单击面板上的"Set…"按钮可对万用表内部参数进行设置，其设置对话框如图 2.1.4 所示，各项内容如下。

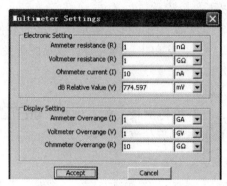

图2.1.4 万用表内部参数的设置

Ammeter resistance（R）：用于设置电流表内阻；

Voltmeter resistance（R）：用于设置电压表内阻；

Ohmmeter current（I）：设置欧姆表电流；

dB Relative Value（V）：设置dB参考电压，默认值为774.597 mV。

"Display Setting"区用于设置测量电流、电压、电阻时万用表的最大值。修改参数后按"Accept"按钮确定。

4. 应用举例

利用万用表测量电路中电阻$R$上的交流电压，测量电路与测量结果如图2.1.5所示。

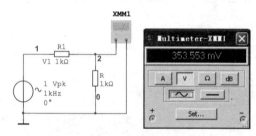

图2.1.5 万用表测量电压

### 二、函数信号发生器

函数信号发生器（Function Generator）可以产生与现实中完全一样的正弦波、三角波和方波，而且波形、频率、幅值、占空比、直流偏置电压均可以调节。

1. 连接方式

函数信号发生器连接符号如图2.1.6所示，中间的接线柱连接信号的参考点，一般为地，标"+"的接线柱提供正信号波形，标"-"的接线柱提供负信号波形。

2. 功能选择

函数信号发生器面板如图2.1.7所示，"Waveforms"区用来设置产生的信号为正弦波、三角波、方波中的一种。

第 2 章　Multisim10 虚拟仪器及仿真分析方法　47

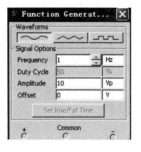

图 2.1.6　函数信号发生器连接符号　　　　图 2.1.7　函数信号发生器面板

Frequency：设置信号频率，范围为 1 pHz～999 THz。

Duty Cycle：设置三角波和方波的占空比，范围为 1%～99%，对正弦波无效。

Amplitude：设置信号的幅度。如果信号从公共端和正极端或从公共端和负极端引出，则波形输出的幅值就是设置值；若信号从正极端、负极端引出，电压幅值为设置值的 2 倍。

Offset：设置偏置电压，默认值为 0，表示输出电压没有叠加直流成分。

3. 应用举例

利用函数信号发生器产生频率为 1 kHz、幅值为 1 V、偏置电压为 1 V 的正弦波信号，利用示波器 A 通道观察信号波形，电路及示波器波形如图 2.1.8 所示。

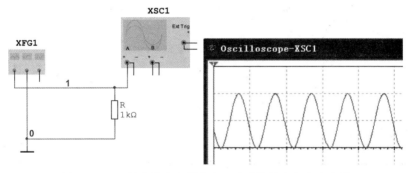

图 2.1.8　函数信号发生器产生正弦波信号的电路及波形

### 三、瓦特表

瓦特表（Wattmeter）用来测量电路的交流或直流功率，功率大小为电流与电压的乘积。瓦特表还可以测量功率因数，即电压与电流之间的相位差角的余弦值。瓦特表图标及面板如图 2.1.9 所示。

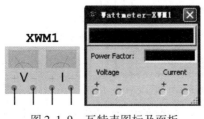

图 2.1.9　瓦特表图标及面板

瓦特表共有 4 个引线，"Voltage" 的正极和负极，这两个端口与待测电路并联；"Current"的正极和负极，这两个端口与待测电路串联。面板中黑色屏幕显示测量的平均功率，"Power Factor" 一栏中显示功率因数。

电路如图 2.1.10 所示，利用瓦特表测量电阻 $R$ 上的功率，测量结果如图 2.1.10 所示。

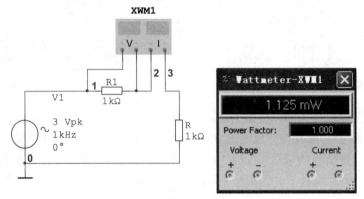

图 2.1.10　瓦特表测量电路及测量结果

### 四、双通道示波器

示波器是常用的仪器，Multisim10 提供的双通道示波器面板、操作方法与实际示波器基本相同。该示波器可以观察两路信号波形，可以测量信号的幅值、周期。示波器的图标如图 2.1.11 所示，共有 4 个端口：A 通道输入、B 通道输入、外部触发 T 和接地端 G。

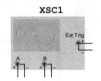

图 2.1.11　示波器的图标

双击示波器图标打开示波器面板，各设置含义如下。

1. Timebase：设置 $X$ 轴方向时间基线以及扫描时间

Scale：设置 $X$ 轴方向每一个刻度表示的时间。调节"Scale"的值可以调节波形的疏密，当信号波形过于密集时，可以适当减小"Scale"的值。例如将"Scale"由 1 ms/Div 改为 2 ms/Div 后，波形变密集，如图 2.1.12 所示。

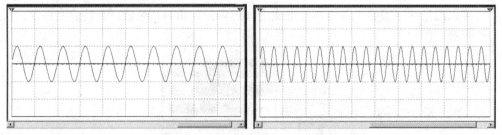

图 2.1.12　修改 Scale 值前后示波器的波形

X position：$X$ 轴方向时间基线的起始位置，修改其值可以使时间基线左右移动。例如，当把图 2.1.12 的"X position"的值改为 2 时，波形发生右移，如图 2.1.13 所示。

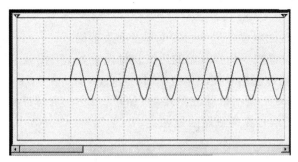

图 2.1.13　示波器波形发生右移

Y/T：该项表示在 Y 轴方向显示信号电压，X 轴方向显示时间基线，并按照设定的时间进行扫描。当要显示按时间变化而变化的信号波形时采用这种方式，如正弦波、三角波、方波。

B/A：表示将 A 通道信号作为 X 轴扫描信号，B 通道信号施加在 Y 轴上。

A/B：和 B/A 设置刚好相反。

ADD：表示按 X 轴设置时间进行扫描，Y 轴方向显示 A、B 通道输入信号之和。

2. Channel A 区（设置 Y 轴方向 A 通道输入信号的标度）

Scale：设置 A 通道信号在 Y 轴方向每一刻度代表的电压值，通过调节"Scale"的大小可以调整波形的形状，如果信号太小了可以减小"Scale"的值，反之增加"Scale"的值。将 Channel A 的"Scale"值减小，则波形高度明显增大，如图 2.1.14 所示。

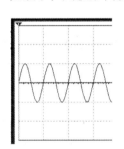 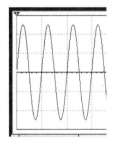

图 2.1.14　示波器波形高度增大

Y Position：表示时间基线在显示屏幕中的位置。若值为正，时间基线在 X 轴上方；若值为负，时间基线在 X 轴下方。即调整"Y Position"的值可以使波形上下移动。将"Y Position"的值改为 1，则波形上移，如图 2.1.15 所示。

AC：表示示波器仅显示测试信号中的交流分量。

0：表示输入端对地短路。

DC：表示示波器显示测试信号中的交、直流之和。

3. Channel B 区（和 Channel A 区类似）

使用时，虚拟示波器和实际示波器的连接方式有一些不同，当测试某一点电压波形时，只要将 A、B 通道中的一个与被测点连接就可以，测量出来的是该点与地之间的电压波形，示波器接地端可以不连接。

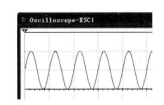

图 2.1.15　示波器波形上移

### 4. Trigger 触发区

触发区用来设定 X 轴的触发信号、触发电平及触发边沿。

Edge：触发边沿，设置被测信号开始的边沿，可设置为上升沿或下降沿。

Level：触发电平，使触发信号在设定电平时启动扫描。

触发信号选择："Sing"表示单脉冲触发；"Nor"表示一般脉冲触发；"Auto"表示自动触发，用通道 A、B 的信号作为触发信号。

### 5. 显示区

利用示波器可以读取波形的参数，包括频率和幅度。在示波器面板上有两条可以左右移动的读数指针，指针上方有"1"和"2"的标志，利用鼠标可以对指针任意移动。在屏幕下方，有一个测试数据显示区，如图 2.1.16 所示。"T1"行表示 1 号指针测得的三个数据："Time"表示时间轴读数；"Channel_A"表示 1 号指针和 A 通道波形交点的电压值；"Channel_B"表示 1 号指针和 B 通道波形交点的电压值。"T2"行表示 2 号指针测得的三个参数。"T2 - T1"表示 1 号指针测得的三个参数和 2 号指针测得的三个参数的差值。通常用这些可以测量信号的周期、脉冲宽度、上升时间、下降时间、幅度等。该图中信号的周期为 1 ms，幅度为 5 mV。

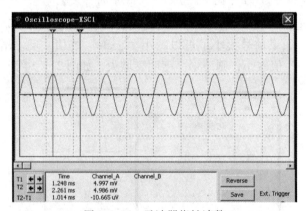

图 2.1.16 示波器指针读数

为了观察清楚还可以设置波形颜色：只需将连接示波器 A、B 通道的连线设置成所需颜色即可。面板中"Reverse"可以改变荧光屏的背景颜色。

### 五、四通道示波器

四通道示波器与双通道示波器的使用方式完全一致，只是增加了通道控制旋钮，只有旋钮拨到某个通道，对应通道的波形才能显示，这里不再赘述。

### 六、伏安分析仪

伏安分析仪用于测量二极管、双极型晶体管、场效应管等半导体器件的伏安特性。测量时需要将测量器件与电路完全断开。

伏安分析仪图标、测试电路如图 2.1.17 所示，伏安分析仪有 3 个连接端口与器件连接，对于不同的器件连接方式不同，连接方式通过面板可以查到。

伏安分析仪面板如图 2.1.18 所示，左侧为曲线显示窗口，右侧为设置区，面板参数设置如下：

第 2 章　Multisim10 虚拟仪器及仿真分析方法　51

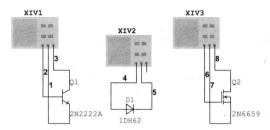

图 2.1.17　伏安分析仪图标及测试电路

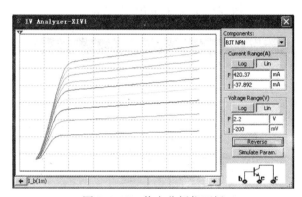

图 2.1.18　伏安分析仪面板

1. 元件类型选择（Components）

单击"Components"的下拉菜单可以选择器件类型，分别为二极管（Diode）、NPN 晶体管（BJT NPN）、PNP 晶体管（BJT PNP）、P 沟道 MOS 场效应管（PMOS）、N 沟道 MOS 场效应管（NMOS），选择相应的器件后会在右下方显示端口连接方式。

2. 显示参数设置

"Current Range（A）"设置电流显示范围，"F"栏设置终止值，"I"栏设置起始值，显示方式有对数（Log）和线性（Lin）两种方式。

"Voltage Range（V）"设置电压显示方式，"F"栏设置终止值，"I"栏设置起始值，显示方式有对数（Log）和线性（Lin）两种方式。

3. 背景色设置

单击"Reverse"按钮可设置显示窗口背景，分别为白色和黑色。

4. 仿真参数设置

单击"Simulate Param."按钮可设置仿真参数，选择器件不同时参数设置也不同。

（1）二极管仿真参数设置。若选择器件为二极管，参数设置对话框如图 2.1.19 所示，只有 PN 结电压（V_Pn）需要设置，可设置 PN 结电压的起始电压、终止电压、扫描增量。

（2）双极型晶体管仿真参数设置。若选择器件为双极型晶体管，参数设置对话框如图 2.1.20 所示，有两项需要设置。"Source Name：V_ce"一栏设置晶体管 C、E 之间的起始电压、终止电压、扫描增量；"Source Name：I_b"一栏设置三极管基极电流的起始值、终止值、扫描间隔。

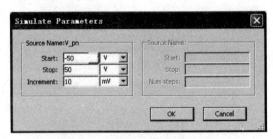

图 2.1.19　二极管仿真参数设置

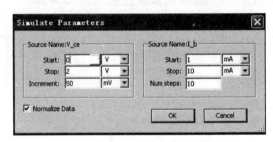

图 2.1.20　双极型晶体管仿真参数设置

（3）场效应管仿真参数设置。若选择器件为场效应管，参数设置对话框如图 2.1.21 所示，有两项需要设置。"Source Name：V_ds"一栏设置晶体管 D、S 之间的起始电压、终止电压、扫描增量；"Source Name：V_gs"一栏设置 G、S 间电压的起始值、终止值、步长。

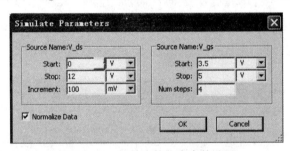

图 2.1.21　场效应管仿真参数设置

### 七、波特图仪

波特图仪（Bode Plotter）又称为频率特性仪，主要用于测量滤波电路的频率特性，包括测量电路的幅频特性和相频特性。使用波特图仪测量电路的幅频特性与相频特性时，电路输入端必须有信号源，信号源的类型不会影响测量结果。

1. 图标

单击仪表工具栏上波特图仪图标，放置在窗口中，图标如图 2.1.22 所示，使用时，波特图仪的图标有四个接线端，左边"IN"为输入端，"＋"端接输入电压的正端，"－"端接地端；"OUT"为输出端，"＋"端接输出电压的正端，"－"端为接地端。双击图标打开面板如图 2.1.23 所示，面板设置和参数如下。

图 2.1.22　波特图仪图标

第2章 Multisim10 虚拟仪器及仿真分析方法　53

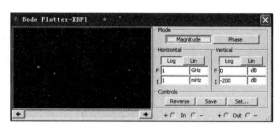

图 2.1.23　波特图仪面板

**2. 模式选择**

Magnitude：表示显示被测电路的幅频特性曲线。

Phase：表示显示被测电路的相频特性曲线。

**3. 坐标轴设置**

"Horizontal"区：设置波特图仪显示的 $X$ 轴频率特性。

"Log"表示横坐标用 log 表示，即 log$f$，当要测试的信号频率变化范围比较宽时用该模式；"Lin"表示横坐标用线性坐标（$f$）表示。F：即 Final，即设置频率变化的最大值；I：即 Initial，即设置频率变化的初始值；若要清晰地观察某一段的频率特性，可以将频率范围设置得窄一些。

注意：初始频率"I"的值必须小于截止频率。

"Vertical"区：设置 $Y$ 轴的刻度类型。

测量幅频特性时，单击"Log"按钮，则 $Y$ 轴刻度为 20lg$|A_u|$，单位为 dB，其中 $A_u = u_o/u_i$，当$|A_u|$较大时选择该按钮。单击"Lin"按钮，则 $Y$ 轴刻度为线性刻度$|A_u|$，当$|A_u|$较小时用该选项。

当测量相频特性时，纵轴坐标表示相位，单位是度（°），刻度为线性的。

Reverse：改变荧光屏的背景色。

Set：设置扫描分辨率，数值越大读数精度越高，但运行时间会变长，默认值为 100。

**4. 显示窗口**

利用鼠标拖动读数指针，指针和窗口中曲线相交于一点，可以从显示屏下方窗口中读出该点的频率和对应的幅值或相位。如图 2.1.24 所示，频率为 1 MHz，对应的幅值为 -2.961 dB。

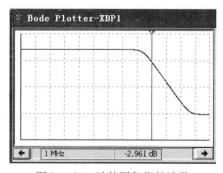

图 2.1.24　波特图仪指针读数

## 2.1.2 数字虚拟仪器

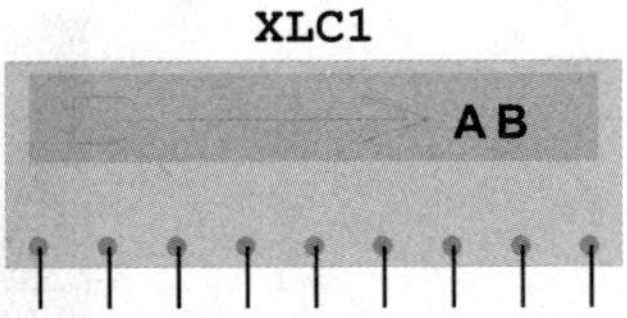

数字逻辑电路中常用的虚拟仪器主要有逻辑转换仪、逻辑分析仪、字信号发生器。

**一、逻辑转换仪**

逻辑转换仪是 Multisim 特有的仪器,能够完成数字电路中真值表、逻辑表达式和逻辑电路三者之间的相互转换,但实际中不存在与此对应的设备。逻辑转换仪图标如图 2.1.25 所示,共有 9 个连接端口。

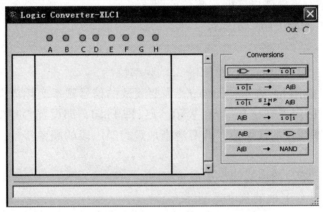

图 2.1.25 逻辑转换仪图标

双击逻辑转换仪图标打开逻辑转换仪面板如图 2.1.26 所示。

图 2.1.26 逻辑转换仪面板

A、B、C、D、E、F、G、H 为输入逻辑变量,可以设置为"1"或者"0",单击 A、B、C 等上方的圆点,圆点变成白色,同时在面板中间显示输入逻辑变量的所有逻辑组合,再次单击小圆点可以去除所选择的输入逻辑变量,此时圆点为灰色。设选择 A、B、C 三个输入变量,输出框的相应位置默认为"?",单击问号可以改变输出量的值,可以根据需要将"?"改为"0""1""X",输入的真值表如图 2.1.27 所示。

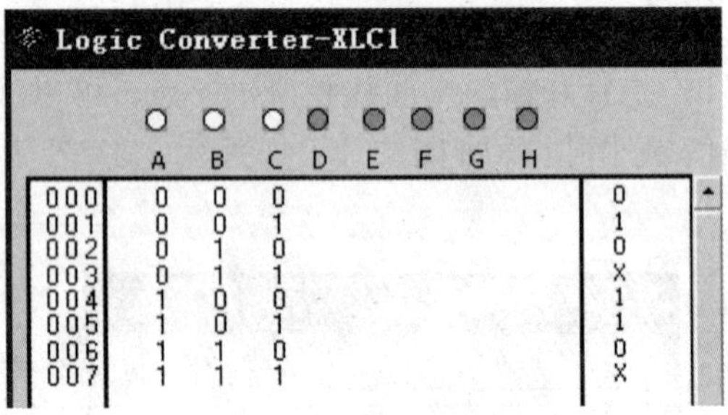

图 2.1.27 输入的真值表

逻辑转换仪可以将输入的真值表转换为布尔表达式。输入的真值表如图 2.1.27 所示,单击逻辑转换仪面板右侧 `1 0 1 → A|B` 按钮,则会在面板底部显示转换后的布尔表达式,如图 2.1.28 所示。

单击逻辑转换仪面板右侧的 `1 0 1 SIMP A|B` 按钮可以将真值表转换为最简化的布尔表达式,转换结果如图 2.1.29 所示。

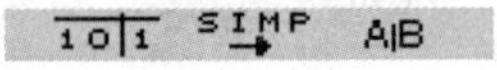

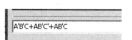  

图 2.1.28　转换后的布尔表达式　　图 2.1.29　转换为最简布尔表达式

逻辑转换仪可以将布尔表达式转换为真值表，单击逻辑转换仪面板右侧 AIB → 1|0|1 按钮可以实现该转换。

逻辑转换仪可以将布尔表达式转换为电路图，单击逻辑转换仪面板右侧 AIB → ⊃ 按钮即可，图 2.1.30 为将图 2.1.28 所示的布尔表达式转换后的电路。

逻辑转换仪可以将布尔表达式转换为与非门逻辑电路图，单击逻辑转换仪面板右侧 AIB → NAND 按钮即可，图 2.1.31 为将图 2.1.28 所示的布尔表达式转换后的与非门逻辑电路图。

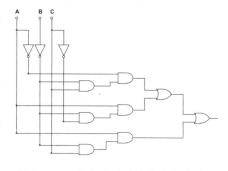

图 2.1.30　布尔表达式转换为电路图

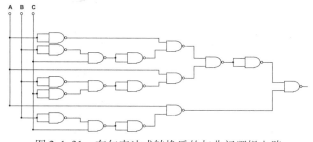

图 2.1.31　布尔表达式转换后的与非门逻辑电路

## 二、逻辑分析仪

逻辑分析仪用于对数字逻辑信号的高速采集和时序分析，可以同步记录和显示 16 路数字信号，常用于数字逻辑电路的时序分析和大型数字系统的故障分析。

逻辑分析仪的图标及面板如图 2.1.32 所示，由图可知逻辑分析仪图标具有 16 路信号输入端、外部时钟端 C、触发限制端 T、时钟限制端 Q。

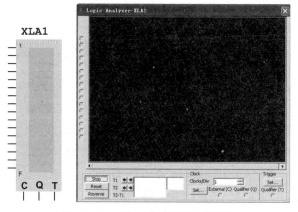

图 2.1.32　逻辑分析仪的图标及面板

逻辑分析仪面板分成上下两部分，上半部分为波形显示窗口，下半部分为逻辑分析仪的控制窗口，控制按钮有停止（Stop）、复位（Reset）、面板反相显示（Reverse）、时钟（Clock）设置、触发（Trigger）设置。

1. 显示区

面板左边的 16 个小圆圈对应 16 个输入端，若逻辑分析仪图标的接线端口与电路某一点连接时，面板接线柱的小圆圈中会显示一个黑点，若逻辑分析仪图标的接线端口没有与电路连接时，面板接线柱的小圆圈中不会显示小黑点。各路输入逻辑信号的当前值在小圆圈内显示（显示高、低电平），按从上到下排列依次为最低位至最高位。16 路输入的逻辑信号的波形以方波形式显示在逻辑信号波形显示区。通过设置输入导线的颜色可修改相应波形的显示颜色。波形显示的时间轴刻度可通过面板下边的 "Clocks/Div" 设置。读取波形的数据可以通过拖放读数指针完成。在面板下部的两个方框内显示指针所处位置的时间读数和逻辑读数（4 位十六进制数）。

2. 时钟（Clock）区

鼠标单击对话框面板下部 "Clock" 区的 "Set" 按钮弹出时钟设置对话框，如图 2.1.33 所示。

"Clock Source" 区设置波形采集的控制时钟，可以为内时钟（Internal）或者外时钟（External），上升沿有效或者下降沿有效。如果选择内时钟，内时钟频率可以设置。此外，对 "Clock Qualifier"（时钟限定）的设置决定时钟控制输入对时钟的控制方式。若该位设置为 "1"，表示时钟控制输入为 "1" 时开放时钟，逻辑分析仪可以进行波形采集；若该位设置为 "0"，表示时钟控制输入为 "0" 时开放时钟；若该位设置为 "x"，表示时钟总是开放，不受时钟控制输入的限制。

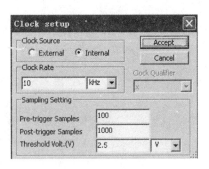

图 2.1.33　时钟设置对话框

Clock Rate：用于设置时钟频率，范围为 1 Hz ~ 100 MHz。

Sampling Setting：用于设置取样点。Pre – trigger Samples：触发前取样点数；Post – trigger Samples：触发后取样点数；Threshold Volt.（V）：开启电压设置。

3. 触发（Trigger）区

单击 "Trigger" 区的 "Set…" 按钮，可以弹出触发方式设置对话框，如图 2.1.34 所示。

"Trigger Clock Edge" 区设置触发边沿，"Positive" 为上升沿，"Negative" 为下降沿，"Both" 为双向触发。

"Trigger Patterns" 区设置触发模式，触发方式有多种选择。对话框中可以输入 A、B、C 三个触发字。逻辑分析仪在读到一个指定字或几个字的组合后触发。触发字的输入可单击标为 A、B 或 C 的编辑框，然后输入二进制的字（0 或 1）或者 x，x 代表该位为 "任意"（0、1 均可）。用鼠标单击对话框中 "Trigger Combinations" 方框右边的按钮，弹出由 A、B、C 组合的八组

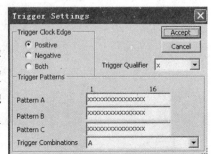

图 2.1.34　触发方式设置对话框

触发字,选择八种组合之一,并单击"Accept"按钮后,在"Trigger Combinations"方框中就被设置为该种组合触发字。

三个触发字的默认设置均为"xxxxxxxxxxxxxxxx",表示只要第一个输入逻辑信号到达,无论是什么逻辑值,逻辑分析仪均被触发,开始波形的采集,否则必须满足触发字条件才被触发。此外,"Trigger Qualifier"(触发限定字)对触发有控制作用。若该位设为"x",触发控制不起作用,触发完全由触发字决定;若该位设置为"1"(或"0"),则仅当触发控制输入信号为"1"(或"0")时,触发字才起作用;否则即使触发字组合条件满足也不能引起触发。

### 三、字信号发生器

字信号发生器是能产生 16 路(位)同步逻辑信号的一个多路逻辑信号源,用于对数字逻辑电路进行测试。

字信号发生器的图标及面板如图 2.1.35 所示,由图可知逻辑分析仪图标左侧有 0~15 共 16 个端口,图标右侧有 16~31 共 16 个端口,这 32 个端口是字信号发生器所产生的 32 位数字信号的输出端口,底部 R 端口为输出信号准备好标志信号,T 端口为外部触发信号输入端。字信号发生器面板左侧为控制区,右侧为字信号编辑显示区。

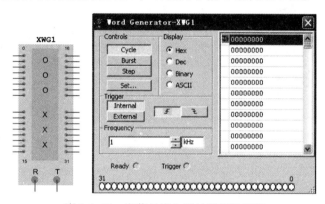

图 2.1.35 字信号发生器的图标及面板

逻辑分析仪面板分成上下两部分,上半部分为波形显示窗口,下半部分为逻辑分析仪的控制窗口,控制按钮有停止(Stop)、复位(Reset)、面板反相显示(Reverse)、时钟(Clock)设置、触发(Trigger)设置。

1. 字信号显示区

在字信号编辑区,32 bit 的字信号以 8 位十六进制数编辑和存放,可以存放 1 024 条字信号,地址编号为 0000~03FF。将光标指针移至字信号编辑区的某一位,用鼠标器单击后,由键盘输入如二进制数码的字信号,光标自左至右,自上至下移位,可连续地输入字信号。选中某一条字信号并单击右键,可以在弹出的菜单中对选中的字信号进行设置,菜单如图 2.1.36 所示。

Set Cursor:设置字信号发生器开始输出字信号的起点,选择该命令后所选字信号出现起始光标 ▶00000000,表示从该位置输出字信号。

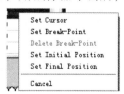

图 2.1.36 右键菜单

Set Break – Point:在选择位置设置中断点,中断点符号为● 00000000。
Delete Break – Point:删除选择位置设置的中断点。
Set Initial Position:在选择位置设置一个循环字信号的初始值。
Set Final Position:在选择位置设置一个循环字信号的终止值。

2. "Controls" 区

"Controls"区设置字信号的输出方式。字信号的输出方式分为"Step"(单步)、"Burst"(单帧)、"Cycle"(循环)三种方式。鼠标单击一次"Step"按钮,字信号输出一条,该方式用于对电路进行单步调试。鼠标单击"Burst"按钮,则从起始位置开始至终止位置连续逐条地输出字信号,采用"Burst"输出方式时,当运行至该地址时输出暂停,再用鼠标单击"Pause"按钮则恢复输出。用鼠标单击"Cycle"按钮,则循环不断地进行"Burst"方式的输出。"Burst"和"Cycle"情况下的输出节奏由输出频率的设置决定。

单击"Set…"按钮弹出控制区的设置对话框,如图2.1.37所示,各项含义如下。

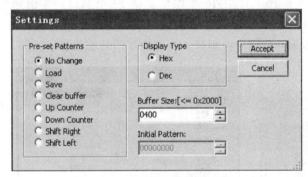

图 2.1.37  控制区的设置对话框

No Change:表示不变;Load:调用以前设置的字信号文件;Save:保存字信号文件;Clear buffer:清除字信号缓冲区的内容;Up Counter:按递增编码;Down Counter:按递减编码;Shift Right:按右移编码;Shift Left:按左移编码。

"Display Type"设置输出字信号的格式为十六进制(Hex)或十进制(Dec)。

"Buffer Size"设置缓冲区大小。

3. "Trigger" 区

字信号的触发分为"Internal"(内部)和"External"(外部)两种触发方式。当选择"Internal"(内部)触发方式时,字信号的输出直接由输出方式按钮(Step、Burst、Cycle)启动。当选择"External"(外部)触发方式时,则需接入外触发脉冲,并定义"上升沿触发"或"下降沿触发",然后单击输出方式按钮,待触发脉冲到来时才启动输出。此外在数据准备好时输出端还可以得到与输出字信号同步的时钟脉冲。

4. "Display" 区

Hex:字信号以十六进制显示;Dec:字信号以十进制显示;Binary:字信号以二进制显示;ASCII:字信号以 ASCII 码显示。

## 2.1.3 射频虚拟仪器（频谱分析仪）

频谱分析仪用来分析信号的频域特性，测量信号中包含的频率信号的幅值，测量电路中谐波信号成分，测量不同频率信号的功率，频域分析范围上限为 4 GHz。频谱分析仪图标如图 2.1.38 所示，其中 IN 端为信号输入端，T 端为触发信号输入端。

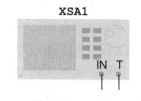

图 2.1.38　频谱分析仪图标

双击频谱分析仪图标，打开频谱分析仪面板，如图 2.1.39 所示，面板各项含义如下。

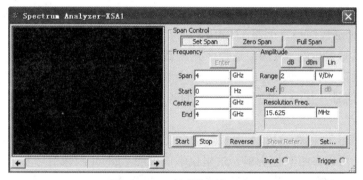

图 2.1.39　频谱分析仪面板

1．"Span Control" 区

该区域用于设置频谱分析仪的仿真工作频率范围。

单击 "Set Span" 按钮，表示仿真频率由 "Frequency" 区域的参数决定。

单击 "Zero Span" 按钮，表示仿真频率范围由 "Frequency" 区域设定的中心频率决定。

单击 "Full Span" 按钮，表示仿真频率范围为频谱分析仪的整个频率范围，为 1 kHz ~ 4 GHz。

2．"Frequency" 区

该区域用于设定仿真分析的频率。

"Span" 设定频率范围。

"Start" 设定起始频率。

"Center" 设定中心频率。

"End" 设置终止频率。

若已知 "Span" "Center" 值，按下【Enter】键后，"Start" 值和 "End" 值会自动填入。

3．"Amplitude" 区

该区域设定纵坐标刻度，共有 3 种选择，即 dB、dBm、Lin。

"Range" 表示纵坐标每单元格的刻度值。

"Ref." 用于设定纵坐标幅值 dB 或 dBm 的参考标准。

#### 4. "Resolution Freq."区

该区域用于设定频率分辨率，默认值为：终止频率/1024。

频谱分析仪下方有 5 个按钮，即"Start"启动分析，"Stop"停止分析，"Reverse"显示区反色，"Show Refer/Hide – Refer"显示/隐藏波形显示区的参考直线，"Set..."设置按钮。

### 2.1.4 模拟 Agilent、Tektronix 仪器

在 Multisim10 的虚拟仪器中，有 4 台虚拟仪器的面板和实物仪器面板完全一样，分别是：Agilent 函数信号发生器（Agilent Function Generator）、Agilent 万用表（Agilent Multimeter）、Agilent 数字示波器（Agilent Oscilloscope）、Tektronix 示波器（Tektronix Oscilloscope）。下面只介绍 Agilent 函数信号发生器 33120A。

安捷伦函数信号发生器 33120A 是数字式函数信号发生器。其内部永久存储着正弦波、方波、三角波、噪声、锯齿波、sin($x$)/$x$、负锯齿波、指数上升波、指数下降波、心电波，共 10 种函数信号。其中，正弦波、方波的频率范围为 100 $\mu$Hz ~ 15 MHz，幅值范围为 100 mV$_{PP}$ ~ 10 V$_{PP}$。

Agilent 函数信号发生器 33120A 面板如图 2.1.40 所示，关于函数信号发生器的具体使用方法不做介绍，可以参考其他资料，这里仅举例说明 Agilent 函数信号发生器 33120A 如何产生相关信号。将函数信号发生器的输出端口与示波器 A 通道连接，便于观察函数信号发生器产生的信号，电路如图 2.1.41 所示。

图 2.1.40　Agilent 函数信号发生器 33120A 面板

1. 产生正弦波

要求输出正弦波为：[$100\cos(2\pi + 50kt) + 100$] mV，其步骤如下：

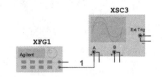

图 2.1.41　函数信号发生器与示波器连接

(1) 开启电源开关键"Power"。

(2) 设定信号类型为正弦波，单击按钮 ∼ 。

(3) 设定频率。单击"Freq"按钮 Freq ，鼠标左键按下面板上的圆形按钮并顺时针旋转可调节频率，设定为 50 kHz，面板如图 2.1.42 所示。可以使用函数信号发生器面板上的 ＞ 按钮设定调整位，每按一次调整位向右移动一位，当调整位闪烁时，可以旋转圆形按钮调整数值。

图 2.1.42　设定频率

（4）设定幅度。单击 **Ampl** 按钮，按照步骤（3）调整幅度为 100 mV，默认为峰峰值（也可以显示分贝值、有效值），面板如图 2.1.43 所示。

图 2.1.43　设定幅度

（5）设定偏置电压。单击 **Offset** 按钮，按照步骤（3）的方法调整数值，面板如图 2.1.44 所示。

图 2.1.44　设定偏置电压

设置完成后打开软件仿真按钮，示波器波形如图 2.1.45 所示，由游标读数可知信号峰值为 50 mV，周期为 20 μs，偏置电压为 100 mV。

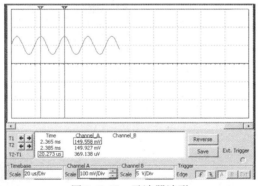

图 2.1.45　示波器波形

### 2. 产生方波

Agilent 函数信号发生器 33120A 产生方波的操作步骤与产生正弦波的步骤大致相同，对于方波信号，设置参数时多一个占空比的设置，单击"Shift"按钮，再单击"Offset"按钮，通过面板旋钮调整占空比大小，如图 2.1.46 为调整方波占空比界面。

图 2.1.46　调整方波占空比界面

频率 1 kHz，峰峰值 100 mV，占空比为 20% 的方波信号如图 2.1.47 所示。

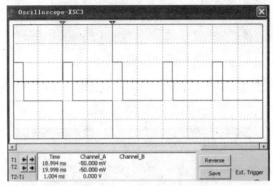

图 2.1.47  示波器波形

Agilent 函数信号发生器 33120A 产生三角波、锯齿波、噪声的方法与产生方波的方法基本一致。

3. 产生调幅波

（1）单击 Shift 按钮，再单击 ～ 按钮，选择 AM 信号输出。

（2）单击"Freq"按钮，输入载波频率，如图 2.1.48 所示，单击"Ampl"按钮，输入载波幅度，如图 2.1.49 所示。

图 2.1.48  设置载波频率

图 2.1.49  设置载波幅度

（3）单击"Shift"按钮，再单击"Freq"按钮，输入调制信号频率，如图 2.1.50 所示；再单击"Shift"按钮，单击"Ampl"按钮，输入调制信号幅度，用 % 表示，如图 2.1.51 所示。

图 2.1.50  设置调制信号频率

图 2.1.51  设置调制信号幅度

完成后可输出调制信号波形，如图 2.1.52 所示为载波频率 5 kHz、幅度 200 mV、调制信号为正弦波、频率 600 Hz、调制幅度为 70% 所产生的 AM 波形。

4. 产生调频（FM）信号

产生调频信号的参数设置与调幅信号基本一致，假设要产生载波频率 10 kHz、载波幅度 300 mVpp，调制频率 1 kHz、角频偏为 8 kHz 的调频信号，其步骤如下：

（1）单击"Shift"按钮 Shift，再单击 ⊓ 按钮，选择 FM 信号输出。

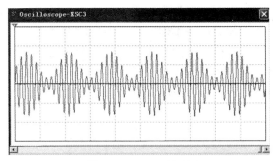

图 2.1.52　AM 波形

（2）当显示面板出现 FM 后，选择载波波形，单击 按钮选择正弦波为载波波形；单击"Freq"按钮设置载波频率，单击"Ampl"按钮设置载波幅度。

（3）单击"Shift"按钮，再单击"Freq"按钮，输入调制信号频率，再单击"Shift"按钮，单击"Ampl"按钮，输入角频偏，设置完成后单击"Enter"按钮保存设置，运行仿真，示波器波形如图 2.1.53 所示。

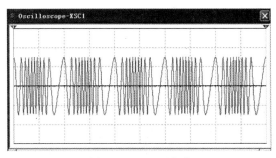

图 2.1.53　FM 波形

## 2.1.5　虚拟面包板

面包板（Bread Board），也称万用线路板或集成电路实验板，由于板子上有很多小插孔，很像面包中的小孔，因此得名。面包板是专为电子电路的无焊接实验设计制造的。由于各种电子元器件可根据需要随意插入或拔出，免去了焊接，节省了电路的组装时间，而且元件可以重复使用，所以非常适合电子电路的组装、调试和训练，在实践教学中具有很重要的作用。

**一、面包板简介**

1. 结构

面包板整板使用热固性酚醛树脂制造，板底有金属条，在板上对应位置打孔使得元件插入孔中时能够与金属条接触，从而达到导电目的。一般将每 5 个孔板用一条金属条连接。板子中央一般有一条凹槽，这是针对需要集成电路、芯片试验而设计的。板子两侧有两排竖着的插孔，也是 5 个一组。这两组插孔用于给板子上的元件提供电源。

2. 面包板在实践教学中的意义

面包板对实践教学意义重大，面包板电路实验可以激发学生创新思维。在实践教学中直接用 220 V 电烙铁焊接时，一怕漏电，二怕学生烫手，三怕烫坏元件，所以教师对学生的实验干预较多，这样就不利于学生创造性思维的培养。而面包板是一种电路中常用的具有多孔插座的插件板，它的优点是无须焊接，不怕漏电，不会烫手，不会烫坏元件。学生可按照电路图自由地插放电子元件，如果错了可拨下来重新安装，元件丝毫不会损伤。如果电路实验失败则可重新组装，如果电路实验成功则可试验下一个新方案，面包板给了学生一个宽松的电路实验环境，使学生的思维在可发散处多向辐射，从而激发学生的创新思维。

3. 面包板实验面临的问题

在电路设计中，设计者首先利用软件绘制电路原理图，通过仿真分析确定电路元件参数，确定电路性能是否符合要求，在确定电路无误后利用面包板搭建电路进行硬件验证。而在实际面包板搭建过程中，设计者根据电路原理图连接实际器件，这有可能导致连线错误，只有在电路连接完成后才能发现错误，而且查询错误的过程十分繁杂。因此，连线是十分重要的环节，如何保证硬件电路与电路原理图线路完全一致是设计者十分关注的问题。

Multisim10 提供了虚拟面包板，虚拟面包板与实际面包板几乎一样，而且在虚拟面包板连线错误后软件会提示错误，因此将虚拟面包板和实际面包板结合使用可以大大降低连线错误。

## 二、虚拟面包板设置

由于电路元件数目不同、复杂程度不同，对面包板大小要求也不同，因此需要根据实际情况设置面包板属性。

虚拟面包板大小的设置：

选择"Tools"→"Show Breadboard"命令，打开虚拟面包板3D界面，如图2.1.54所示。

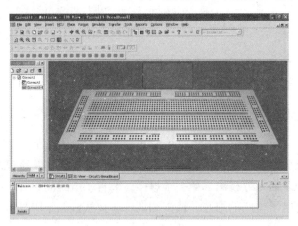

图 2.1.54　虚拟面包板 3D 界面

在 3D 界面中选择"Option"→"Breadboard Settings"命令，或单击快捷键，弹出虚拟面包板设置对话框，如图 2.1.55 所示，通过对话框可以设置面板板大小、是否需要插孔边条。面板各项含义如下。

Number of Slats：设置使用多少块面包板。

Rows in a Slat：设置一个面包板需要多少对元器件插孔条。

Top Strip、Bottom Strip、Left Strip、Right Strip：设

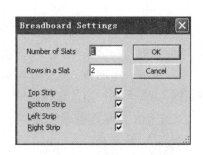

图 2.1.55　虚拟面包板设置对话框

置面包板的顶部、底部、左边、右边插孔边条。

### 三、虚拟面包板属性设置

在虚拟面包板 3D 界面中，选择"Options"→"Global Preferences"命令，在打开的对话框中选择"3D Options"选项卡，如图 2.1.56 所示。

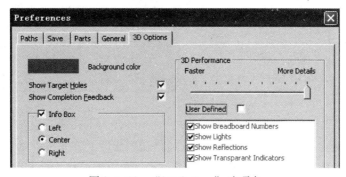

图 2.1.56　"3D Options"选项卡

（1）Background color：背景色设置。

（2）Show Target Holes：显示目标孔，若选中则相应连接点的行或列插孔会显示绿色，这对于连线非常有利。

（3）Show Completion Feedback：连线反馈，若选中，则在面包板上放置元件或正确连线时，电路原理图中的元器件符号或导线会变成其他颜色，这对于设计者非常有用。

（4）Info Box：信息栏设置，选中则可以显示元器件参数，当鼠标移动到器件上时，在该信息栏会显示器件的参数，如图 2.1.57 所示。Left、Center、Right 表示信息栏分别在面包板左边、中部、右边。

（5）3D Performance：元器件信息显示设置，向"More Details"方向滑动时，信息栏会显示元器件的更多信息，但是工作速度会变慢；反之，显示信息少，工作速度快。

图 2.1.57　信息栏显示器件信息

（6）User Defined：用户自定义设置区，一般不做设置。

### 四、在虚拟面包板上搭建电路

利用 Multisim10 完成电路原理图设计后，可以将原理图转移到虚拟面包板上，一般分成两个步骤：①将元器件放置到面包板上；②连线。以同相比例电路为例介绍虚拟面包板的使用。

#### 1. 放置元器件

电路原理图如图 2.1.58 所示，选择"Tools"→"Show Breadboard"命令，打开虚拟面包板 3D 界面，如图 2.1.59 所示。

在面包板下方有元器件盒，元器件盒中的 3D 器件与电路图中的元器件标识符完全一样。用鼠标移动到 3D 元器件上，信息栏则会显示该元器件的标识符、参数值、封装。

用鼠标左键单击 741 元器件并按下鼠标键不放，将元器件拖动到虚拟面包板的合适位置放下，当元器件的引脚即将被插到面包板的插孔时，面包板相应插孔会变成红色，与红色插孔相连的插孔会变成绿色。

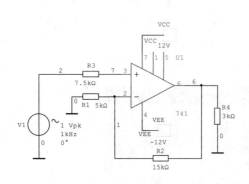

图 2.1.58　电路原理图　　　　　图 2.1.59　虚拟面包板 3D 界面

若要改变面包板上器件的方位,可以将鼠标移动到器件上方并按下鼠标左键,当器件变成红色后,按下键盘的【Ctrl】+【R】组合键,器件可以顺时针旋转 90°。

按照上述方法将所有器件放置在虚拟面包板上,如图 2.1.60 所示,当器件全部放置到面包板后器件盒会自动消失,原理图中的元器件符号会自动变成绿色。

图 2.1.60　放置器件后的面包板

2. 连线

在 3D 界面中,当鼠标移动到插孔上时,鼠标会变成线头形状,单击鼠标后导线起始端就与面包板的插孔连接好,再移动鼠标到另一个插孔时单击鼠标,则连线完成,当面包板连线正确后,原理图相应的连线会变成绿色,连线后的面包板如图 2.1.61 所示。

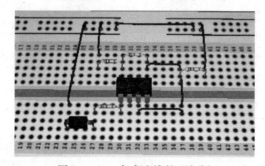

图 2.1.61　完成连线的面包板

当连线完成后,可以选择"Tools"→"DRC and Connectivity Check"命令检查连线是否正确。

## 2.2 Multisim10 仿真分析方法

利用 Multisim10 完成电路设计后,需要测量电路的相关参数来确定电路是否达到设计要求。利用虚拟仪器可以测量电路的特征参数,但是在确定电路全面特性方面,虚拟仪器具有一定的局限性,例如,需要了解"电路元件参数变化对电路性能指标的影响""温度变化对电路的影响"时,利用虚拟仪器测量将十分烦琐,此时 Multisim10 的仿真分析方法将发挥重要作用。Multisim10 的仿真分析方法包括直流工作点分析、交流分析、瞬态分析、傅里叶分析、噪声分析、噪声系数分析、失真分析、直流扫描分析、灵敏度分析、参数扫描分析、温度扫描分析、极点零点分析、传递函数分析、最坏情况分析。选择"Simulate"→"Analysis"命令可弹出仿真分析菜单,如图 2.2.1 所示。

图 2.2.1 仿真分析菜单

利用 Multisim 对电路进行分析包括 4 个步骤:

(1) 创建要分析的电路图,对电路进行规则检查确定电路连接无误。

(2) 基本仿真参数设置,可设置仿真步长、时间、初始条件等,选择"Simulate"→"Interactive Simulation Settings"命令打开基本仿真参数设置窗口,如图 2.2.2 所示。

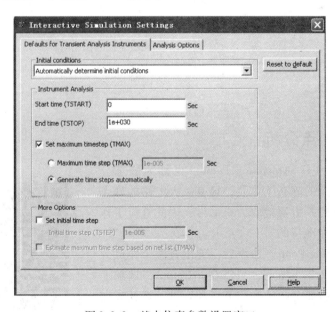

图 2.2.2 基本仿真参数设置窗口

(3) 通过执行"Simulate"→"Analysis"命令选择仿真分析的类型,对所用仿真分析的选项卡进行合理设置。

（4）仿真完成后分析结果会以图表形式进行显示。选择"View"→"Grapher"命令或单击工具栏的图形显示按钮 ，可以打开仿真图形显示窗口，如图2.2.3所示。

仿真图形显示窗口不仅能显示仿真分析结果，而且能修改、保存分析结果，还能够将分析结果转化为其他数据。

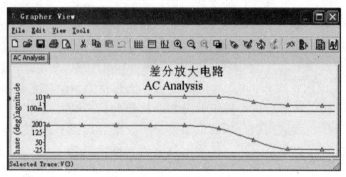

图2.2.3　仿真图形显示窗口

本节将以同相比例电路为例介绍各类仿真分析方法，同相比例电路如图2.2.4所示。

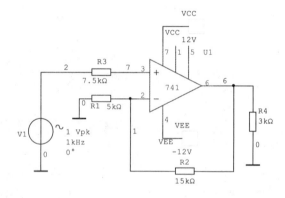

图2.2.4　同相比例电路

## 2.2.1　直流工作点分析

直流工作点分析（DC Operating Point）也称为静态分析，主要用于确定电路的静态工作点，只有放大电路的静态工作点合适，电路才能不失真地放大小信号，因此直流工作点分析是为后续分析做准备的。

选择"DC Operating Point"命令后，弹出直流工作点分析设置对话框，如图2.2.5所示，只需在"Output"选项卡中的左侧备选栏中选择要分析的电路节点和变量，将其添加到右边分析栏中，然后单击"Simulate"按钮就可以完成直流工作点分析。

直流工作点分析视频

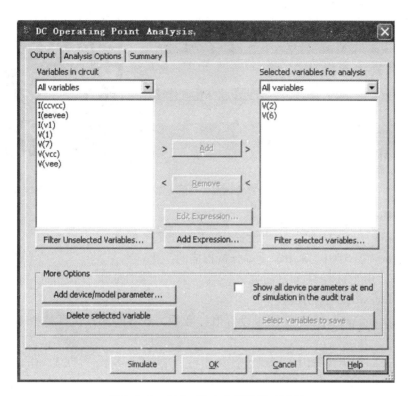

图 2.2.5　直流工作点分析设置对话框

利用直流工作点分析测量同相比例电路反相端和输出端的直流电位,将节点 2 及节点 6 添加到分析栏中,仿真结果如图 2.2.6 所示。关于直流工作点分析的详细分析过程见 4.1.1 节。

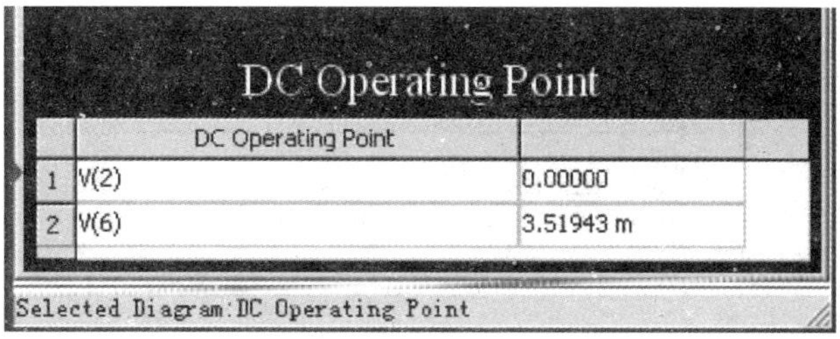

图 2.2.6　直流工作点仿真结果

## 2.2.2　交流分析

交流分析（AC Analysis）用于确定电路的幅频特性和相频特性,无论用户为电路输入何种信号,系统都默认输入的信号为正弦波。交流分析中,系统将直流电源置零,电容和电感采用交流模型,非线性器件采用小信号模型。

选择"AC Analysis"命令后,弹出交流分析设置对话框,如图 2.2.7 所示。

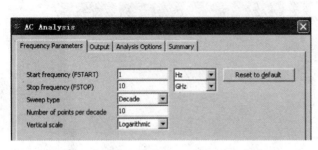 

图 2.2.7　交流分析设置对话框　　　　　　　　交流分析视频

"Frequency Parameters"选项卡中：

"Start frequency（FSTART）"用于设置分析扫描的起始频率；

"Stop frequency（FSTOP）"用于设置分析扫描的终止频率；

"Sweep type"用于选择频率扫描方式，共三个选项：Decade（10 倍频扫描）、Octave（$2^8$ 倍频扫描）、Linear（线性扫描）。

"Number of points per decade"用于设置取样点数，点数越多，仿真越精确，但是仿真速度越慢；

"Vertical scale"用于设置纵坐标刻度，共四种选项：Decibel（分贝）、Octave（倍数）、Linear（线性）、Logarithmic（对数）。

在"Output"选项卡中选择要进行交流分析的节点，对于图 2.2.4 所示的同相比例电路中选择节点 6 为交流分析的节点。设置完成后单击"Simulate"按钮，会显示同相比例电路的交流分析结果，如图 2.2.8 所示，上图为幅频特性曲线，下图为相频特性曲线。

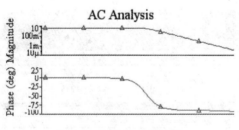

图 2.2.8　交流分析结果

## 2.2.3　瞬态分析

瞬态分析（Transient Analysis）为非线性时域分析方法，用于分析电路的时域响应，分析结果为指定变量和时间的函数关系。因此在瞬态分析时要指定分析的时间范围，选择合理的时间步长，系统会计算选择节点在每个时间点的电压。

选择"Transient Analysis"命令，会弹出瞬态分析设置对话框，如图 2.2.9 所示。

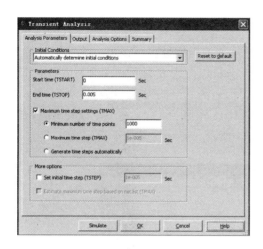

图 2.2.9　瞬态分析设置对话框　　　　　　瞬态分析视频

"Analysis Parameters"选项卡中各项内容如下。

1. "Initial Conditions"区

"Initial Conditions"区用于设置瞬态分析的初始条件，共有 4 个选项：Set to Zero（初始条件为零）、User – Defined（用户自定义初始条件）、Calculate DC Operating Point（直流工作点为初始条件）、Automatically determine initial conditions（系统自动设定初始条件）。

2. "Parameters"区

"Start time（TSTART）"用于设置分析起始时间；

"End time（TSTOP）"用于设置分析结束时间；

"Maximum time step settings（TMAX）"用于设置最大时间步长，共有三个选项：Minimum number of time points（起始和结束时间内最小时间点数）、Maximum time step（TMAX）（起始和结束时间内最大时间步长）、Generate time steps automatically（自动设置时间步长）。

3. "More options"区

"More options"区中"Set initial time step（TSTEP）"用于设置起始时间步长。

同理，在"Output"选项卡中选定要分析的节点，对于图 2.2.4 中的同相比例电路选择节点 2、节点 6 为瞬态分析的节点，单击"Simulate"按钮，结果如图 2.2.10 所示，由图可见输入信号的电压峰值为 1 V，输出信号的电压峰值为 4 V。

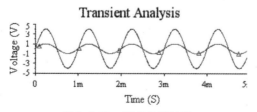

图 2.2.10　瞬态分析结果

## 2.2.4 傅里叶分析

傅里叶分析（Fourier Analysis）用于分析复杂的周期性信号，可以将非正弦周期信号分解为直流、基波和各次谐波分量之和。傅里叶分析以图表或图形方式给出信号电压分量的幅值频谱、相位频谱。同时傅里叶分析也计算了信号的总谐波失真 THD。

令同相比例电路为方波输入，频率为 1 kHz，峰值为 1 V。选择"Fourier Analysis"命令，弹出傅里叶分析设置对话框，如图 2.2.11 所示，各项含义如下。

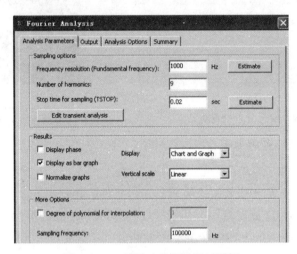

图 2.2.11　傅里叶分析设置对话框

选项卡"Analysis Parameters"中各项内容如下。

1. "Sampling options"区

"Frequency resolution (Fundamental frequency)"用于设置基波频率，一般为电路中交流电源的频率。

"Number of harmonics"用于设置所要分析的谐波次数。

"Stop time for sampling (TSTOP)"用于设置取样结束时间。

2. "Results"区

"Display phase"用于设置显示相位频谱。

"Display as bar graph"用于设置显示条状频谱图。

"Normalize graphs"用于设置显示归一化频率图。

"Display"用于选择显示方式，共有 3 种方式：Chart（图表）、Graph（曲线）、Chart and Graph（曲线和图表）。

"Vertical scale"用于设置纵坐标刻度，共有 4 种方式：Linear（线性）、Logarithmic（对数）、Decibel（分贝）、Octave（倍数）。

3. "More Options"区

"Degree of polynomial for interpolation"用于设置多项式维数，数值越高，仿真越精确。

"Sampling frequency"用于设置取样频率。

"Output"选项卡用于选择要分析的节点,设置完成后单击"Simulate"按钮,分析结果如图 2.2.12 所示。

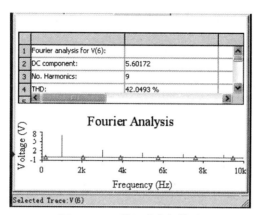

图 2.2.12　傅里叶分析结果

## 2.2.5　噪声分析

电路中的元件在工作时会产生噪声,噪声分析(Noise Analysis)用于定量分析电路中噪声的大小。Multisim 提供了 3 种噪声模型:Thermal Noise(热噪声)、Shot Noise(散射噪声)、Flicker Noise(闪烁噪声)。热噪声由温度变化产生;散射噪声由电流在半导体中的流动产生。

选择"Noise Analysis"命令,弹出噪声分析设置对话框,共有 5 个选项卡,下面介绍 3 个选项卡的内容。

1. "Analysis Parameters"选项卡

选择"Analysis Parameters"选项卡如图 2.2.13 所示,各项含义如下。

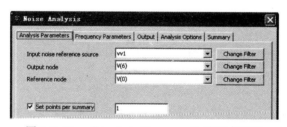

图 2.2.13　"Analysis Parameters"选项卡设置

"Input noise reference source"用于选择输入噪声的参考电源。
"Output node"用于选择噪声输出节点。
"Reference node"用于选择参考点,一般选择地。
"Set points per summary"用于设置是否显示分析结果的谱密度曲线。

2. "Frequency Parameters"选项卡

"Frequency Parameters"选项卡如图 2.2.14 所示,该选项卡中的参数设置与交流分析的参数设置相同,这里不再赘述。

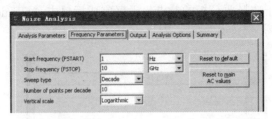

图 2.2.14　"Frequency Parameters" 选项卡设置

3. "Output" 选项卡

"Output" 选项卡如图 2.2.15 所示。

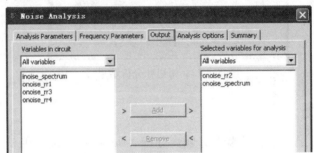

图 2.2.15　"Output" 选项卡设置

在 "Output" 选项卡中选择 "onoise_spectrum"（输出噪声频谱）和 "onoise_rr2"（电阻 $R_2$ 对噪声的贡献），设置完成后单击 "Simulate" 按钮，结果如图 2.2.16 所示，上面的曲线为总的输出噪声电压随频率的变化曲线，下面的曲线为电阻 $R_2$ 产生的噪声随频率的变化曲线。

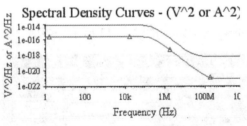

图 2.2.16　噪声分析结果

## 2.2.6　噪声系数分析

噪声系数分析（Noise Figure Analysis）用于分析电路中元件的噪声对电路的影响。噪声系数定义为：

$$NF = 10\lg F$$

式中，$F$ = 输入信噪比/输出信噪比，Multisim 分析的结果就是电路的噪声系数 $NF$。

选择 "Noise Figure Analysis" 命令，弹出噪声系数分析设置对话框，如图 2.2.17 所示，"Analysis Parameters" 选项卡内容与噪声分析基本一致，只是增加了 "Frequency"（设置输入信号频率）、"Temperature"（设置仿真温度）两项。

第 2 章　Multisim10 虚拟仪器及仿真分析方法　75

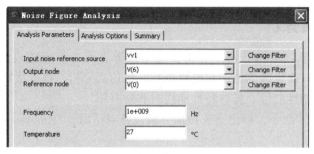

图 2.2.17　噪声系数分析设置对话框

设置完成后，单击"Simulate"按钮，结果如图 2.2.18 所示。

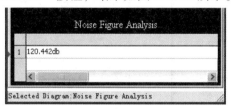

图 2.2.18　噪声系数分析结果

## 2.2.7　失真分析

失真分析（Distortion Analysis）用于分析电路中元件的非线性产生的谐波失真和互调失真，也用于分析由电路频率特性不理想引起的幅度、相位失真。失真分析对分析电路中的小信号微小失真十分有效。

选择"Distortion Analysis"命令，弹出失真分析设置对话框，选项卡"Analysis Parameters"内容如图 2.2.19 所示。

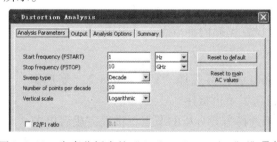

图 2.2.19　失真分析中的"Analysis Parameters"选项卡

该选项卡内容和交流分析参数设置内容基本类似，需要设置仿真频率范围等内容，其他内容如下。

"Reset to default"用于将参数恢复为默认值；

"Reset to main AC values"用于将参数恢复为交流分析的参数设置；

"F2/F1 ratio"：当电路中有两个频率的交流电源时，其互调失真的分析需要设置二者的比值 $F_1/F_2$，本例中只有一个频率电源，故不选该项。

在"Output"选项卡中选择要分析的节点，设置完成后单击"Simulate"按钮，结果如图 2.2.20 所示。

## 2.2.8 直流扫描分析

直流扫描分析（DC Sweep）用于分析指定节点的直流工作点随直流电源变化的情况。其作用相当于每变化一次电源的值，对电路进行一次仿真分析。该方法在确定半导体器件的输入特性曲线、输出特性曲线、转移特性曲线时非常有用。

选择"DC Sweep"命令，弹出直流扫描分析设置对话框，"Analysis Parameters"选项卡内容如图2.2.21所示。

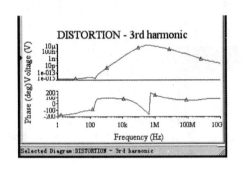
图 2.2.20  失真分析结果

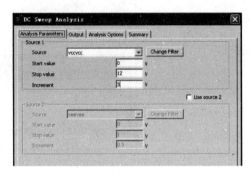
图 2.2.21  直流扫描分析中的"Analysis Parameters"选项卡

1. "Source 1"区

"Source"用于选择变化的直流电源；
"Start value"用于设置直流电源的初始值；
"Stop value"用于设置直流电源的结束值；
"Increment"用于设置变化直流电源的增量值；
"Change Filter"用于设置选择内部节点、子模块。

2. "Source 2"区

若需要扫描两个直流电源，可选择"Use source 2"复选框，"Source 2"的内容与"Source 1"的内容相同，这里不再赘述。

"Output"选项卡用于选择需要分析的节点，设置完成后单击"Simulate"按钮，结果如图2.2.22所示。

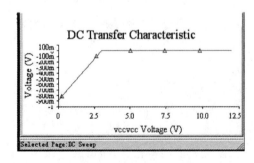
图 2.2.22  直流扫描分析结果

直流扫描分析视频

## 2.2.9 灵敏度分析

灵敏度分析（Sensitivity Analysis）用于研究电路中元件参数发生变化时对电路节点的影响程度。灵敏度分析分为直流灵敏度分析和交流灵敏度分析，直流灵敏度分析反映了元件参数变化对指定节点电压、电流的影响程度，用表格显示分析结果；交流灵敏度分析反映元件参数变化对指定节点的交流频率响应的影响，用幅频特性和相频特性曲线显示分析结果。灵敏度分析可以帮用户快速找到对电路影响最大的元件。

选择"Sensitivity Analysis"命令，弹出灵敏度分析设置对话框，"Analysis Parameters"选项卡内容如图 2.2.23 所示。

1．"Output nodes/currents"区

可选择电压灵敏度分析（Voltage）或电流灵敏度分析（Current）。

"Output node"用于选择需要分析的节点；

"Output reference"用于选择参考节点，一般为地。

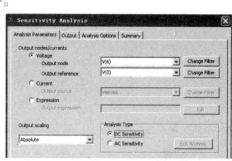

图 2.2.23 灵敏度分析中的"Analysis Parameters"选项卡

2．"Output scaling"区

"Absolute"表示绝对灵敏度；

"Relative"表示相对灵敏度。

3．"Analysis Type"区

选中"DC sensitivity"复选框表示进行直流灵敏度分析；

选中"AC sensitivity"复选框表示进行交流灵敏度分析，选择此项时"Edit Analysis"按钮激活，需要进行交流分析参数设置，设置内容与交流分析设置内容一致。

"Output"选项卡内容如图 2.2.24 所示，选择 $R_1$、$R_2$、$R_3$、$R_4$ 和电源 $V_{CC}$ 为灵敏度分析的指定元件，设置完成后单击"Simulate"按钮，结果如图 2.2.25 所示。

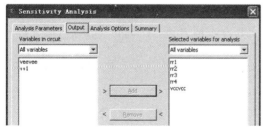

图 2.2.24 灵敏度分析中的"Output"选项卡

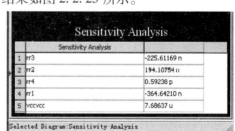

图 2.2.25 灵敏度分析结果

## 2.2.10 参数扫描分析

参数扫描分析（Parameter Sweep）指在指定范围内改变元件参数，对电路选定节点进行直流工作点分析、瞬态分析、交流特性分析等。该分析相当于对电路进行多次不同参数的仿真分析，对于电路性能的优化有重要作用。

参数扫描分析共有 3 种扫描方式：直流工作点分析、瞬态分析、交流频率分析，在分析时用户要设置参数变化的初始值、结束值、增量和扫描方式。

利用参数扫描分析方法分析如图 2.2.4 所示的同相比例电路中 $R_2$ 的大小对电路放大倍数的影响。选择"Parameter Sweep"命令，弹出参数扫描分析设置对话框，如图 2.2.26 所示，"Analysis Parameters"选项卡各项内容如下。

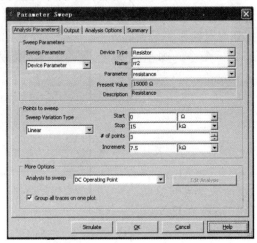

图 2.2.26　参数扫描分析设置对话框

1. "Sweep Parameters"区

"Sweep Parameters"用于选择参数类型，有 2 项内容："Device Parameter"（元器件参数）、"Model Parameter"（模型参数）；

"Device Type"用于选择元器件种类，共有 6 类：BJT（晶体管）、Capacitor（电容）、Diode（二极管）、Resistor（电阻）、Vsource（电压源）、Isource（电流源）；

"Name"用于选择电路中所包含的元器件名称；

"Parameter"用于选择元器件参数，不同的元器件有不同的参数，而且参数不止一个；

"Present Value"用于显示所选择元器件的参数值。

2. "Points to sweep"区

"Sweep Variation Type"用于选择扫描方式，共有 4 种方式：Decade（10 倍频）、Linear（线性）、Octave（$2^8$ 倍频扫描）、List（列表）；

"Start"用于设置扫描初始值；

"Stop"用于设置扫描结束值；

"# of points"用于设置扫描点数；

"Increment"用于设置扫描间隔，该数值由扫描点数决定，选定扫描点数后，扫描间隔由软件自动确定。

3. "More Options"区

"Analysis to sweep"用于设置扫描类型，共有 4 个选项：DC Operating Point（直流工作点）、AC Analysis（交流）、Transient Analysis（瞬态）、Nested Sweep（嵌套）；

"Group all traces on one plot"复选框选中，表示将所有分析结果显示在同一窗口中；

"Edit Analysis"用于设置"AC Analysis""Transient Analysis""Nested Sweep"的分析参数；在"Output"选项卡中添加要分析的节点，这里添加节点6，单击"Simulate"按钮进行仿真，DC Operating 仿真结果如图 2.2.27 所示，AC Analysis 仿真结果如图 2.2.28 所示，Transient Analysis 仿真结果如图 2.2.29 所示。

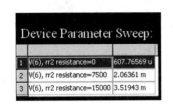

图 2.2.27　DC Operating 仿真结果

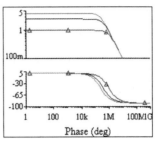

图 2.2.28　AC Analysis 仿真结果

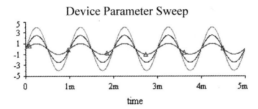

图 2.2.29　Transient Analysis 仿真结果

## 2.2.11　温度扫描分析

温度扫描分析（Temperature Sweep）用于分析温度变化对电路性能的影响。半导体器件的参数对温度的依赖性很强，温度不同半导体的电量参数也不同，温度扫描分析可以在指定范围内改变电路的工作温度，对电路进行直流工作点分析、瞬态分析、交流分析。温度扫描分析只能适用于半导体器件和虚拟电阻，对其他元器件无效。

选择"Temperature Sweep"命令，弹出温度扫描分析设置对话框，如图 2.2.30 所示。

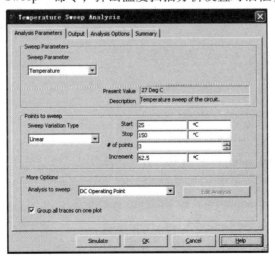

图 2.2.30　温度扫描分析设置对话框

“Sweep Parameter” 用于选择扫描类型，只有“Temperature”一项；

“Present Value” 默认当前温度为 27 ℃；

“Sweep Variation Type” 用于选择扫描方式，共有 4 种方式：Decade（10 倍频）、Linear（线性）、Octave（$2^8$倍频扫描）、List（列表）；

“Start” 用于设置扫描初始温度；

“Stop” 用于设置扫描结束温度；

“# of points” 用于设置扫描点数；

“Increment” 用于设置扫描温度间隔，该数值由扫描点数决定；

“More Options” 区内容与参数扫描分析的一致，这里不再赘述。

在“Output”选项卡中添加要分析的节点，这里添加节点 6，单击“Simulate”按钮进行仿真，DC Operating 仿真结果如图 2.2.31 所示。

Temperature Sweep:

| | | |
|---|---|---|
| 1 | V(6), Temperature=25 | 3.49343 m |
| 2 | V(6), Temperature=87.5 | 4.30367 m |
| 3 | V(6), Temperature=150 | 5.11975 m |

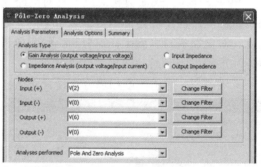

图 2.2.31　温度扫描分析 DC Operating 仿真结果

## 2.2.12　极点零点分析

极点零点分析（Pole - Zero）用于求解小信号电路中的极点和零点，是一种对电路稳定性分析十分有用的工具，可用于确定电路的稳定性。

选择“Pole - Zero”命令，弹出极点零点分析设置对话框，如图 2.2.32 所示，各项内容如下。

图 2.2.32　极点零点分析设置对话框

1. “Analysis Type” 区

选择分析类型，共有以下 4 种：

“Gain Analysis (output voltage/input voltage)” 表示电压增益分析，即输出电压与输入电压的比值；

“Impedance Analysis (output voltage/input current)” 表示互阻抗分析，即输出电压与输入电流的比值；

“Input Impedance” 表示输入阻抗分析，即输入电压与输入电流的比值；

“Output Impedance” 表示输出阻抗分析，即输出电压与输出电流的比值。

2. “Nodes” 区

“Input（+）”用于选择正输入节点；

“Input（-）”用于选择负输入节点，一般为地；

“Output（+）”用于选择正输出节点；

“Output（-）”用于选择负输出节点；

“Analyses performed”用于选择分析项目，共有 3 项：Pole and zero Analysis（同时求出极点和零点）、Pole Analysis（仅求出极点）、Zero Analysis（仅求出零点）。

设置完成后单击“Simulate”按钮进行仿真，结果如图 2.2.33 所示，该电路共有 3 个极点，3 个零点。

Pole-Zero Analysis

| | Pole Zero Analysis | Real | Imaginary |
|---|---|---|---|
| 1 | pole(1) | -942.87388 G | 0.00000 |
| 2 | pole(2) | -376.73765 M | 0.00000 |
| 3 | pole(3) | -1.53321 M | 0.00000 |
| 4 | zero(1) | -339.04937 T | 0.00000 |
| 5 | zero(2) | -377.16389 M | 0.00000 |
| 6 | zero(3) | 9.22685 T | 0.00000 |

图 2.2.33　极点零点分析结果

## 2.2.13　传递函数分析

传递函数分析（Transfer Function）用于分析电路输入和输出之间的关系，包括电压放大倍数、电流放大倍数、输入阻抗、输出阻抗、互阻放大倍数等。在传递函数分析中，输出变量可以是电路中的节点电压，但是输入源必须是独立源。

选择“Transfer Function”命令，弹出传递函数分析设置对话框，如图 2.2.34 所示，各项内容如下。

图 2.2.34　传递函数分析设置对话框

“Input source”用于设置输入信号源，这里选择电压源 $u_1$；

“Change Filter”用于添加电路内部子模块或者节点；

“Output nodes/source”用于选择分析的输出变量，可以是“Voltage”（电压量），也可以是“Current”（电流量）；

“Output node”用于选择输出节点，这里选择节点 6；

“Output reference”用于选择参考节点，一般为地，这里为节点 0；

设置完成后单击“Simulate”按钮，结果如图 2.2.35 所示。其中“Transfer function”为电路的电压增益；“VV1#Input impedance”为输入阻抗；“Output impedance at V((6), V(0))”为输出阻抗。

Transfer Function

| | Transfer Function Analysis | |
|---|---|---|
| 1 | Transfer function | 3.99978 |
| 2 | vv1#Input impedance | 815.44942 M |
| 3 | Output impedance at V(V(6),V(0)) | 1.51484 m |

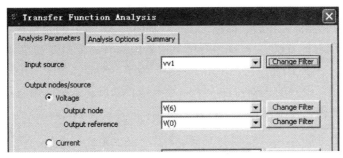

图 2.2.35　传递函数分析结果

# 第 3 章

# 半导体元器件

半导体元器件指利用半导体材料制成的电子器件。常见的半导体材料有硅、锗或砷化镓等，这些材料的导电性介于导体与绝缘体之间。利用这些材料的电子特性制成的半导体元器件种类繁多，主要包括半导体电子器件和半导体光电器件两大类。半导体器件中最基本的是晶体二极管、双极型晶体管和场效应管。

本章通过仿真分析来介绍半导体二极管、双极型晶体管、场效应管的工作原理及应用电路。

## 3.1 半导体二极管

半导体二极管又称晶体二极管，简称二极管（Diode），它是一种能够根据外加电压方向来单向传导电流的电子器件。这是由于在半导体二极管内部有一个由 P 型半导体和 N 型半导体烧结形成的 PN 结。二极管用途广泛，可用于限幅、检波、整流、稳压、开关、保护等。

本小节主要讨论二极管的伏安特性、单向导电性，二极管基本应用电路以及特殊二极管的工作原理及应用电路，本节知识点结构如下所示：

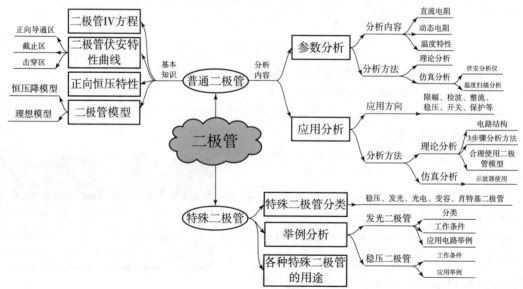

## 3.1.1 普通二极管

### 一、二极管的伏安特性

**1. 理论知识**

二极管的电流与电压之间是非线性关系，为：

$$i = I_S (e^{\frac{qu}{kT}} - 1) \tag{3.1.1}$$

式中，$I_S$ 为二极管的饱和电流；$u$ 为二极管两端电压；$u = V_+ - V_-$；$\dfrac{kT}{q}$ 为温度当量，室温下约为 26 mV。

二极管的典型伏安特性曲线如图 3.1.1 所示。对二极管加有正向电压，当电压值较小时，电流极小；而当电压超过一定值时，电流开始按指数规律增大，通常称此电压值为二极管的开启电压；当电压继续增大时，二极管处于完全导通状态，此时二极管两端电压基本维持不变，体现出正向恒压特性，通常称此时电压为二极管的导通电压（$U_{D(on)}$），硅管的导通电压约为 0.7 V，而锗管约为 0.2 V。

当二极管外加反向电压不超过一定范围时，二极管反向电流很小，二极管处于截止状态。这个反向电流称为反向饱和电流或漏电流。二极管的反向饱和电流由少子漂移产生，因此反向电流受温度影响很大。

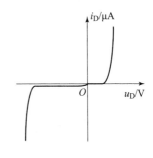

图 3.1.1 二极管的伏安特性

当外加反向电压超过某一数值时，反向电流会突然增大，这种现象称为电击穿。电击穿时对应的临界电压称为二极管反向击穿电压。电击穿时二极管失去单向导电性，如果二极管没有因电击穿而引起过热，则单向导电性不一定会被永久破坏，在撤除外加电压后，其性能仍可恢复，否则二极管就损坏了。因而使用二极管时应避免二极管外加的反向电压过高。

**2. 仿真分析**

利用伏安分析仪可以测量二极管的伏安特性，测量电路图与伏安分析仪面板设置如图 3.1.2 所示，通过查询 1N3892 的参数可知该二极管的击穿电压 $U_{BR} = -100$ V，故电压范围设置为 -100 ~ 10 V。

参数设置完成后单击仿真按钮，仿真结果如图 3.1.3 所示，曲线分成 3 个区域：正向导通、截止、反向击穿。经测量可知导通电压约为 0.8 V，当 $u_D > 0.8$ V 时二极管正向导通，流过二极管的正向电流迅速增大，曲线近似垂直于横轴，二极管体现出正向恒压特性。经测量知击穿电压为 -100 V，当 $u_D < -100$ V 时二极管反向击穿，流过二极管的反向电流迅速增大。当 -100 V < $u_D$ < 0.8 V 时二极管处于截止状态，流过二极管的电流近似为零。

注意：二极管正偏时二极管不一定正向导通，只有二

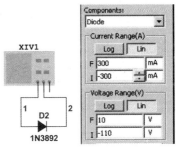

图 3.1.2 测量电路图与伏安分析仪面板设置

极管两端电压大于导通电压时，二极管才会正向导通。

二极管由半导体材料制成，半导体材料的性质对环境温度比较敏感，因此温度变化对二极管的导通电阻、正向电压及正向电流有影响。利用温度扫描分析可分析温度对二极管正向电压、正向电流的影响，测试电路如图 3.1.4 所示。温度扫描分析参数设置如下：环境温度由 25 ℃增大到 125 ℃，"# of point" 设置为 3，"Analysis to sweep" 中选择 "Transient Analysis"，"Output" 选项卡中分别选择 "V（2）" "$I_{d2}$（id）" 为输出变量。设置完成后单击 "Simulate" 按钮，仿真结果如图 3.1.5 所示。

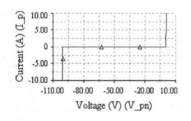

图 3.1.3　1N3892 的伏安特性曲线　　　　　图 3.1.4　温度扫描分析测试电路

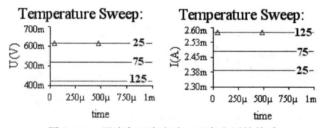

图 3.1.5　温度与正向电流、正向电压的关系

由仿真结果可知，当温度上升时，二极管的正向导通电压减小，二极管的正向电流增大。

**二、二极管的直流电阻与动态电阻**

二极管的直流电阻定义为：加在二极管两端的直流电压 $U_D$ 与流过二极管的直流电流 $I_D$ 之比。由于二极管的伏安特性为非线性，直流电阻的大小与二极管的工作点有关。通常用万用表的欧姆挡测量的电阻值为二极管的直流电阻。需要注意的是，使用不同的欧姆挡测量所得的直流电阻值不同，这是由于选择不同的欧姆挡流过二极管的直流电流不同，二极管直流工作点的位置不同。一般二极管的正向直流电阻在几十欧姆到几千欧姆之间。

普通二极管的动态电阻定义在正向特性区域，记为 $r_D$，$r_D = \dfrac{\Delta u_D}{\Delta i_D}|_{I_Q}$，称为二极管的导通电阻，$r_D$ 一般很小，在几至几十欧姆之间。二极管对小信号的作用可以等效为一电阻，根据二极管的伏安特性方程：$i_D = I_S (e^{\frac{u_D}{U_T}} - 1)$ 可得，$r_D = \dfrac{U_T}{I_Q}$，$U_T = 26$ mV，可见二极管的动态电阻与静态工作点有关，而不是定值。

通过二极管的伏安特性可以估算出二极管的直流电阻和动态电阻。二极管仿真电路如图 3.1.2 所示，在伏安分析仪面板中，设置电压变化范围为 0～1 V，仿真结果如图 3.1.6 所示，令电压取不同的值计算出二极管的直流电阻和动态电阻，并填入表 3.1.1 中。

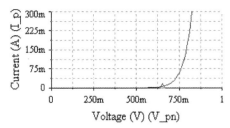

图 3.1.6 二极管正向特性曲线

表 3.1.1 二极管的直流电阻与动态电阻

| 二极管电压/mV | 二极管电流/mV | 二极管的直流电阻/Ω | 二极管的动态电阻/Ω |
| --- | --- | --- | --- |
| 620 | 3 | 207 | 8.7 |
| 660 | 7 | 94 | 3.7 |
| 710 | 23 | 30 | 1 |
| 730 | 37 | 19 | 0.65 |

由表 3.1.1 可知：

(1) 二极管的直流电阻与动态电阻不相等。

(2) 直流电阻与动态电阻大小均与二极管的静态工作点有关系。

### 三、二极管的应用

1. 分析方法

二极管电路分析过程可以分成 3 个步骤：

(1) 标出二极管的正负极；

(2) 断开二极管，判断正、负极电位（$V_+$、$V_-$）；

(3) 根据不同的模型解题。

常用的二极管模型有两种：理想模型和恒压降模型。

二极管理想模型：当 $V_+ > V_-$ 时，二极管导通，二极管两端电压为 0；当 $V_+ < V_-$ 时，二极管截止。

二极管应用视频

二极管恒压降模型：当 $(V_+ - V_-) > U_{D(on)}$ 时，二极管导通，二极管两端电压为 $U_{D(on)}$；当 $(V_+ - V_-) < U_{D(on)}$ 时，二极管截止。

2. 二极管限幅电路

二极管限幅电路如图 3.1.7 所示，电路中二极管的导通电压为 0.7 V，理论分析如下。

断开二极管后，$V_+ = u_i$，$V_- = 0$ V。当 $V_+ > V_-$，即 $u_i > 0.7$ V 时二极管导通，$u_o = 0.7$ V；当 $V_+ < V_-$，即 $u_i < 0.7$ V 时二极管截止，$u_o = u_i$。

利用示波器 A 通道观察输入信号波形，B 通道观察节点 2 的输出信号波形，为观察方便将 B 通道波形的纵坐标下移一个单元格，仿真结果如图 3.1.7 所示，由图可知仿真结果与理论分析结果基本吻合。

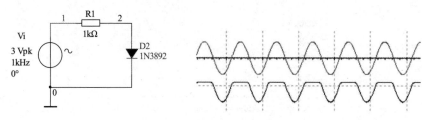

图 3.1.7　限幅电路及仿真波形

二极管双向限幅电路如图 3.1.8 所示，电路中二极管的导通电压为 0.7 V，理论分析如下。

断开二极管后，$V_{+1} = -2$ V，$V_{-1} = u_i$，$V_{+2} = u_i$，$V_{-2} = 2$ V。当 $u_i > 2.7$ V 时，$D_2$ 导通，$D_1$ 截止，$u_o = 2.7$ V；当 $u_i < -2.7$ V 时，$D_2$ 截止，$D_1$ 导通，$u_o = -2.7$ V；当 $-2.7$ V $< u_i < 2.7$ V 时，$D_1$、$D_2$ 均截止，$u_o = u_i$。

利用示波器 A 通道观察输入信号波形，B 通道观察节点 2 的输出信号波形，仿真波形如图 3.1.8 所示，由图可知，仿真结果与理论分析结果基本吻合。

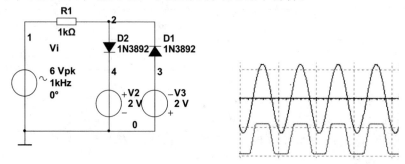

图 3.1.8　双向限幅电路及仿真波形

3. 二极管整流

二极管整流电路如图 3.1.9 所示，由于输入信号峰值远大于二极管的导通电压，故二极管可以看作理想二极管。利用示波器 A 通道观察输出信号波形，仿真波形如图 3.1.9 所示，电路实现整流功能。

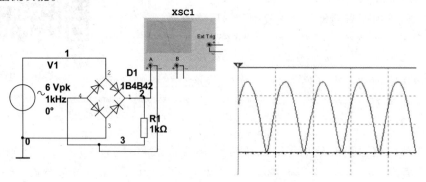

图 3.1.9　整流电路及仿真波形

4. 二极管开关

利用二极管的单向导电性可以构成开关电路，电路如图 3.1.10 所示，电路中二极管的导通电压为 0.7 V。

当电路中存在多个二极管时，其中一个二极管的导通与截止可能会影响其他二极管的工作状态，电路工作原理如下。

当 $U_A$、$U_B$ 都是低电平时，$D_1$、$D_2$ 同时导通，则 $u_o$ = 0.7 V。

当 $U_A$ 为低电平 0 V，$U_B$ 为高电平 3 V 时，若分别讨论 $D_1$、$D_2$，则两个管子都是导通的，但由于 $D_1$ 导通使 $u_o$ 钳制在 0.7 V，从而使 $D_2$ 处于截止状态，输出电压 $u_o$ = 0.7 V；当 $U_A$ 为高电平 3 V，$U_B$ 为低电平 0 V 时，电路工作情况与上述一致。

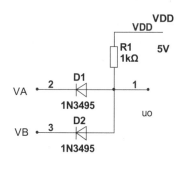

图 3.1.10　二极管开关电路

当 $U_A$、$U_B$ 都是高电平 3 V 时，$D_1$、$D_2$ 同时导通，则 $u_o$ = 3.7 V。

## 3.1.2　特殊二极管

特殊二极管在实际工程中应用十分广泛。特殊二极管包括稳压二极管、发光二极管、光电二极管、变容二极管、隧道二极管、肖特基二极管等。

稳压二极管是利用硅材料制成的面接触型二极管，主要用于稳压电路、限幅电路及基准电源电路中；发光二极管包括可见光、不可见光、激光等类型，其中可见发光二极管发光颜色主要由二极管的材料决定，目前主要有红、橙、黄、绿等，主要用于显示电路中；光电二极管用于光电耦合、光电传感、微型光电池等方面；变容二极管利用 PN 结的势垒电容制造而成，主要用于电子调谐、频率自动控制、调频调幅、滤波等电路中；隧道二极管利用高掺杂 PN 结的隧道效应制备而成，主要用于振荡、保护、脉冲数字电路中；肖特基二极管利用金属与半导体之间的接触势垒制备而成，其正向导通电压小，结电容小，广泛应用于微波混频、监测、集成数字电路等方面。

### 一、稳压二极管

稳压二极管简称稳压管，其伏安特性与普通二极管类似，如图 3.1.11 所示，由伏安特性可知稳压管可以工作于 3 个区域，每个区域的工作条件及稳压管所体现的特性很重要。

1. 正向特性区域

工作条件：稳压管两端电压大于稳压管的正向导通电压，即 $u_z > U_{Z(on)}$（$u_z = u_+ - u_-$）。

特点：稳压管电流与电压呈指数关系，稳压管体现出正向恒压特性，可近似认为稳压管两端电压保持不变，即 $u_z = U_{Z(on)}$，稳压管的正向特性与普通二极管的相似。

2. 截止区域

工作条件：稳压管两端电压大于稳压管的击穿电压而小于稳压管的导通电压，即 $U_{Z(on)} > u_z > -U_Z$。

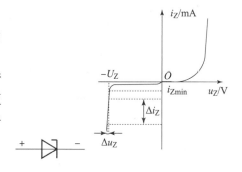

图 3.1.11　稳压二极管符号与伏安特性

特点：稳压管电流近似为 0，此时稳压管可看作开关处于断开的状态。

## 3. 反向击穿特性

工作条件：稳压管两端电压小于稳压管的击穿电压，即 $u_z < -U_Z$。

特点：稳压管两端电压几乎维持不变，稳压管体现出稳压特性。

## 二、稳压管应用电路

稳压管限幅电路如图 3.1.12 所示，稳压管 $U_Z = 2.2\text{ V}$，导通电压约为 0.7 V，利用示波器 A 通道观察输入信号波形，B 通道观察输出信号波形。

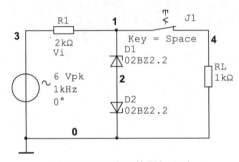

图 3.1.12　稳压管限幅电路

### 1. 开关断开

输入信号为正半周时，只要 $u_i > (U_Z + U_{Z(\text{on})}) = 2.9\text{ V}$，$D_1$ 稳压、$D_2$ 正向导通，输出电压为 2.9 V；

输入信号为负半周时，只要 $u_i < -(U_Z + U_{Z(\text{on})}) = -2.9\text{ V}$，$D_1$ 正向导通、$D_2$ 稳压，输出电压为 $-2.9\text{ V}$；

当输入信号 $-2.9\text{ V} < u_i < 2.9\text{ V}$ 时稳压管截止，输出电压为 $u_i$。

单击"Simulate"按钮，示波器波形如图 3.1.13 所示，仿真结果与理论分析吻合。

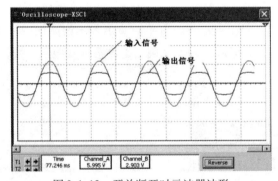

图 3.1.13　开关断开时示波器波形

### 2. 开关闭合

开关闭合时，无论输入信号为正半周或负半周，稳压管均处于截止状态，输出电压为 $\frac{1}{3}u_i = 2\text{ V}$，示波器波形如图 3.1.14 所示。

第 3 章 半导体元器件　89

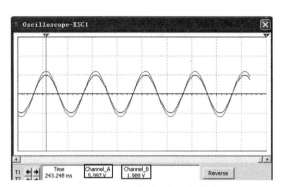

图 3.1.14　开关闭合时示波器波形

### 三、发光二极管

发光二极管具有单向导电性，伏安特性与普通二极管相似，不过其导通电压较大，且发光二极管发出的颜色不同其导通电压也不同，为 1.5~3 V，红色的导通电压约为 1.6 V，绿色的约为 2 V，白色的约为 3 V。只有外加的正向电压使正向电流足够大时发光二极管才会发光，其亮度随正向电流的增大而增强，工作电流为几毫安到几十毫安，典型工作电流为 10 mA 左右。发光二极管的反向击穿电压一般大于 5 V，电源电压可以是直流也可以是交流。

发光二极管应用视频

发光二极管应用电路中，要合理选择限流电阻的大小，保证发光二极管既能正常工作也不会由于电流过大而烧毁。发光二极管应用电路如图 3.1.15 所示，电阻 $R_1$ 为限流电阻，电源为直流电压源，发光二极管为红色。

双击二极管的图标可以打开二极管主要参数的设置对话框，如图 3.1.16 所示，这里设置 "On Current（$I_{on}$）"（正向电流 $I_{on}$）为 10 mA，"Forward Voltage Drop（VF）"（正向导通电压 $U_F$）为 1.66 V。

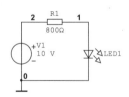

图 3.1.15　发光二极管电路

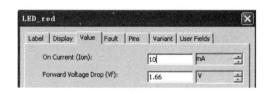

图 3.1.16　参数设置

可确定限流电阻的大小为：

$$R_1 \leqslant \frac{U_1 - U_F}{I_{on}} = \frac{(10 - 1.66)\ \text{V}}{10\ \text{mA}} = 983\ \Omega \quad (3.1.2)$$

为了保证发光二极管正常点亮，可取 $R_1 = 800\ \Omega$，单击仿真开关二极管点亮，仿真结果如图 3.1.17 所示。

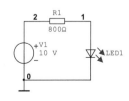

图 3.1.17　二极管点亮

## 3.2 双极型晶体管

双极型晶体管简称为半导体三极管、晶体管或三极管，在一块半导体基片上制作两个相距很近的 PN 结，两个 PN 结把整块半导体分成三部分，中间部分是基区，两侧部分是发射区和集电区，排列方式有 PNP 和 NPN 两种。半导体三极管是半导体基本元器件之一，具有电流放大作用，是一种电流控制电流的半导体器件，是电子电路的核心元件，其作用是把微弱信号放大成大信号，也可用作开关元件。

本小节主要讨论三极管的输入、输出特性曲线，三极管的放大、饱和、截止三种工作状态，光电三极管特性及应用电路。本节知识点结构如下所示：

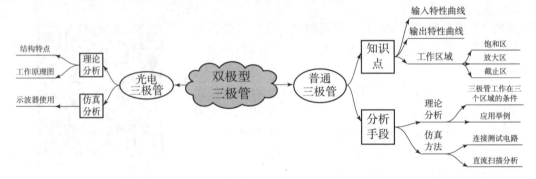

### 3.2.1 普通三极管

**一、输入特性曲线**

1. 理论知识

输入特性描述 $u_{CE}$ 为某一常数时，输入电流 $i_B$ 与输入电压 $u_{BE}$ 之间的函数关系，即

$$i_B = f(u_{BE}) \big|_{u_{CE}=\text{常数}} \quad (3.2.1)$$

共发射极接法的输入特性曲线如图 3.2.1 所示。其中 $u_{CE}=0$ V 的那一条相当于发射结的正向特性曲线。当 $u_{CE} \geqslant 1$ V 时，$u_{CB} = u_{CE} - u_{BE} > 0$，集电结已进入反偏状态，开始收集电子，且基区复合减少，$I_C/I_B$ 增大，特性曲线将向右稍微移动一些。但 $u_{CE}$ 再增加时，曲线右移很不明显。

2. 仿真分析

采用直流扫描分析可获得三极管的输入特性曲线，仿真电路如图 3.2.2 所示。

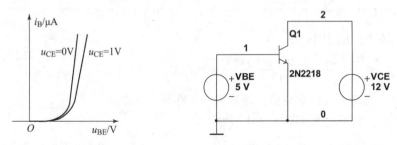

图 3.2.1 输入特性曲线　　　　图 3.2.2 输入特性曲线仿真电路

选择"Simulate"菜单中"Analyses"下的"DC Sweep"命令,按照定义设置相关参数,"Source1"设置电路中 $u_{BE}$ 的变化范围,其中"Increment"表示每个点之间的间隔,间隔越小所得的曲线越光滑;"Source2"设置电路中 $u_{CE}$ 的变化范围,各参数设置如图 3.2.3 所示。

基极电流 $i_B$ 为输出变量,在"Output Variables"中设置 $i_B$ 为输出变量,若"Variables in circuit"中没有所需要的变量,可以在"More Options"区单击"Add device/model parameter"按

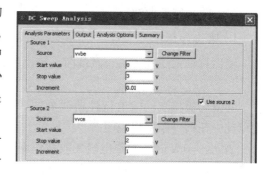

图 3.2.3 "DC Sweep Analysis"设置对话框

钮添加相关参量,如图 3.2.4 所示。选择所需要的变量添加到输出变量中,如图 3.2.5 所示,设置完成后单击"Simulate"按钮,可以得到仿真结果,如图 3.2.6 所示。

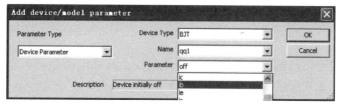

图 3.2.4 "Add device/model parameter"设置

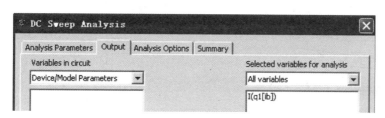

图 3.2.5 "Output variables"设置

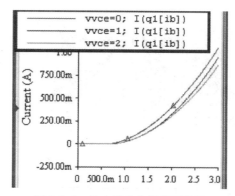

图 3.2.6 输入特性曲线仿真结果

分析:当 $u_{CE}=0$ V、1 V、2 V 时,三极管的输出特性曲线发生移动,即随着 $u_{CE}$ 的增加三极管输入特性曲线右移,表明在同一 $i_B$ 下,三极管的 $u_{CE}$ 增加,或者在同一 $u_{BE}$ 下三极管的基极电流减小。

## 二、输出特性曲线

### 1. 理论知识

输出特性描述 $i_B$ 为某一常数时,输出电流 $i_C$ 与输出电压 $u_{CE}$ 之间的函数关系,即

$$i_C = f(u_{CE}) \mid_{i_B = 常数} \tag{3.2.2}$$

共发射极接法的输出特性曲线如图 3.2.7 所示,它是以 $i_B$ 为参变量的一族特性曲线。现以其中任何一条加以说明。

当 $u_{CE} = 0$ V 时,因集电极无收集作用,$i_C = 0$ V。当 $u_{CE}$ 稍增大时,发射结虽处于正向电压之下,但集电结反偏电压很小,如:

$$u_{CE} < 1 \text{ V},\ u_{BE} = 0.7 \text{ V},\ u_{CB} = u_{CE} - u_{BE} \leqslant 0.7 \text{ V}$$

集电区收集电子的能力很弱,$i_C$ 主要由 $u_{CE}$ 决定。

当 $u_{CE}$ 增加到使集电结反偏电压较大时,如:$u_{CE} \geqslant 1$ V,$u_{BE} \geqslant 0.7$ V 时,运动到集电结的电子基本上都可以被集电区收集,此后 $u_{CE}$ 再增加,电流也没有明显的增加,特性曲线进入与 $u_{CE}$ 轴基本平行的区域。

### 2. 仿真分析

利用伏安分析仪可以得到三极管的输出特性曲线,测试电路如图 3.2.8 所示,IV 分析仪的参数设置如图 3.2.9 所示,仿真结果如图 3.2.10 所示。

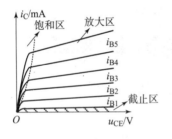
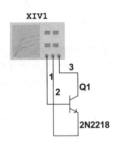

图 3.2.7　输出特性曲线　　　　图 3.2.8　输出特性曲线分析电路

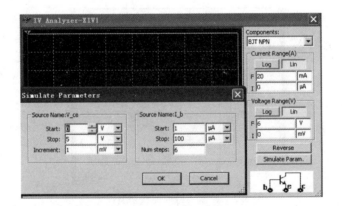

图 3.2.9　IV 分析仪参数设置

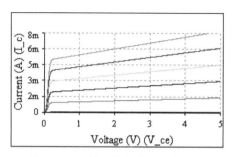

图 3.2.10　输出特性曲线仿真结果

**分析：**

（1）由三极管的输出特性曲线可知三极管有三个不同的工作区域：饱和区、放大区、截止区。

（2）饱和区的特点是三极管的管压降 $U_{CE}$ 很小，工程上认为小功率三极管处于饱和时 $U_{CES} \approx 0.3$ V。

（3）放大区的特点是输出特性曲线基本平行等距，且 $i_C = \beta i_B$。可认为 $\beta$ 在放大区近似保持不变，但由于在放大区输出特性曲线略微上翘，即 $i_B$ 不变而 $i_C$ 略微增大，导致 $\beta$ 随着静态工作点的不同而变化，只是在放大区 $\beta$ 变化不明显。

（4）截止区的特点是基极、集电极电流很小，近似为 0。

（5）饱和区、截止区为三极管的非线性区域，当三极管用作开关时三极管工作于这两个区域。

### 三、三极管的工作状态

模拟电路中要求三极管工作于放大区，数字电路中要求三极管工作于饱和区、截止区，因此判断电路中三极管的工作状态十分重要。

以图 3.2.11 电路为例，介绍如何判断电路中三极管的工作状态，通过查询三极管的参数可知三极管的 $\beta = 70$。

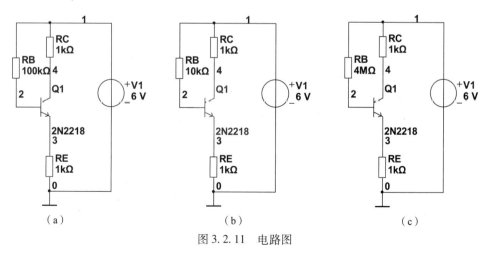

图 3.2.11　电路图

## 1. 电路 (a)

电路中三极管的 $V_B > V_E$，故假设三极管发射结正向导通，则可估算出 $I_{BQ}$ 及 $U_{CE}$：

$$I_{BQ} = \frac{V_{CC} - U_{BEQ}}{R_B + (1+\beta)R_E} \approx 31 \ (\mu A) \tag{3.2.3}$$

$$U_{CE} = V_{CC} - I_C(R_C + R_E) \approx 1.7 \ (V) \tag{3.2.4}$$

估算结果表明三极管工作于放大状态。利用万用表测量三极管的 $U_{CE}$，测量结果为：$U_{CE} = 2$ V，可见估算结果与仿真结果吻合，此电路中三极管工作于放大状态。

## 2. 电路 (b)

电路中三极管的 $V_B > V_E$，$V_C > V_E$，故假设三极管发射结正向导通，则可估算出基极电流与 $U_{CE}$：

$$I_{BQ} = \frac{V_{CC} - U_{BEQ}}{R_B + (1+\beta)R_E} \approx 66 \ (\mu A) \tag{3.2.5}$$

$$U_{CE} = V_{CC} - I_C(R_C + R_E) \approx -3.24 \ (V) \tag{3.2.6}$$

可见，估算出的 $U_{CE} < 0$，这是由于 $I_E$ 过大造成的，说明假设不成立。由于三极管基极电流很大，说明管子只能处于饱和区，此时三极管的 $I_C \neq \beta I_B$。

利用万用表测量三极管的 $U_{CE}$，测量结果为：$U_{CE} = 71$ mV $< 0.3$ V，说明此电路中三极管工作在饱和状态。

## 3. 电路 (c)

电路中三极管的 $V_B > V_E$，故假设三极管发射结正向导通，则可估算出基极电流 $U_{CE}$：

$$I_{BQ} = \frac{V_{CC} - U_{BEQ}}{R_B + (1+\beta)R_E} \approx 1.3 \ (\mu A) \tag{3.2.7}$$

$$U_{CE} = V_{CC} - I_C(R_C + R_E) \approx 5.8 \ (V) \tag{3.2.8}$$

由于 $U_{CE} \approx V_{CC} = 6$ V，所以电路的静态工作点靠近截止区，三极管处于截止状态。

利用万用表测量三极管的 $U_{CE}$、$U_{BE}$，测量结果为：$U_{CE} = 5.8$ V，$U_{BE} = 0.53$ V。可见，尽管电路中 $V_B > V_E$（三极管发射结处于正偏状态），但是发射极没有完全导通，导致三极管基极电流过小，使电路的静态工作点靠近截止区，三极管工作于截止状态。

### 3.2.2 光电三极管

光电三极管可以根据光照的强度控制集电极电流的大小，从而使光电三极管处于不同的工作状态，光电三极管仅引出集电极和发射极，基极作为光接收窗口。

光电三极管的输出特性曲线与普通三极管非常类似，只是将基极电流用光照度来取代。无光照时集电极的电流称为暗电流 $I_{CEO}$，暗电流受温度影响很大。有光照时集电极电流称为光电流。光电三极管常与发光二极管构成光电耦合元件或光电开关，电路如图 3.2.12 所示。

改变 $R_1$ 的阻值，可以改变发光二极管的电流，从而改变

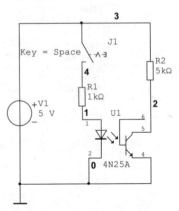

图 3.2.12 光电耦合电路图

发光二极管的发光强度；开关元件 $J_1$ 控制发光二极管电流的通断。

令 $R_1 = 1$ kΩ，不断打开、闭合开关，利用示波器观察节点 2 的波形，波形如图 3.2.13 所示。

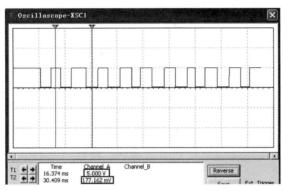

图 3.2.13　$R_1 = 1$ kΩ 时示波器波形

由图 3.2.13 可知，当开关闭合时，发光二极管发光且发光强度较大，光电三极管基极接收的光强度大，集电极电流较大，光电三极管处于饱和状态，$U_{CE}$ 很小；当开关打开时，发光二极管没有发光，光电三极管基极接收不到光，集电极电流很小，光电三极管处于截止状态，$U_{CE}$ 很大，约为电源电压，因此输出为脉冲波形。

令 $R_1 = 5$ kΩ，不断打开、闭合开关，利用示波器观察节点 2 的波形，波形如图 3.2.14 所示。当开关闭合时，发光二极管发光且发光强度较小，光电三极管基极接收的光强度小，集电极电流较小，光电三极管没有处于饱和状态，$U_{CE}$ 较大；当开关打开时，光电三极管处于截止状态，$U_{CE}$ 很大，约为电源电压。

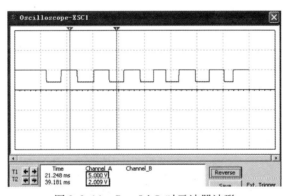

图 3.2.14　$R_1 = 5$ kΩ 时示波器波形

## 3.3　场效应管

场效应晶体管（Field Effect Transistor，FET）简称场效应管。场效应管由多数载流子参与导电，也称为单极型晶体管，场效应管属于电压控制电流型半导体器件。

与双极型晶体管相比，场效应管具有如下特点：

（1）场效应管是电压控制电流型器件，它通过栅源电压 $u_{GS}$ 来控制漏极电流 $i_D$。

（2）场效应管的输入电阻很高（$10^7 \sim 10^{12}\ \Omega$），因此它的输入端电流极小，可以认为 $i_G = 0$。

（3）场效应管中只有多数载流子参与导电，少子不参与导电，因此它的温度稳定性较好。

（4）场效应管组成的放大电路的电压放大倍数要小于三极管组成的放大电路的电压放大倍数。

（5）场效应管的抗辐射能力强。

（6）场效应管噪声小。

场效应管分为结型场效应管（JFET）和绝缘栅场效应管（MOS管）两大类。MOS场效应晶体管按导电沟道类型分为N沟道和P沟道两种；按栅极结构分为耗尽型与增强型，因此MOS场效应晶体管分为N沟道耗尽型和增强型，P沟道耗尽型和增强型四大类。

本小节以N沟道增强型MOS管为例，介绍MOS管的转移特性曲线、输出特性曲线和MOS管的主要参数。本节知识点结构如下所示：

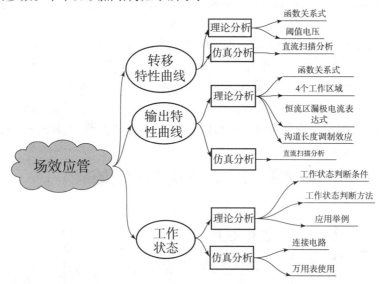

## 3.3.1 MOS管的输出特性曲线

**一、理论知识**

MOS管的输出特性描述当栅源电压 $u_{GS}$ 为某一常数时，漏极电流 $i_D$ 与漏-源电压 $u_{DS}$ 之间的函数关系，即：

$$i_D = f(u_{DS})\ \big|_{u_{GS}=常数} \tag{3.3.1}$$

由表达式可知，当 $u_{GS}$ 取某一固定值时可以得到一条输出特性曲线，当 $u_{GS}$ 取不同值时可以得到一组输出特性曲线，N沟道增强型MOS管的输出特性曲线如图3.3.1所示。

由输出特性曲线可知场效应管有4个工作区域：

（1）可变电阻区。在各条曲线上使 $u_{DS} < u_{GS} - U_{GS(th)}$ 的点连接而成的曲线称为预夹断轨迹，预夹断轨迹左边的区域称为可变电阻区。在可变电阻区，$u_{GS}$ 确定，直线的斜率也确定，

斜率的倒数为漏-源之间的等效电阻。因此在可变电阻区可以通过改变 $u_{GS}$ 的大小来改变漏-源之间的等效电阻。

（2）恒流区（饱和区）。预夹断轨迹右侧的区域称为恒流区。当 $u_{DS} > u_{GS} - U_{GS(th)}$ 时，各曲线近似为一族平行于横轴的平行线，当 $u_{DS}$ 增大时，曲线略微上翘。因此可以将 $i_D$ 近似看作电压 $u_{GS}$ 控制的电流源。当场效应管用于放大信号时，应使场效应管工作在饱和区。

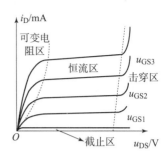

图 3.3.1 N 沟道增强型 MOS 管的输出特性曲线

（3）夹断区（截止区）。当 $u_{GS} < U_{GS(th)}$ 时，导电沟道没有形成，漏极电流为 0。

（4）击穿区。当 $u_{DS}$ 大于一定值时，场效应管发生击穿效应，漏极电流迅速增大。

二、仿真分析

利用伏安分析仪可以得到场效应管的输出特性曲线，测量电路及伏安分析仪面板如图 3.3.2 所示。

图 3.3.2 输出特性曲线测试电路及 "Simulate Parameters" 参数设置

图 3.3.2 中 XIV1 为伏安分析仪图标，2N6755 为 N 沟道增强型 MOS 管。双击伏安分析仪图标打开伏安分析仪设置面板，单击 "Simulate Param" 按钮打开 "Simulate Parameters" 参数设置对话框，如图 3.3.2 所示，"Source Name：V_ds" 的起始值为 0 V，终止值为 12 V，间隔为 10 mV；通过查参数表可知 2N6755 的阈值电压为 3.7 V，故 "Source Name：V_gs" 的起始值为 3 V，停止值为 5 V，"Num steps" 设置为 5，"V_gs" 可以取 5 个不同的数值，因此输出特性曲线对应有 5 条。

设置完成后单击 "Simulate" 按钮，仿真完成后打开图形显示窗口，调节横轴的显示范围为 0~5 V，纵轴的显示范围为 0~5 A，仿真结果如图 3.3.3 所示。

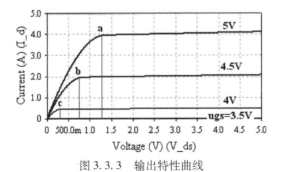

图 3.3.3 输出特性曲线

**分析：**

（1）图中共有 5 条输出特性曲线，$u_{GS} = 3$ V 和 $u_{GS} = 3.5$ V 的输出特性曲线重合。

（2）$u_{GS}$ 为 3 V、3.5 V 时，由于 $u_{GS} < U_{GS(th)}$，MOS 管的导电沟道没有形成，漏极电流 $i_D = 0$，输出特性曲线与横轴重合。

（3）$u_{GS} = 4$ V、4.5 V、5 V 时，由于 $u_{GS} > U_{GS(th)}$，导电沟道形成，$i_D \neq 0$。

（4）$V_a \approx 1.3$ V $\approx u_{GS} - U_{GS(th)} = 5$ V $- 3.7$ V，$V_b \approx 0.8$ V $\approx u_{GS} - U_{GS(th)} = 4.5$ V $- 3.7$ V，$V_c \approx 0.3$ V $\approx u_{GS} - U_{GS(th)} = 4$ V $- 3.7$ V，故 $a$、$b$、$c$ 为预夹断点，预夹断点右侧的区域为饱和区，预夹断线左侧的区域为可变电阻区。

（5）管子工作于恒流区时，漏极电流几乎不随 $u_{DS}$ 的变化而变化，N 沟道增强型 MOS 管恒流区中漏极电流表达式近似为：

$$i_D = I_{D0}\left(\frac{u_{GS}}{U_{GS(th)}} - 1\right)^2 \quad (u_{GS} > U_{GS(th)}) \tag{3.3.2}$$

式中，$I_{D0}$ 为 $u_{GS} = 2U_{GS(th)}$ 时对应的 $i_D$，该式只适用于管子工作于恒流区。

（6）恒流区中曲线略微上翘，即管子处于饱和后漏极电流 $i_D$ 随 $u_{DS}$ 的增大而略微增大。这是由于场效应管的沟道长度调制效应造成的。当管子工作于饱和区时，$i_D$ 与 $u_{DS}$ 有一定关系，即：

$$i_D \propto (1 + \lambda u_{DS}) \tag{3.3.3}$$

式中，$\lambda$ 为沟道长度调整系数，2N6755 的 $\lambda = 0.0273012$ V$^{-1}$，因此在饱和区漏极电流 $i_D$ 随 $u_{DS}$ 的增大而略微增大。

### 3.3.2 MOS 管的转移特性曲线

**一、理论知识**

MOS 管的转移特性描述当漏 - 源电压 $u_{DS}$ 为某一常数时，漏极电流 $i_D$ 与栅源电压 $u_{GS}$ 之间的函数关系，即：

$$i_D = f(u_{GS}) \big|_{u_{DS} = 常数} \tag{3.3.4}$$

由表达式可知，当 $u_{DS}$ 取某一固定值时可以得到一条转移特性曲线，当 $u_{DS}$ 取不同值时可以得到一组转移特性曲线，N 沟道增强型 MOS 管的某一条转移特性曲线如图 3.3.4 所示。

**二、仿真分析**

利用直流扫描分析可以得到场效应管的转移特性曲线，测试电路如图 3.3.5 所示，2N6755 为 N 沟道增强型 MOS 管，$U_{GS}$ 为栅源电压，$U_{DS}$ 为漏源电压。

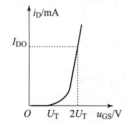

图 3.3.4  N 沟道增强型 MOS 管的转移特性曲线

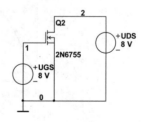

图 3.3.5  转移特性曲线测试电路

选择"Simulate"菜单中"Analyses"下的"DC Sweep"命令,打开"DC Sweep Analysis"对话框。选择"Analysis Parameters"选项卡,按照转移特性曲线定义设置相关参数,在"Source 1"中设置电路中 $u_{GS}$ 的变化范围为 0~10 V,间隔为 0.01 V;在"Source 2"中设置电路中 $u_{DS}$ 的变化范围为 0~4 V,间隔为 2 V,分别为 $U_{DS}=0$ V、$U_{DS}=2$ V、$U_{DS}=4$ V,对应有 3 条转移特性曲线,"Analysis Parameters"选项卡参数设置如图 3.3.6 所示;选择"Output Variables"选项卡,设置漏极电流 $i_D$ 为输出变量。

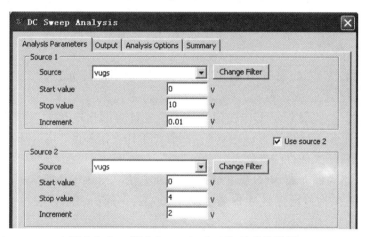

图 3.3.6 "DC Sweep Analysis"的参数设置

设置完成后单击"Simulate"按钮,打开图形显示窗口,设置纵轴范围为 -5~30 A,仿真结果如图 3.3.7 所示。

**讨论:**

(1) 图 3.3.7 中共有 3 条转移特性曲线。

(2) 当 $U_{DS}=0$ V 时转移特性曲线与横轴重合,漏极电流始终为 0。

(3) 由图可知,MOS 管 2N6755 的阈值电压 $U_{GS(th)}$ 约为 3.7 V,2N6755 的参数表中阈值电压为 $U_{TO}$,$U_{TO}=3.67049$ V,仿真结果与软件提供的参数基本吻合。

(4) 当 $U_{DS}=2$ V、4 V 时,$U_{GS(th)}<U_{GS}<6$ V 时,转移特性曲线局部图如图 3.3.8 所示,转移特性曲线近似为一条抛物线,因为 $U_{DS}>U_{GS}-U_{GS(th)}$,此时管子工作在饱和区。

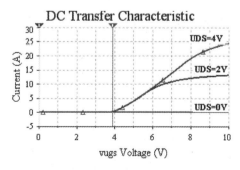

图 3.3.7 "DC Sweep"仿真结果

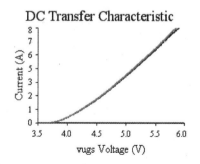

图 3.3.8 管子处于饱和时的转移特性曲线

(5) 当管子工作在饱和区时,$U_{DS}=2$ V、4 V 的转移特性曲线几乎重合,转移特性曲线

随 $u_{DS}$ 的增大略微左移。这是由于管子工作于饱和状态时，由于沟道长度调制效应，漏极电流 $i_D$ 随漏源电压 $u_{DS}$ 的增大而略微增大造成的。

### 3.3.3 MOS 管的工作状态

模拟电路中要求 MOS 管工作于饱和区，因此判断电路中 MOS 管的工作状态十分重要。由 3.3.2 节分析可知，N 沟道增强型 MOS 管工作在饱和区的条件为：

$$u_{GS} > U_{GS(th)} \text{ 且 } u_{DS} > u_{GS} - U_{GS(th)} \tag{3.3.5}$$

MOS 管工作状态判断可分为 2 个步骤（以 N 沟道增强型 MOS 管为例）：

（1）比较电路中 $u_{GS}$ 与管子开启电压 $U_{GS(th)}$ 的大小，若 $u_{GS} < U_{GS(th)}$，则管子工作在截止区；若 $u_{GS} > U_{GS(th)}$，则进行第二步。

（2）$u_{GS} > U_{GS(th)}$，假设管子工作在饱和状态，先计算漏极电流大小，再计算漏源电压 $u_{DS}$，若 $u_{DS} > u_{GS} - U_{GS(th)}$ 则管子工作在饱和区，若 $u_{DS} < u_{GS} - U_{GS(th)}$ 则管子工作在线性区。

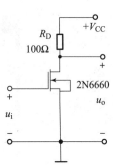

图 3.3.9  电路图

以图 3.3.9 电路为例介绍 MOS 管工作状态判断方法。图 3.3.9 所示电路中 2N6660 为 N 沟道增强型 MOS 管，$R_D = 100\ \Omega$，分析 $u_i$ 分别为 1.5 V、2.5 V、3.5 V 时 $u_o$ 分别为多少？

通过查询 2N6660 的参数表可知该管子阈值电压约为 1.7 V（阈值电压也可以通过 DC Sweep 测量 2N6660 的转移特性曲线获得）。利用伏安分析仪测量 2N6660 的输出特性曲线，在"Simulate Parameters"参数设置对话框中，"Source Name：V_ds"的起始值为 0 V，终止值为 6 V，间隔为 10 mV；"Source Name：V_gs"的起始值为 1.5 V，停止值为 3.5 V，"Num steps"设置为 5，"V_gs"可以取 5 个不同的数值，输出特性曲线对应有 5 条。设置完成后单击"Simulate"按钮，打开图形显示窗口，2N6660 的输出特性曲线如图 3.3.10 所示。

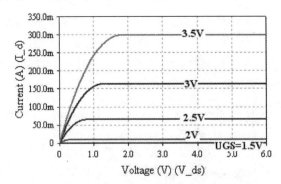

图 3.3.10  2N6660 的输出特性曲线

当 $u_i = 1.5$ V 时，$u_{GS} = u_i < 1.7$ V，管子处于截止状态，故 $i_D = 0$，因而：

$$u_o = V_{DD} - i_D \cdot R_D = 10 \text{ V} \tag{3.3.6}$$

当 $u_i = 2.5$ V 时，$u_{GS} = u_i > 1.7$ V，导电沟道形成，假设管子工作在饱和区，则由 2N6660 的输出特性曲线可知 $i_D = 64$ mA，则：

$$u_o = V_{DD} - i_D \cdot R_D = 3.6 \text{ V} \tag{3.3.7}$$

$u_{DS} = u_o = 3.6 \text{ V} > u_{GS} - U_{GS(th)} = 2.5 \text{ V} - 1.7 \text{ V} = 0.8 \text{ V}$,说明假设成立,管子工作在饱和区。

当 $u_i = 3.5$ V 时,$u_{GS} = u_i > 1.7$ V,导电沟道形成,假设管子工作在饱和区,则由图可知 $i_D = 228$ mA,且:

$$u_o = V_{DD} - i_D \cdot R_D = -12.8 \text{ V} \quad (3.3.8)$$

$u_{DS} = u_o = -12.8 \text{ V} < u_{GS} - U_{GS(th)} = 3.5 \text{ V} - 1.7 \text{ V} = 1.8 \text{ V}$,说明假设不成立,管子已经不工作在恒流区,而是工作在可变电阻区。从输出特性曲线可求得 $U_{GS} = 3.5$ V 时漏-源间的等效电阻为:

$$R_D = \frac{U_{DS}}{I_D} = \frac{0.5 \text{ V}}{0.143 \text{ A}} \approx 3.5 \text{ }\Omega \quad (3.3.9)$$

所以

$$u_o = \frac{R_{DS}}{R_D + R_{DS}} V_{DD} \approx 338 \text{ mV} \quad (3.3.10)$$

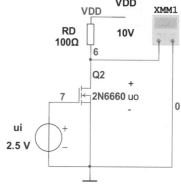

图 3.3.11 仿真电路图

仿真电路如图 3.3.11 所示,按图连接电路,改变 $u_i$ 的电压值分别为 1.5 V、2.5 V、3.5 V,利用万用表测量 $u_o$ 的值,万用表读数如图 3.3.12 所示,可见仿真结果与估算结果基本吻合。

  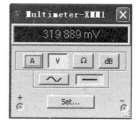

图 3.3.12 $u_i$ 分别为 1.5 V、2.5 V、3.5 V 时万用表测量值

## 3.4 半导体模型参数

在电子线路的分析过程中,通常将器件用等效模型代替,将模型用于特定条件下进行近似分析,从而简化分析过程,本小节对 SPICE 中器件模型参数做简单介绍,以供参考。

二极管的模型参数如表 3.4.1 所示。

表 3.4.1 二极管的模型参数

| 模型参数 | 名 称 | 单位 | 1N4943 参数 |
|---|---|---|---|
| IS | 饱和电流 | A | $2.21 \times 10^{-10}$ |
| RS | 寄生串联电阻 | Ω | 0.031 88 |
| N | 发射系数 | | 1.7 |
| TT | 渡越时间 | s | $2.164 \times 10^{-7}$ |

续表

| 模型参数 | 名　称 | 单位 | 1N4943 参数 |
|---|---|---|---|
| CJO | 零偏压 PN 结电容 | F | $2.879 \times 10^{-11}$ |
| VJ | 结自建电势 | V | 0.75 |
| M | 电容剃度因子 |  | 0.43 |
| EG | 禁带宽度 | eV | 1.11 |
| XT1 | $I_S$ 的温度指数 |  | 3 |
| FC | 正偏耗尽层电容系数 |  | 0.5 |
| BV | 反向击穿电压 | V | 100 |
| IBV | 反向击穿电流 | A | 0.0001 |
| KF | 闪烁噪声系数 |  | 0 |
| AF | 闪烁噪声指数 |  | 1 |

双极型晶体管的模型参数如表 3.4.2 所示。

表 3.4.2　双极型晶体管的模型参数

| 模型参数 | 名　称 | 单　位 | 2N2222A 参数 |
|---|---|---|---|
| IS | 反向饱和电流 | pA | 0.204 566 |
| BF | 理想正向电流放大系数 |  | 296 |
| NF | 正向电流发射系数 |  | 1.096 |
| VAF | 正向欧拉电压 | V | 10 |
| IKF | 膝点电流 | mA | 77 |
| ISE | B－E 结漏饱和电流 | pA | 0.145 |
| NE | B－E 结泄漏发射系数 |  | 1.39 |
| BR | 反向电流放大系数 |  | 0.48 |
| NR | 反向电流发射系数 |  | 1.167 |
| VAR | 反向欧拉电压 | V | 100 |
| IKR | 反向膝点电流 | mA | 100 |

续表

| 模型参数 | 名　　称 | 单　位 | 2N2222A 参数 |
| --- | --- | --- | --- |
| ISC | B－C 结漏饱和电流 | pA | 0.1 |
| NC | B－C 结泄漏发射系数 |  | 1.985 |
| RB | 基极体电阻 | Ω | 3.99 |
| IRB | 基极电阻降至 $R_{BM}/2$ 时的电流 | A | 0.2 |
| RE | 发射区串联电阻 | mΩ | 85 |
| RC | 集电极电阻 | Ω | 0.428 |
| CJE | 零偏发射结 PN 结电容 | pF | 10 |
| VJE | 发射结内建电势 | V | 0.99 |
| MJE | B－E 结剃度因子 |  | 0.23 |
| TF | 理想正向渡越时间 | ns | 0.296 |
| XTF | $TF$ 随偏置变化系数 |  | 9.227 |
| VTF | $TF$ 随 $U_{BC}$ 变化的电压 | V | 25 |
| ITF | $TF$ 的大电流参数 | mA | 79 |
| PTF | 在 $f=1/(2\pi TF)$ 时的超前相移 |  | 0 |
| CJC | B－C 零偏衬底结电容 | pF | 31.941 |
| VJC | B－C 结内建电势 | V | 0.4 |
| MJC | B－C 结剃度因子 |  | 0.85 |
| XCJC | B－C 结耗尽电容到基极内节点的百分数 |  | 0.9 |
| TR | 理想反向渡越时间 | μs | 0.383 |
| CJS | 零偏衬底结电容 | F | 0 |
| VJS | 衬底结内建电势 | V | 0.75 |
| MJS | 衬底结剃度因子 |  | 0.5 |
| XTB | $BF$ 和 $BR$ 的温度系数 |  | 0.1 |
| EG | 禁带宽度 | eV | 1.05 |
| XTI | 饱和电流的温度指数 |  | 1 |
| KF | 闪烁噪声系数 |  | 0 |
| AF | 闪烁噪声指数 |  | 1 |
| FC | 正偏势垒耗尽电容系数 |  | 0.1 |
| TNOM | 参数测量温度 | ℃ | 27 |

MOS 管模型参数在 SPICE 中分为 4 级,模型级数采用 LEVEL 指定,Multisim 中采用缺省模型,即 LEVEL = 1,共有 28 个参数,实际晶体管的模型参数更多,在集成电路中 MOS 管的模型参数采用 BSIM 模型,即 LEVEL = 4,这里以 N 增强型 MOS 管为例仅介绍 MOS 管的缺省模型参数,其中 Multisim 中没有提供与电压相关的电容参数,部分参数采用默认值,参数如表 3.4.3 所示,序号 1~12 为软件提供的参数,序号 13~28 为缺省模型的其他参数。

表 3.4.3 场效应管的模型参数

| 序号 | 模型参数 | 名称 | 单位 | 2N6765 参数 |
|---|---|---|---|---|
| 1 | IS | 衬底结饱和电流 | A | $1 \times 10^{-32}$ |
| 2 | VTO | 零偏开启电压 | V | 3.672 |
| 3 | LAMBDA | 沟道长度调制系数 | | 0 |
| 4 | KP | 跨导参数 | | 84.29 |
| 5 | CGSO | G-S 覆盖电容/单位沟道长度 | F/m | $1.3 \times 10^{-5}$ |
| 6 | CGDO | G-D 覆盖电容/单位沟道长度 | F/m | $1.3 \times 10^{-11}$ |
| 7 | RS | 源极欧姆电阻 | Ω | 默认值 0 |
| 8 | RD | 漏极欧姆电阻 | Ω | 默认值 0 |
| 9 | LD | 横向扩散长度 | m | 默认值 0 |
| 10 | CBD | 零偏 B-D 间电容 | F | 默认值 0 |
| 11 | CBS | 零偏 B-S 间电容 | F | 默认值 0 |
| 12 | CGBO | G-B 覆盖电容/单位沟道长度 | F/m | 默认值 0 |
| 13 | PHI | 表面电势 | V | |
| 14 | GAMMA | 体效应阈值参数 | $V^{1/2}$ | |
| 15 | TOX | 栅氧化层厚度 | m | |
| 16 | NSS | 表面态密度 | $cm^{-2}$ | |
| 17 | TPG | 栅极材料类型 | | |
| 18 | UO | 载流子迁移率 | $cm^2/(V \cdot S)$ | |
| 19 | AF | 闪烁噪声指数 | | |
| 20 | KF | 闪烁噪声系数 | | |
| 21 | JS | 衬底结饱和电流密度 | $A/m^2$ | |
| 22 | PB | 衬底结电势 | V | |
| 23 | CJ | 零偏置衬底单位电容 | $F/m^2$ | |
| 24 | MJ | 衬底结电容梯度因子 | | |
| 25 | CJSW | 零偏置侧墙单位电容 | F/m | |
| 26 | MJSW | 侧墙电容梯度因子 | | |

# 第 4 章

# 放大电路

在电子电路中，放大的对象是小信号变化量。

放大的本质是在输入小信号作用下，通过有源元件（晶体管）对直流电源进行转换和控制，使负载从电源中获取能量更大的信号。

放大的特征为功率放大，表现为输出电压大于输入电压，或者输出电流大于输入电流，或者二者兼之。

放大的前提是信号不失真，如果输出信号产生失真则电路就谈不上放大，保证信号不失真的前提是放大电路有合适的静态工作点。

晶体管基本放大电路有共射、共集、共基三种接法。为了改善电路的性能，在基本放大电路的基础上派生出其他类型的放大电路。为了提高放大电路的放大倍数，引入多级放大电路；为了抑制电路的零点漂移、抑制噪声，引入差分放大电路；为提高电路的输出功率，引入功率放大电路；为了改善电路的性能（改变输入、输出电阻，扩展通频带，提高放大倍数稳定性等），引入负反馈放大电路。不同类型的电路特点不同，作用不同。

放大电路的主要性能指标有以下几项：放大倍数 $A$、输入电阻、输出电阻、截止频率、通频带、最大输出功率、效率等。

放大电路最基本的分析方法有 3 种：静态分析、动态分析、失真分析。静态分析主要是求解电路的静态工作点，保证电路中的有源元件工作在放大状态，保证三极管能更好地放大信号。静态工作点十分重要，不但影响电路输出信号是否失真，而且和动态参数密切相关，因此稳定静态工作点非常必要。动态分析主要是分析输出信号波形，求解动态参数，包括放大倍数、输入电阻、输出电阻、通频带等。放大电路的分析一定遵循先静态、后动态的原则，只有静态工作点合适，动态分析才有意义。失真分析主要用于分析失真产生的原因，解决失真的方法。

本章介绍的电路包括单级放大电路、差分放大电路、功率放大电路、多级放大电路、负反馈放大电路。本章内容主要包括各种电路的组成、工作原理、仿真测试和设计方法。

## 4.1 单级放大电路

单级放大电路是由单个晶体管和外围电阻、电容等元件构成的放大电路，当元件选取合适时电路能够放大一定频率范围内的小信号。由三极管可构成共射极（CE）、共集电极

（CC）、共基极（CB）三种组态的单级放大电路。由场效应管可构成共源（CS）、共漏（CD）、共栅（CG）三种组态的单级放大电路。电路结构不同，特点不同，用途也不同，本节通过不同的分析方法可得出各电路的特点，确定电路的用途。

单级放大电路的知识点结构如下所示：

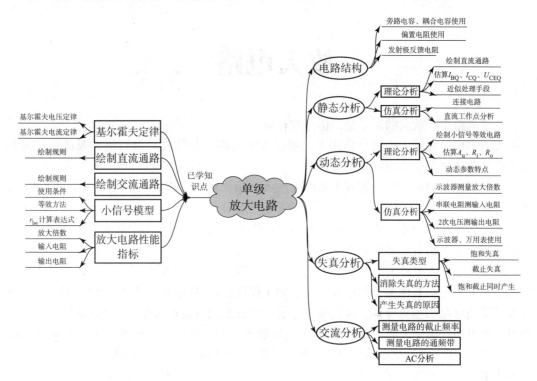

## 4.1.1 共发射极放大电路

共发射极电路中分压偏置共射极放大电路 $Q$ 点稳定，其 $Q$ 点能随温度的变化而自动调节，是一种典型的单级放大电路。其原理图如图 4.1.1 所示，其中，$C_1$、$C_2$ 为耦合电容，$C_E$ 为旁路电容，$R_{B1}$、$R_{B2}$ 为基极分压电阻，$R_C$ 为集电极电阻，$R_E$ 为发射极电阻，$R_L$ 为负载电阻。电路中小信号由基极输入，信号由集电极输出，发射极作为电路的公共端，故电路组态为共发射极放大电路。

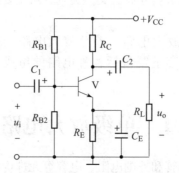

图 4.1.1 分压偏置共发射极放大电路

## 一、静态工作点分析

### 1. 理论分析

电路处于放大状态时静态工作点一般采用估算法求解,其步骤为:

(1) 画出电路的直流通路。
(2) 选择回路计算基极电位 $V_{BQ}$。
(3) 选择合适的回路计算 $I_{EQ}$、$I_{BQ}$、$U_{CEQ}$。

所用的分压偏置电路如图 4.1.1 所示,其直流通路如图 4.1.2 所示。

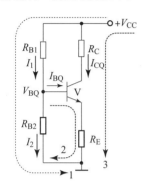

图 4.1.2　电路的直流通路　　　　　　　　　共发射极放大电路
　　　　　　　　　　　　　　　　　　　　　　静态分析视频

基极电流 $I_B$ 很小,故 $I_B \ll I_2$,因此 $I_1 \approx I_2$,选择回路 1,由基尔霍夫定律可得:

$$V_{BQ} \approx \frac{R_{B2}}{R_{B1}+R_{B2}} V_{CC} \tag{4.1.1}$$

选择回路 2,由基尔霍夫定律可得:

$$I_{CQ} \approx \frac{V_{BQ}-U_{BEQ}}{R_E} \tag{4.1.2}$$

由放大特征方程可得:

$$I_{BQ} = \frac{I_{CQ}}{\beta} \tag{4.1.3}$$

选择回路 3 可得

$$U_{CEQ} \approx V_{CC} - I_{CQ}(R_C + R_E) \tag{4.1.4}$$

### 2. 电路仿真与分析

共发射极放大电路如图 4.1.3 所示,输入信号为正弦波,峰值为 10 mV,频率为 1 kHz,$C_1$、$C_2$ 为耦合电容,$C_E$ 为旁路电容,$C_1$、$C_2$、$C_E$ 均为电解电容,$R_W$ 为滑动变阻器,调节 $R_W$ 可以改变电路的静态工作点,从而可以使三极管处于放大区、饱和区、截止区。

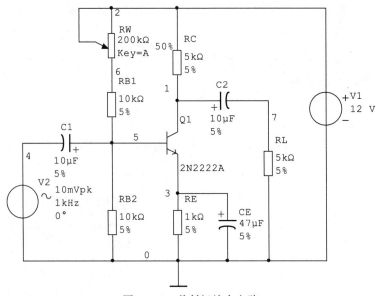

图 4.1.3 共射极放大电路

将电路连入双通道示波器,调节滑动变阻器 $R_W$ 的值,同时观察示波器波形,使输出信号处于不失真状态。需要注意的是,三极管的放大区有一个范围,因此 $R_W$ 的阻值在一定范围内时输出信号均不失真,这里以 $R_W$ 的百分比为 26% 为例进行分析。

设三极管的 $U_{BE} \approx 0.7$ V,$\beta \approx 200$,利用前面的公式可以估算出当前电路的静态工作点,数值如表 4.1.1 所示。

表 4.1.1 电路静态工作点的估算值

| $V_{BQ}$/V | $I_{CQ}$/mA | $I_{BQ}$/μA | $U_{CEQ}$/V |
| --- | --- | --- | --- |
| 1.67 | 0.967 | 4.8 | 6.2 |

通过直流静态工作点分析(DC Operating Point)可以仿真得到电路的静态工作点。

单击菜单栏中的"Simulate",在下拉菜单中选择"Analyses",选择该命令下的"DC Operating Point"命令,如图 4.1.4 所示,弹出参数设置对话框,如图 4.1.5 所示。

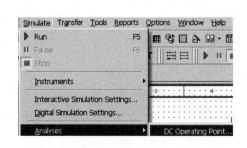

图 4.1.4 打开"DC Operating Point"命令

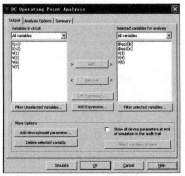

图 4.1.5 "DC Operating Point Analysis" 对话框

“Output”选项卡用于选定要分析的变量。其中“Variables in circuit”栏列出电路中存在的各种电量以供选择；“Selected variables for analysis”一栏显示需要分析的电量。在“More Options”一栏中单击“Add device/model parameter”按钮，可以增加所需的参量，如图 4.1.6 所示，这里增加三极管的 $i_b$、$i_c$。

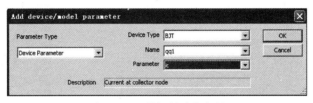

图 4.1.6　增加所需的参量

把所要显示的电量添加到输出一栏中，如图 4.1.7 所示，其中“I(q1[ib])”表示基极电流，“I(q1[ic])”表示发射极电流，“V(1)”“V(3)”表示 1、3 节点的电位，其差值为 $U_{CE}$，“V(5)”表示基极电位。

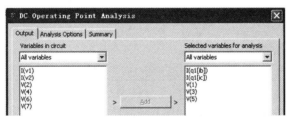

图 4.1.7　选择所需电量

单击“Simulate”按钮得到仿真结果，如图 4.1.8 所示，由结果可知 $U_{CE} \approx 6$ V，仿真结果与前面的估算值结果基本一致，可见静态工作点分析是一种比较简捷的方法。由仿真结果可以估算出三极管的共射极电流放大系数，$\beta = I_C/I_B \approx 150$。

DC Operating Point

| | DC Operating Point | |
|---|---|---|
| 1 | V(3) | 989.72675 m |
| 2 | I(q1[ib]) | 6.54504 u |
| 3 | V(5) | 1.61031 |
| 4 | V(1) | 7.08409 |
| 5 | I(q1[ic]) | 983.18771 u |

图 4.1.8　仿真结果

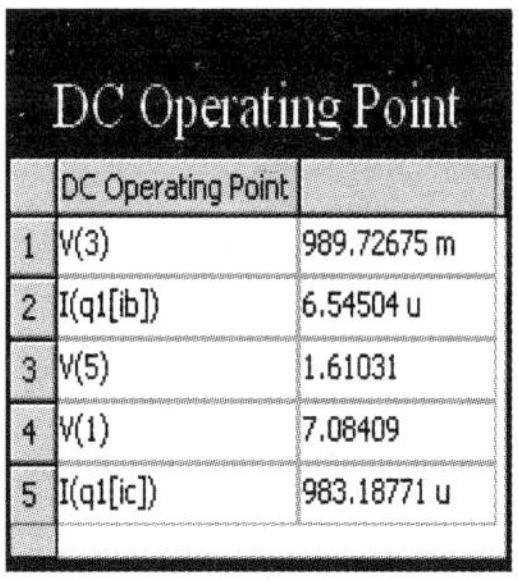

**二、动态分析**

1. 理论分析

放大电路的动态分析主要是求解电路的三个动态参数：电压放大倍数（$A_u$）、输入电阻（$R_i$）、输出电阻（$R_o$）。

首先应画出电路的小信号等效电路，如图 4.1.9 所示。其中晶体管的 $r_{bb'} \approx 40\ \Omega$。

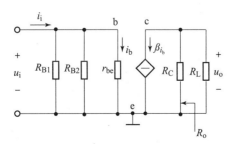

图 4.1.9　小信号等效电路

其中：

$$r_{be} = r_{bb'} + (1+\beta)\frac{U_T}{I_{EQ}} \approx 40\ \Omega + (1+150)\frac{26\ \text{mV}}{1\ \text{mA}} \approx 3.966\ \text{k}\Omega \quad (4.1.5)$$

电压放大倍数为：

$$A_u = \frac{u_o}{u_i} = -\frac{\beta R_C /\!/ R_L}{r_{be}} = -\frac{150 \times 5 /\!/ 5}{3.966} \approx -95 \quad (4.1.6)$$

输入电阻为：

$$\begin{aligned}R_i &= r_{be} /\!/ R_{B1} /\!/ R_{B2} \\ &= 3.966 /\!/ (10 + 200 \times 26\%) /\!/ 10 = 2.7\ \text{k}\Omega\end{aligned} \quad (4.1.7)$$

输出电阻为

$$R_o = R_C = 5\ \text{k}\Omega$$

共发射极放大电路
动态分析视频

### 2. 电路仿真分析

利用软件对电路进行仿真时，一定要使输出信号处于不失真的状态，当滑动变阻器为26%时，分析此时电路的参数。

1）电路的电压放大倍数

利用交流电压表分别测量输入电压和输出电压，就可以计算出电压放大倍数，仿真电路如图4.1.10所示，XMM1用于测量输入电压，XMM2用于测量输出电压，利用示波器观察输入信号与输出信号波形的相位关系，其中A通道接输入信号，B通道接输出信号，调节输入信号峰值为5 mV，示波器波形如图4.1.11所示，输出信号没有发生失真。调节信号源电压分别为1 mV、5 mV、10 mV（可以用示波器观察输出波形，确保没有失真），将万用表所测数据填入表4.1.2中，计算电压放大倍数。

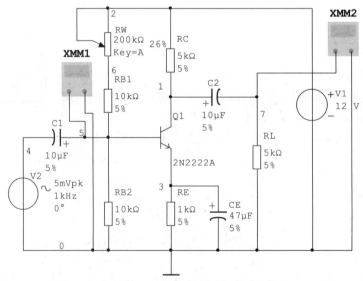

图4.1.10 测量电路的电压放大倍数

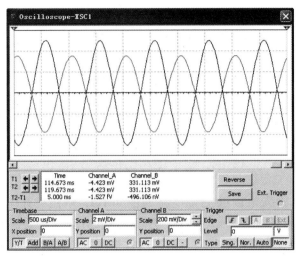

图 4.1.11 输入与输出信号波形

表 4.1.2 信号源取不同值时，电路的电压放大倍数

| 电位器百分比/% | 输入电压/mV | 输出电压/mV | 电压放大倍数（大小） |
| --- | --- | --- | --- |
| 26 | 0.7 | 51.8 | 74 |
| 26 | 3.5 | 258.5 | 73.8 |
| 26 | 7 | 513.5 | 73.4 |

可知，电路的电压放大倍数 $A_u \approx -74$，与上述估算值相差不大。

**结论：**

（1）电路静态工作点一定时，其电压放大倍数近似为常数，不随输入信号的变化而变化。

（2）共发射极放大电路的输入信号与输出信号极性相反。

（3）共发射极放大电路的放大倍数较大。

思考：若改变滑动变阻器的阻值，在输出信号不失真的情况下，电路的放大倍数是否发生改变；如果改变，则分析变化的原因。

输入信号峰值均为 10 mV，滑动变阻器取 5 组不同的阻值，将相关数据填入表 4.1.3 中。

表 4.1.3 滑动变阻器取不同阻值时电路的电压放大倍数

| 电位器百分比/% | 输入电压/mV | 输出电压/mV | 电压放大倍数（大小） |
| --- | --- | --- | --- |
|  | 10 |  |  |
|  | 10 |  |  |
|  | 10 |  |  |
|  | 10 |  |  |
|  | 10 |  |  |

## 2) 测量输入电阻

按照定义,输入电阻的测量需要先测量输入电压和输入电流,但由于测量电流需要将电流表串联到电路中,这样操作十分不便,工程中常采用串联电阻法来测量放大电路的输入电阻,电路原理图如图 4.1.12 所示,电路中串联电阻 $R$ 的阻值应该和输入电阻 $R_i$ 接近,以便于减小测量误差。

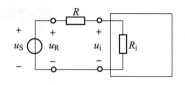

图 4.1.12 输入电阻测量原理电路

在输出信号不失真的情况下,测量 $u_R$ 和 $u_i$ 的数值(峰值或有效值),则输入电阻为:

$$R_i = \frac{u_i}{u_R - u_i} R \tag{4.1.8}$$

按照电路原理图,输入电阻的测量电路如图 4.1.13 所示,其中信号源电压峰值为 10 mV,频率为 1 kHz,串联电阻 $R = 2.5$ kΩ。万用表 XMM1 设置为交流电压表,用来测量电压 $u_R$,万用表 XMM2 设置为交流电压表,用来测量输入电压 $u_i$。打开万用表面板,单击仿真开关,可得万用表读数如图 4.1.14 所示,则输入电阻为:

$$R_i = 2.5 \times 3.978 / (7.071 - 3.978) \text{ kΩ} \approx 3.2 \text{ kΩ}$$

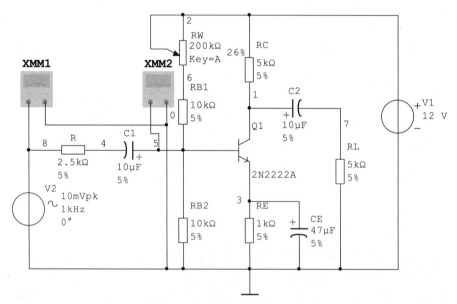

图 4.1.13 输入电阻测量电路

## 3) 测量输出电阻

对于输出回路可以等效为一个有内阻的电压源,因此工程中输出电阻测量电路原理图如图 4.1.15 所示,先测量开路电压 $u_{ot}$,然后加入负载测量输出电压 $u_o$,则输出电压为:

$$R_o = \left(\frac{u_{ot}}{u_o} - 1\right) R_L \tag{4.1.9}$$

输出电阻的测量电路如图 4.1.16 所示。将万用表 XMM1 设置为交流电压表测电压。打开万用表面板,单击仿真开关后测量开路电压和输出电压,结果如图 4.1.17 所示,由上式可得输出电阻为:

$$R_o \approx (904.69/513.5 - 1) \times 5 \approx 4 \text{ (kΩ)}$$

 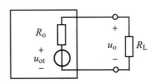

图 4.1.14 数字万用表读数　　　　图 4.1.15 输出电阻测量电路原理图

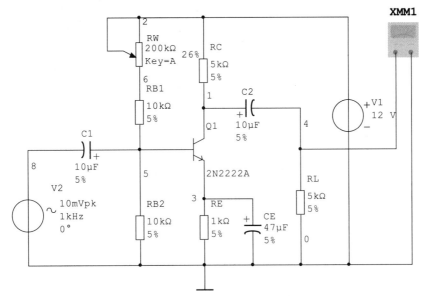

图 4.1.16 输出电阻测量电路

图 4.1.17 开路电压和输出电压读数

### 三、失真分析

由三极管的输出特性曲线可知三极管可以工作在三个区域：饱和区、放大区、截止区，不同的工作区域三极管所处的状态不同，而这些工作区域是由三极管的静态工作点所决定的。如果静态工作点处于饱和区，则三极管工作在饱和状态，静态工作点处于截止区，则三极管工作在截止状态。电路的 $Q$ 点主要由 $I_B$ 或者 $I_C$ 来决定。

利用示波器可观察三极管处于不同状态时输出信号的波形（其中信号源峰值为 10 mV）。

调节变阻器的百分比为 5%，双击示波器图标打开面板，单击仿真开关，可得此时输出电压波形如图 4.1.18 所示。观察该输出波形发现：波形的负半周出现失真。

为了确定该电路发生的是哪种失真，需要测量电路的静态工作点，其直流工作点分析结果如图 4.1.19 所示。由图可知，$U_{CE}\approx$（2.2 − 2.1）V = 0.1 V，$\beta\approx$1.96/0.18 = 11。结果表明：$U_{CE}$很小，$\beta$值远远小于放大区的$\beta$值，说明三极管处于饱和状态，电路 $Q$ 点处于饱和区，电路发生饱和失真。

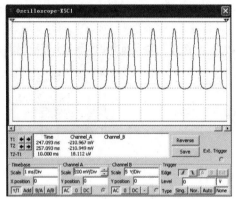

图 4.1.18 滑动变阻器的百分比为 5% 时示波器的波形

DC Operating Point

| | DC Operating Point | |
|---|---|---|
| 1 | V(3) | 2.13972 |
| 2 | @qq1[ib] | 180.21358 u |
| 3 | @qq1[ic] | 1.96076 m |
| 4 | V(5) | 2.79867 |
| 5 | V(1) | 2.20239 |

图 4.1.19 滑动变阻器为 5% 时电路静态工作点

如果要消除饱和失真，则应该使 $Q$ 点从饱和区移到放大区，这需要减小 $I_B$，减小 $I_B$ 的方法就是增大滑动变阻器的阻值，即使变阻器的百分比增加。

调节变阻器的百分比为 100% 时，双击示波器图标打开示波器面板，单击仿真开关，可得此时输出电压波形如图 4.1.20 所示。观察该输出波形发现，输出信号幅值很小，正、负半周波形峰值不同，正半周峰值为 24.271 mV，负半周峰值为 28.887 mV，（28.887 − 24.271）×28.887×100% = 16%，工程上认为正、负半周的峰值之差超过峰值的 10% 时，可认为波形发生失真。

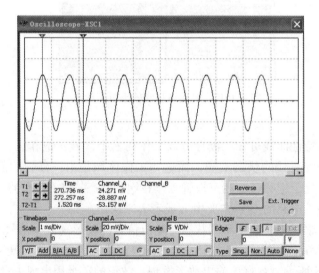

图 4.1.20 滑动变阻器的百分比为 100% 时示波器的波形

为了确定该电路发生哪种失真，需要测量电路的静态工作点，其结果如图 4.1.21 所示。$U_{CE}\approx 11\ V$，$I_B\approx 0$。结果表明 $U_{CE}$很大，基极电流很小，电路 $Q$ 点处于截止区，说明三极管处于截止状态，电路发生截止失真。

如果要消除截止失真则应该使 $Q$ 点从截止区移到放大区，这需要增大 $I_B$，而增大 $I_B$的方法就是减小滑动变阻器的阻值，即使变阻器的百分比减小。

当静态工作点处于放大区时，输出信号也可能会发生失真。

DC Operating Point

| | DC Operating Point | |
|---|---|---|
| 1 | V(3) | 30.54164 m |
| 2 | @qq1[ib] | 265.78719 n |
| 3 | @qq1[ic] | 30.27585 u |
| 4 | V(5) | 542.91747 m |
| 5 | V(1) | 11.84862 |

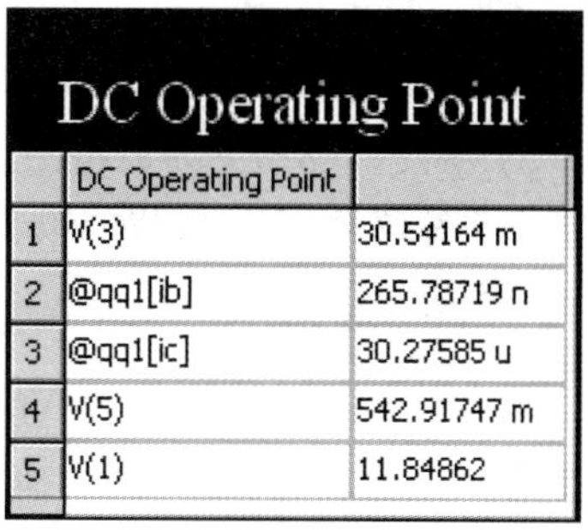

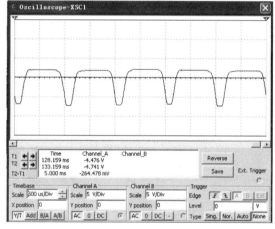

图 4.1.21　滑动变阻器的百分比为 100% 时电路 $Q$ 点

将变阻器调节到 26%，调节信号源峰值为 10 mV，此时输出波形没有失真；然后再将输入信号峰值调节为 200 mV，输出波形如图 4.1.22 所示，输出波形同时发生了截止、饱和失真。通过减小输入信号峰值可以消除输出信号失真。

图 4.1.22　示波器波形

**结论：**

（1）产生失真的原因有：静态工作点不合适，可能处于饱和区，或者可能处于截止区；静态工作点合适，但是输入信号过大。

（2）对于由 NPN 管组成的放大电路，当输出信号负半周发生变化时，电路发生饱和失真；当输出信号正半周发生变化时，电路发生截止失真。

（3）消除饱和失真的方法是使 $Q$ 点从饱和区移到放大区，可以通过减小 $I_B$的方法消除饱和失真。

（4）消除截止失真的方法是使 $Q$ 点从截止区移到放大区，可以通过增加 $I_B$的方法消除截止失真。

（5）工程中认为当输出信号正、负半周的幅值差超过幅值的 10% 时即可以认为电路发生失真，失真波形不一定是正、负半周被削平的曲线，而可能是正、负半周峰值不等的圆滑曲线。

## 四、交流分析

为了确定共射极放大电路的通频带,需要对电路进行频率特性研究,仿真电路如图 4.1.23 所示,XBP1 为波特图仪。调节滑动变阻器的百分比为 26%,双击波特图仪图标,打开波特图仪面板,按图 4.1.24 进行设置,单击"Simulate"按钮进行仿真,结果如图 4.1.25 所示。

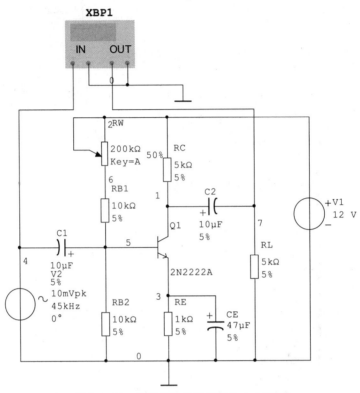

图 4.1.23 分压偏置共发射极放大电路图

移动幅频特性曲线的游标到中频区域,可测得中频区的电压增益为 37.3 dB。分别移动游标 1 和游标 2,使放大倍数减小 3 dB(游标读数如图 4.1.26 所示)可得电路上限截止频率和下限截止频率分别为 $f_L \approx 107.3$ Hz、$f_H \approx 20.3$ MHz,电路的通频带 $BW = f_H - f_L \approx 20.2$ MHz。

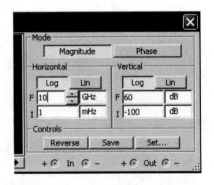

图 4.1.24 波特图仪面板

总结:

(1) 共射极放大电路既能放大电流也能放大电压。

(2) 共射极放大电路的电压放大倍数较大,输入信号与输出信号极性相反。

(3) 共射极放大电路的输入电阻较小,输出电阻较大。

(4) 共射极放大电路的通频带较窄。

(5) 共射极放大电路主要用于放大低频小信号,一般作为电路的中间级。

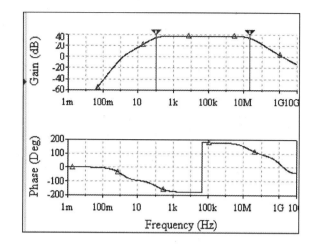

图 4.1.25 电路的幅频特性曲线
和相频特性曲线

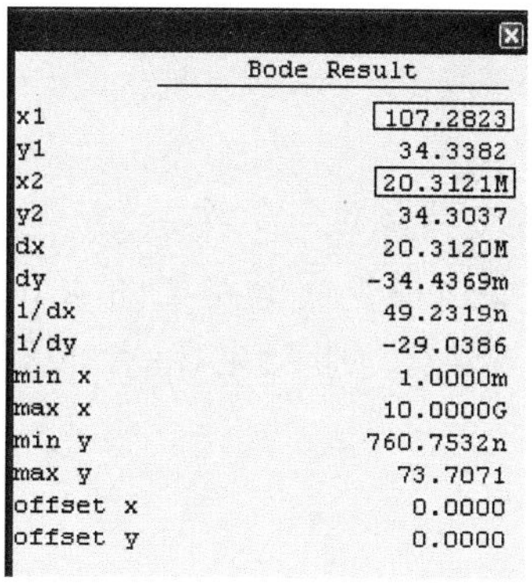

图 4.1.26 电路的
截止频率

## 4.1.2 共集电极放大电路

共集电极电路原理图如图 4.1.27 所示,其中,$C_1$、$C_2$ 为耦合电容,$R_{B1}$、$R_{B2}$ 为基极分压电阻,$R_S$ 为信号源内阻,$R_E$ 为发射极电阻,$R_L$ 为负载电阻。电路中小信号由基极输入,信号由发射极输出,集电极作为电路的公共端,故电路构成为共集电极放大电路。

**一、静态工作点分析**

1. 理论分析

该电路静态工作点的算法和 4.1.1 节中分压偏置共射极电路算法类似,先画出直流通路,然后选择回路计算基极电位 $V_{BQ}$,选择合适的回路计算 $I_{EQ}$、$I_{BQ}$、$U_{CEQ}$。

电路的直流通路如图 4.1.28 所示,各项值如下:

$$V_{BQ} = \frac{R_{B2}}{R_{B1}+R_{B2}} V_{CC} \tag{4.1.10}$$

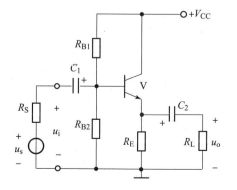

图 4.1.27 共集电极电路

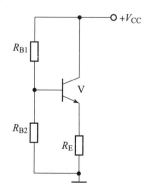

图 4.1.28 共集电极电路的直流通路

$$I_{EQ} = \frac{V_{BQ} - U_{BE}}{R_E} \approx I_{CQ} \qquad (4.1.11)$$

$$I_{BQ} = \frac{I_{CQ}}{\beta} \qquad (4.1.12)$$

$$U_{CEQ} = V_{CC} - I_{CQ} R_E \qquad (4.1.13)$$

**2. 电路仿真与分析**

共集电极仿真电路如图4.1.29所示，输入信号为正弦波，峰值为10 mV，频率为1 kHz，$C_1$、$C_2$为耦合电容，三极管型号为2N2222A。

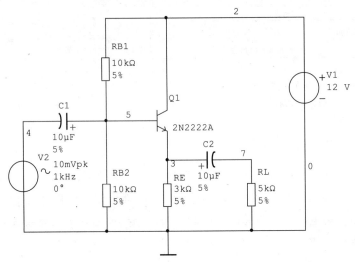

图4.1.29 共集电极仿真电路

设三极管的$U_{BE} \approx 0.7$ V，$\beta \approx 200$，利用前面的公式可以估算出当前电路的静态工作点，数值如表4.1.4所示。

表4.1.4 电路静态工作点的估算值

| $V_{BQ}/V$ | $I_{CQ}/mA$ | $I_{BQ}/\mu A$ | $U_{CEQ}/V$ |
| --- | --- | --- | --- |
| 6 | 1.77 | 8.9 | 6.7 |

通过直流静态工作点分析（DC Operating Point）可以仿真得到电路的静态工作点。仿真结果如图4.1.30所示，$U_{CEQ} \approx 12.00000 - 5.31109 = 6.68891$ V，$I_{CQ} = 1.75991$ mA，$I_{BQ} \approx 10$ μA，$V_{BQ} = 5.31109$ V，$\beta = I_C/I_B \approx 176$，该仿真结果与估算结果相吻合。

**二、动态分析**

共集电极电路的小信号等效电路如图4.1.31所示，则：

$$r_{be} = r_{bb'} + (1+\beta)\frac{U_T}{I_{EQ}} \approx 40\ \Omega + (1+176)\frac{26\ mV}{1.77\ mA} \approx 2.6\ k\Omega \qquad (4.1.14)$$

电压放大倍数为：

$$A_u = \frac{u_o}{u_i} = \frac{(1+\beta)R_E // R_L}{r_{be} + (1+\beta)R_E // R_L} \approx 1 \qquad (4.1.15)$$

图 4.1.30 静态工作点分析结果

输入电阻为：
$$R_i = R_{B1} /\!/ R_{B2} /\!/ [r_{be} + (1+\beta) R_E /\!/ R_L]$$
$$= 10 /\!/ 10 /\!/ (2.6 + 177 \times 5 /\!/ 3) \approx 5 \text{ (k}\Omega\text{)} \tag{4.1.16}$$

一般 $r_{be} + (1+\beta) R_E /\!/ R_L \gg R_{B1} /\!/ R_{B2}$，因此输入电阻 $R_i \approx R_{B1} /\!/ R_{B2}$。

输出电阻的计算要采用定义法：使输入电源短路，负载断开，在负载的位置加入理想电压源，利用电压和电流的关系计算出输出电阻，相应小信号等效电路如图 4.1.32 所示。

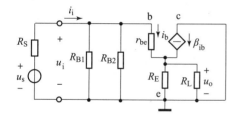 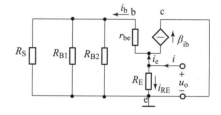

图 4.1.31 小信号等效电路　　　　图 4.1.32 计算输出电阻的小信号等效电路

总电流：
$$i = i_{RE} + i_e \tag{4.1.17}$$

其中：
$$i_{RE} = u_o / R_E \quad i_e = \beta i_b + i_b \tag{4.1.18}$$

又因为：
$$i_b = \frac{u_o}{r_{be} + R_{B1} /\!/ R_{B2} /\!/ R_S} \tag{4.1.19}$$

故：
$$R_o = \frac{u_o}{i} = \frac{1}{\dfrac{1}{R_E} + \dfrac{(1+\beta)}{r_{be} + R_{B1} /\!/ R_{B2} /\!/ R_S}}$$
$$= R_E /\!/ \left[\frac{r_{be} + R_{B1} /\!/ R_{B2} /\!/ R_S}{(1+\beta)}\right] \approx 0.04 \text{ (k}\Omega\text{)} \tag{4.1.20}$$

### 三、仿真与分析

**1. 电压放大倍数的测量**

输入信号峰值为 10 mV，利用示波器观察输出信号波形，波形如图 4.1.33 所示，可知输出信号没有发生失真。利用交流万用表测量输入电压、输出电压，其值分别为 7.071 mV，6.997 mV。可见输出电压略小于输入电压，且输入信号与输出信号极性相同，电压放大倍数 $A_u = 6.997/7.071 \approx 0.99$，接近于 1，说明共集电极电路不能放大电压信号。

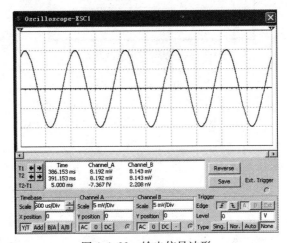

图 4.1.33 输出信号波形

**2. 输入电阻的测量**

输入电阻测量电路如图 4.1.34 所示，将万用表 XMM1 设置为交流电压表，测量电压 $u_R$，万用表 XMM2 设置为交流电压表，测量输入电压 $u_i$。打开万用表面板，单击仿真开关，万用表读数如图 4.1.35 所示，则输入电阻 $R_i = 5 \times 3.506 / (7.071 - 3.506)$ kΩ $\approx 5$ kΩ。

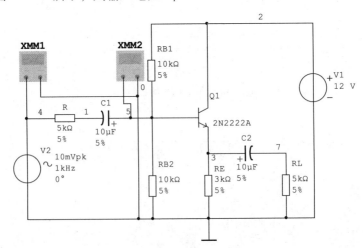

图 4.1.34 输入电阻测量电路

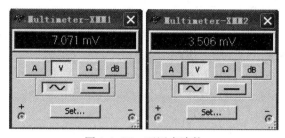

图 4.1.35 万用表读数

### 3. 输出电阻的测量

输出电阻的测量电路如图 4.1.36 所示。将万用表 XMM1 设置为交流电压表测量电压。打开万用表面板，单击仿真开关后测量开路电压和输出电压，测量结果如图 4.1.37 所示。由公式可求得输出电阻为：

$$R_o = (7.02/6.997 - 1) \times 5 \approx 0.016 \text{ (k}\Omega\text{)}$$

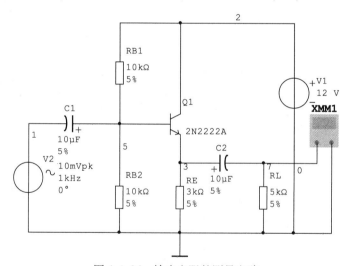

图 4.1.36 输出电阻的测量电路

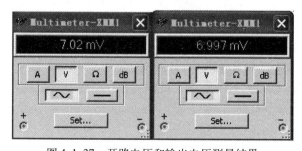

图 4.1.37 开路电压和输出电压测量结果

**结论：**

（1）共集电极电路只能放大电流信号不能放大电压信号，其电压放大倍数近似为 1，故称共集电极电路为射极输出器。

（2）共集电极电路的输入电阻较大，输出电阻很小。

（3）共集电极电路的通频带较宽。

（4）共集电极电路由于其输入电阻较大，故常可用于电路的输入级，可以从信号源获取更多的信号；由输入电阻的表达式可知输入电阻大小主要取决于基极分压电阻，为了获得较高的输入电阻同时又不影响电路的 $Q$ 点，可以采用同倍增大基极分压电阻的方法增大输入电阻。共集电极电路的输出电阻很小，因此共集电极电路带负载能力很强，常常作为输出级。由上分析可知，共集电极电路可以作为输入级、输出级、缓冲级。

## 4.1.3 共基极放大电路

共基极放大电路不能放大电流信号，只能放大电压信号，输入电阻很小，电压放大倍数和输出电阻与共射极放大电路相当，电路输入信号与输出信号相位相同，频率特性很好。本小节对共基极电路做简单分析。

### 一、电路结构

共基极电路如图 4.1.38 所示，电路中小信号由发射极输入，信号由集电极输出，基极作为电路的公共端，故电路构成共基极电路。

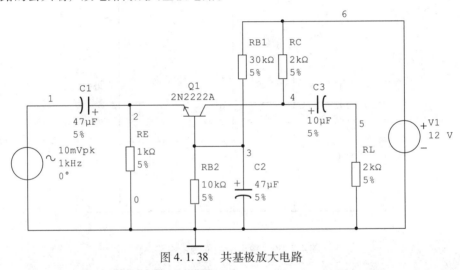

图 4.1.38 共基极放大电路

### 二、电压放大倍数

利用示波器 A 通道观察输入信号波形，B 通道观察输出信号波形，仿真波形如图 4.1.39 所示，由图可知输入信号与输出信号极性相同，共基极电路属于同相放大电路。游标 1 分别标出输入信号与输出信号的峰值，可得 $A_u \approx 603/9.7 \approx 62$，说明共基极放大电路的电压放大倍数较大。

### 三、输入电阻

输入电阻测量电路如图 4.1.40 所示，万用表 XMM1 设置为交流电压表，测量电压 $u_R$，万用表 XMM2 设置为交流电压表，测量输入电压 $u_i$。打开万用表面板，单击仿真开关，读数如图 4.1.41 所示，则输入电阻 $R_i = 20 \times 3.068/(7.071 - 3.068)$ kΩ ≈ 15 Ω，可见共基极放大电路输入电阻很小。

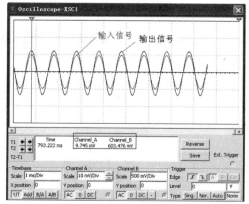

图 4.1.39 共基极放大电路的输入与输出信号波形

### 四、交流分析

为了确定共基极电路的通频带，需要对电路进行频率特性研究，对电路进行"AC Analysis"分析，结果如图 4.1.42 所示。

移动幅频特性曲线的游标到中频区域，可以得到中频区的电压增益为 29 dB。分别移动游标 1 和游标 2，使放大倍数减小 3 dB，可得到上限截止频率和下限截止频率，分别为 $f_L \approx$ 99 Hz、$f_H \approx$ 39 MHz。由此可得到电路的通频带 $BW = f_H - f_L \approx$ 39 MHz。

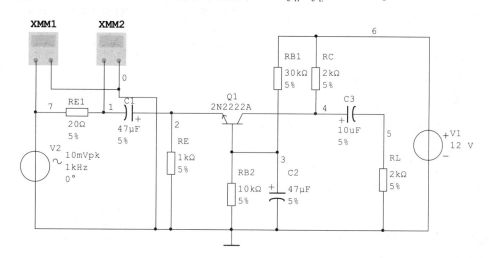

图 4.1.40 输入电阻测量电路

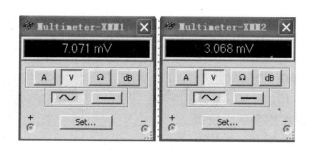

图 4.1.41 万用表读数

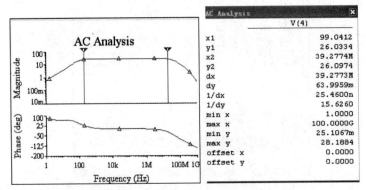

图 4.1.42　电路的幅频特性曲线和相频特性曲线

### 4.1.4　场效应管放大电路

场效应管具有输入电阻高、噪声小、稳定性好等特点，故工程中常用场效应管组成放大电路。如果不考虑元件工作原理，仅考虑元件端口，可以将场效应管的栅极、源极、漏极与双极型三极管的基极、发射极、集电极相对应，场效应管也可以构成三种组态的放大电路，分别为共源极、共漏极、共栅极放大电路，而且在电路结构形态、电路特点上，场效应管放大电路与双极型三极管放大电路十分类似。

本节以共源放大电路为例介绍场效应管放大电路的仿真分析方法。

**一、电阻负载共源放大电路**

1. 电路结构

共源放大电路如图 4.1.43 所示，2N6660 为 N 沟道增强型场效应管，通过查询 2N6660 的参数可知该管的开启电压为 1.72 V，$C_1$、$C_2$ 为耦合电容，$C_S$ 为旁路电容，$R_{G1}$、$R_{G2}$ 为分压电阻，$R_{G2}$ 上的压降为场效应管栅极提供偏置电压，$R_{G3}$ 上没有电流，对电路的静态工作点没有影响，$R_D$ 为漏极负载电阻，$R_S$ 为源极电阻。

2. 静态工作点分析

按图 4.1.43 连接电路，利用 DC Operating Point 仿真方法测量漏极、源极、栅极电位及漏极电流，结果如图 4.1.44 所示。

由图可知：$U_{GS} = V_G - V_S \approx 2.59 - 0.785 \approx 1.8$（V），$U_{DS} = V_D - V_S \approx 6.07 - 0.785 \approx 5.29$（V），$I_{DS} \approx 0.785$ mA。

由于 $U_{DS} > U_{GS} - U_{GS(th)}$ 且 $U_{GS} > U_{GS(th)}$，故 MOS 管工作在饱和区，模拟电路中 MOS 管只有工作在饱和区才能有效地放大小信号。

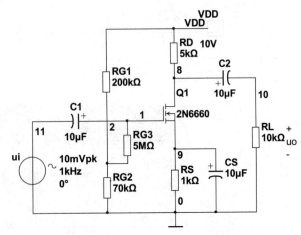

图 4.1.43　电阻负载共源放大电路

| | DC Operating Point | |
|---|---|---|
| 1 | V(9) | 785.66632 m |
| 2 | V(8) | 6.07167 |
| 3 | V(2) | 2.59259 |
| 4 | I(m1:q1[id]) | 785.00056 u |

图 4.1.44　电阻负载共源放大电路静态分析

3. 动态分析

为了估算 MOS 管 2N6660 的低频跨导、电阻负载共源放大电路的电压放大倍数，需要确定 2N6660 的 $I_{DO}$，通过 DC Sweep 分析 2N6660 的转移特性曲线可求得 $I_{DO}$，仿真方法与 3.3.1 节相同。仿真电路如图 4.1.45 所示，由于在静态分析中 $U_{DS}=5.3$ V，故设置电源电压值为 5.3 V。

选择"Simulate"→"Analyses"→"DC Sweep"命令，打开"DC Sweep Analysis"设置对话框。

选择"Analysis Parameters"选项卡，对"Source 1"区进行设置，选择扫描的直流电源为 $U_{GS}$，起始值为 0 V，结束值为 4 V，扫描间隔（Increment）为 0.01 V。

选择"Output"选项卡，选择 MOS 管的 $i_D$ 为待分析的输出量。设置完成后单击"Simulate"按钮，得出 2N6660 的转移特性曲线如图 4.1.45 所示，由图可知 2N6660 的开启电压 $U_{GS(th)}\approx 1.72$ V，$I_{DO}\approx 288$ mA（$U_{GS}=2U_{GS(th)}$ 时的 $i_D$）。

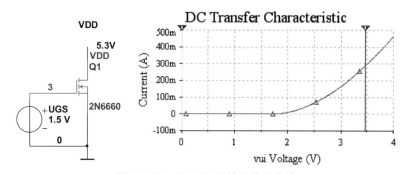

图 4.1.45　2N6660 的转移特性曲线

对于增强型 MOS 管处于饱和区时跨导表达式为：

$$g_m=\frac{2}{U_{GS(th)}}\sqrt{I_{DO}I_{DQ}} \qquad (4.1.21)$$

带入相关数据可得：

$$g_m\approx 17.5\ \text{ms} \qquad (4.1.22)$$

电阻负载共源放大电路的小信号等效电路如图 4.1.46 所示。

电压放大倍数为：

$$A_u=-g_m\cdot(R_D/\!/R_L)=-43.75 \qquad (4.1.23)$$

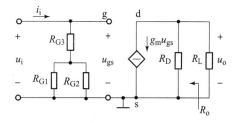

图 4.1.46　小信号等效电路

式中,负号表示输出信号与输入信号极性相反。

电路的输入电阻为 $R_i = R_{G3} + R_{G1} \text{\textbardbl} R_{G2} \approx 5 \text{ M}\Omega$,电路的输出电阻 $R_o = R_D = 5 \text{ k}\Omega$。

利用示波器 A 通道观察输入信号波形,B 通道观察输出信号波形,仿真结果如图 4.1.47 所示,由图可知输入信号与输出信号极性相反,利用示波器游标测量输出信号峰值 $U_{om} \approx 442$ mV,则:

$$A_u = \frac{u_o}{u_i} \approx -\frac{442 \text{ mV}}{10 \text{ mV}} = -44.2 \quad (4.1.24)$$

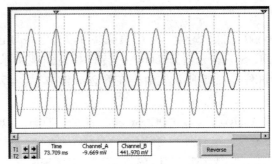

图 4.1.47 共源放大电路输入输出信号波形

估算结果与仿真结果基本吻合。

若将电路中 $R_{G2}$ 电阻值改为 60 kΩ,对电路进行静态分析和动态分析,结果如图 4.1.48 所示。

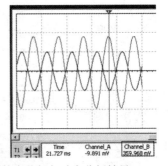

图 4.1.48 $R_{G2} = 60$ kΩ 时电路的静态分析与动态分析结果

由静态分析结果可知:$U_{GS} = V_G - V_S \approx 2.31 - 0.516 \approx 1.79$ (V),$U_{DS} = V_D - V_S \approx 7.42 - 0.516 \approx 6.9$ (V),$I_{DS} = 0.785$ mA。

由于 $U_{DS} > U_{GS} - U_{GS(th)}$ 且 $U_{GS} > U_{GS(th)}$,故 MOS 管工作在饱和区。

示波器显示输入信号与输出信号极性相反,输出信号峰值 $U_{om} \approx 360$ mV,则电路电压放大倍数为:

$$A_u = \frac{u_o}{u_i} = -\frac{360 \text{ mV}}{10 \text{ mV}} = -36 \quad (4.1.25)$$

将电路中 $R_{G2}$ 阻值改为 40 kΩ,对电路进行静态分析和动态分析,仿真结果如图 4.1.49 所示。

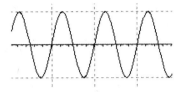

图 4.1.49　$R_{G2}=40\ \text{k}\Omega$ 时电路的静态分析与动态分析结果

由静态分析结果可知：$U_{GS}=V_G-V_S\approx 1.67-0=1.67$（V），由于 $U_{GS}<U_{GS(th)}$，2N6660 MOS 管中导电沟道没有形成，2N6660 MOS 管工作在截止区，漏极电流 $i_D=0$。

示波器显示 B 通道信号与横轴重合，即 $u_o=0$。

4. 结论

（1）只有为 MOS 管提供合适的偏置，MOS 管才能工作在饱和状态，电路才能有效放大信号。

（2）调整电阻 $R_{G2}$ 的阻值可以改变电路的静态工作点（$U_{GS}$、$U_{DS}$、$I_D$）及动态参数，$U_{GS}$ 的变化引起漏极电流的变化，说明场效应管为电压控制电流型器件。

（3）共源放大电路可以放大电压信号，且输出信号与输入信号极性相反。

（4）若要增大共源放大电路的放大倍数，就要增大负载电阻 $R_D$ 的阻值，但是增大 $R_D$ 的阻值将使输出信号的摆幅减小。

### 二、有源负载共源放大电路

使用无源电阻作为放大器的负载会使电压放大倍数低、输出摆幅小，在 CMOS 模拟电路中常使用二极管和电流镜等有源器件作为放大电路的负载。

二极管负载电路如图 4.1.50 所示，$Q_1$、$Q_2$ 都属于 N 沟道增强型 MOS 管，$Q_1$ 管是放大管，$Q_2$ 管是有源负载，由于 $Q_2$ 管栅极与漏极连接在一起，故 $U_{GS2}=U_{DS2}$，只要 $Q_2$ 管的 $I_D\neq 0$，$Q_2$ 管就工作于饱和状态。电路中信号源将产生频率为 1 kHz、幅值为 10 mV、偏置电压为 3.7 V 的正弦波。

1. 静态分析

通过查询参数表可知 2N6755 的开启电压为 3.67 V，2N6660 的开启电压为 1.72 V，为了能使 2N6755 工作在饱和区，这里设置信号源偏置电压为 3.7 V。

对电路进行直流工作点分析，选择"Simulate"→"Analyses"→"DC Operating Point"命令，打开静态工作点设置对话框，在"Output"选项卡中选择节点 1、漏极电流 $i_D$ 为输出量，仿真结果如图 4.1.51 所示。

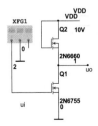

图 4.1.50　二极管负载共源放大电路　　　　图 4.1.51　静态分析结果

由静态分析结果可知：$U_{GS1} = V_{G1} - V_{S1} \approx 3.7 - 0 = 3.7$（V），$U_{DS1} \approx V_{D1} - V_{S1} = 8 - 0 = 8$(V)，$I_{DS1} = 6$ mA。

由于 $U_{DS1} > U_{GS1} - U_{GS(th)1}$ 且 $U_{GS1} > U_{GS(th)1}$，故 $Q_1$ 管工作在饱和区，电路可以有效放大小信号。

由静态分析结果可知：$U_{GS2} = U_{DS2} = 2$ V，$U_{DS2} = V_{D2} - V_{S2} \approx 10 - 8 = 2$（V），$I_{DS1} = 6$ mA。由于 $U_{DS2} > U_{GS2} - U_{GS(th)2}$ 且 $U_{GS2} > U_{GS(th)2}$，故 $Q_2$ 管工作在饱和区。

通过仿真分析增强型 MOS 管的转移特性曲线可求得增强型 MOS 管的 $I_{D0}$，图 4.1.52 为 2N6755、2N6660 的转移特性曲线，由图知 2N6755 的 $I_{D01} \approx 16$ A，2N6660 的 $I_{D02} \approx 280$ mA。

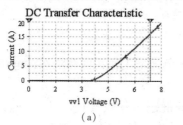 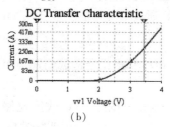

(a)　　　　　　　　　　　　(b)

图 4.1.52　2N6755、2N6660 的转移特性曲线

(a) 2N6755；(b) 2N6660

2. 电路的输入输出特性

通过分析电路的输入输出特性，可以确定电路输入信号的动态范围，可以确定输出信号的摆幅。为了保证 $Q_1$ 管工作在饱和区，$Q_1$ 管的 $U_{DS1} > U_{GS1} - U_{GS(th)1}$ 且 $U_{GS1} > U_{GS(th)1}$，则：

$$U_{GS(th)1} < u_i < u_o + U_{GS(th)1} \tag{4.1.26}$$

输出电压的摆幅为：

$$u_i - U_{GS(th)1} < u_o < V_{DD} - U_{GS(th)2} \tag{4.1.27}$$

利用 DC Sweep 分析可以得到电路的输入输出特性曲线，测试电路如图 4.1.53 所示。选择"Simulate"→"Analyses"→"DC Sweep"命令，打开"DC Sweep Analysis"设置对话框。选择"Analysis Parameters"选项卡，对"Source 1"区进行设置，选择扫描的直流电源为 $u_1$，起始值为 0 V，结束值为 8 V，扫描间隔（Increment）为 0.01 V。选择"Output"选项卡，选择输出节点 1 为待分析的输出量。设置完成后单击"Simulate"按钮，电路的输入输出特性曲线如图 4.1.54 所示。

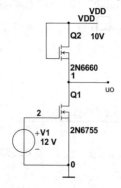 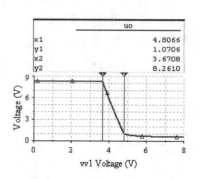

图 4.1.53　输入输出特性测试电路　　　　图 4.1.54　电路的输入输出特性曲线

**分析：**

(1) 输入输出特性反映了放大管的工作状态分成截止、饱和、线性 3 种，游标 2 左侧曲线表示管子工作于截止区，游标 2 和游标 1 之间的曲线表示管子工作于饱和区，游标 1 右侧曲线表示管子工作于线性区；

(2) 当 $u_i < U_{GS(th)1} = 3.67$ V 时，放大管工作在截止状态，曲线为平行于横轴的线段，输出电压 $u_o = 8.26$ V $\approx V_{DD} - U_{GS(th)2} = (10 - 1.72)$ V $= 8.28$ V；

(3) 当 $U_{GS(th)1} < u_i < u_o + U_{GS(th)1}$，即 3.67 V $< u_i <$ 4.8 V 时，放大管工作于饱和状态，曲线近似为一条倾斜的直线，输出电压 1.07 V $< u_o <$ 8.26 V；

(4) 当 $u_i > u_o + U_{GS(th)1}$，即 $u_i >$ 4.8 V 时，放大管工作于线性状态。

### 3. 动态分析

首先求解二极管连接的 $Q_2$ 管的小信号等效电阻，小信号等效电路如图 4.1.55 所示：

$$r_d = \frac{u}{i} = \frac{u}{g_{m2} \cdot u + \dfrac{u}{r_{ds2}}} = \frac{1}{g_{m2} + \dfrac{1}{r_{ds2}}} \approx \frac{1}{g_{m2}} \tag{4.1.28}$$

式中，由于 $r_{ds2} \gg 1/g_{m2}$，故 $r_d \approx 1/g_{m2}$。

对于增强型 MOS 管处于饱和区时跨导表达式为：

$$g_m = \frac{2}{U_{GS(th)}} \sqrt{I_{DO} I_{DQ}} \tag{4.1.29}$$

带入相关数据可得 $g_{m1} \approx 312.4$ ms，$g_{m2} \approx 47.7$ ms。

有源负载共源放大电路的小信号等效电路如图 4.1.56 所示（忽略 $r_{ds1}$、$r_{ds2}$），电路的电压放大倍数为

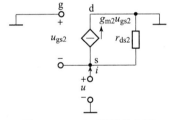

图 4.1.55 $Q_2$ 管等效电阻

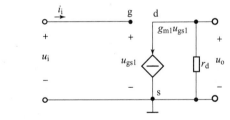

图 4.1.56 有源负载共源放大电路的小信号等效电路

$$A_u = -\frac{g_{m1}}{g_{m2}} = -\frac{312.4}{47.7} \approx -6.5 \tag{4.1.30}$$

式中，负号表示输出信号与输入信号极性相反。

电路的输入电阻为 $R_i \approx \infty$，电路的输出电阻 $R_o = r_d \approx \dfrac{1}{g_{m2}} \approx 21$ Ω。

利用示波器 A 通道观察输入信号波形，B 通道观察输出信号波形，仿真结果如图 4.1.57 所示，由图可知输入信号与输出信号极性相反，利用示波器游标测量输出信号峰值 $U_{om} \approx 76$ mV，则：

$$A_u = \frac{u_o}{u_i} = -\frac{76 \text{ mV}}{10 \text{ mV}} = -7.6 \tag{4.1.31}$$

估算结果与仿真结果基本吻合。

实际上有源负载共源放大电路的放大倍数与放大管及负载管的尺寸有密切关系，如果用管子尺寸表示该电路的电压放大倍数，则：

$$A_u \approx -\frac{\sqrt{W_1/L_1}}{\sqrt{W_2/L_2}} \tag{4.1.32}$$

式中，$W$ 为 MOS 管的沟道宽度；$L$ 为 MOS 管的沟道长度，如果知道元件的尺寸则计算放大倍数就很简单（该式只适用于该电路）。利用虚拟增强型 NMOS 管搭建有源负载共源放大电路，电路如图 4.1.58 所示。

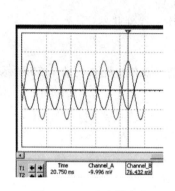
图 4.1.57　示波器波形

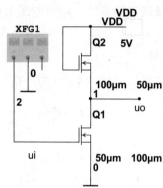
图 4.1.58　有源负载共源放大电路

设置信号源频率为 1 kHz，峰值为 10 mV，偏置电压为 2.2 V，设置 $Q_1$ 管的 $W = 100$ μm、$L = 50$ μm，$Q_2$ 管的 $W = 50$ μm、$L = 100$ μm，两管的开启电压设置为 2 V，则可估算出电路的电压放大倍数为：

$$A_u \approx -\frac{\sqrt{W_1/L_1}}{\sqrt{W_2/L_2}} = -2 \tag{4.1.33}$$

利用示波器 A 通道观察输入信号波形，B 通道观察输出信号波形，仿真结果如图 4.1.59 所示，由图可知输入信号与输出信号极性相反，利用示波器游标测量输出信号峰值 $U_{om} \approx 20$ mV，可知：

$$A_u = \frac{u_o}{u_i} = -\frac{20 \text{ mV}}{10 \text{ mV}} = -2 \tag{4.1.34}$$

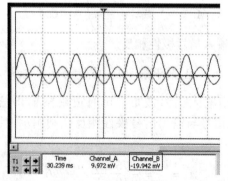
图 4.1.59　示波器波形

上述分析表明估算结果与仿真结果基本吻合。

如果要增大有源负载共源放大电路的电压放大倍数则应增大放大管的宽长比、减小负载管的宽长比，如要求 $A_u = -10$，则 $W_1/L_1 = 100W_2/L_2$，这样一方面会增大管子尺寸，另一方面会减小输出电压摆幅。

4. 分析与结论

（1）有源负载共源放大电路可以放大电压信号。

（2）有源负载共源放大电路输出信号与输入信号极性相反。

（3）有源负载共源放大电路电压放大倍数较小，但是电压增益线性度较好，并且输出电阻较小。

（4）如果要增大有源负载共源放大电路的放大倍数则应增大放大管的宽长比、减小负载管的宽长比，而这样会导致输出电压摆幅减小，因此，有源负载共源放大电路的电压增益与电压摆幅互相制约。

## 4.2 差分放大电路

差分放大电路对温度漂移具有很强的抑制能力，因此在模拟集成电路中具有重要的作用，它作为直接耦合多级放大电路中的第一级，具有放大差模信号、抑制共模信号的特性。差分放大电路分为两种：长尾差分放大电路和带恒流源的差分放大电路。长尾差分放大电路结构比较简单，但是单端输出时对共模信号的抑制能力较弱，共模抑制比较低；恒流源差分放大电路结构较为复杂，但具有较高的共模抑制比，单端输出时应该采用恒流源差分放大电路。

差分放大电路应用十分广泛，主要应用如下：

（1）作为多级放大电路的输入级，尤其是集成运算放大器的输入级均采用差分放大电路，可用于减小温度漂移，提高电路共模抑制比。

（2）用以构成大信号限幅电路和电流开关电路。大信号差模信号输入时，差分放大电路的对管交替工作在放大、截止状态，不会进入饱和区，从而避免由于饱和而带来的存储时间，提高了开关速度。

（3）用于波形变换电路。利用差分放大电路的非线性传输特性，可以将三角波变换为正弦波。

在本节中主要介绍差模信号和共模信号输入时两种差分放大电路的静态和动态分析方法。

### 4.2.1 电路结构

差分放大电路如图 4.2.1 所示，开关打到左边则构成长尾差分放大电路，开关打到右边构成恒流源差分放大电路。

电路结构左右对称，$R_{C1}$ 和 $R_{C2}$ 阻值相等，三极管 $Q_1$、$Q_2$ 是两个对管，滑动变阻器用于调零。电路共有两个输入端口，输入信号分别加在 $Q_1$、$Q_2$ 的基极，称为 1 端口和 2 端口；电路有两个输出端口，信号分别由 $Q_1$、$Q_2$ 的集电极输出，称为 3 端口和 4 端口。差分放大电路共有 4 种输入输出方式，即：双端输入双端输出、双端输入单端输出、单端输入双端输出、单端输入单端输出。

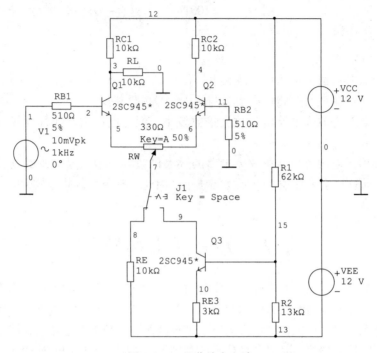

图 4.2.1　差分放大电路

对称电路的元件参数完全相同，管子特性也相同，则三极管集电极静态电位随温度的变化情况也相同，电路以两个三极管集电极电位差作为输出，那么由温度漂移引起的电压变化量就相互抵消，从而有效地克服了温度漂移。通过对单级放大电路和差分放大电路进行温度扫描分析可以很明显地看出差分放大电路对温漂的抑制能力很强。

共射极放大电路如图 4.2.2 所示，为了使电路具有可比性，电路采用相同的三极管 2SC945，电路的静态工作点合适。单击"Simulate"→"Analyses"→"Temperature Sweep"（温度扫描分析）按钮，弹出设置对话框，如图 4.2.3 所示。选择"Analysis Parameters"选项卡，在"Sweep Variation Type"（扫描方式）中选择"Linear"，温度扫描的起始温度为室温 25 ℃，最高温度为 100 ℃，"# of points"（扫描点数）为 2 点，在"Analysis to sweep"（分析类型）中选择"Transient Analysis"；单击"Edit Analysis"按钮设置扫描起始时间为 0 s，终止时间为 0.001 s；在"Output"选项卡中选择"V(7)"作为温度扫描分析的输出节点。

设置完成后单击"Simulate"按钮，结果如图 4.2.4 所示。图中横轴表示时间，纵轴表示输出电压值，可见该放大电路的输出电压呈负温度系数变化，即温度升高输出电压减小。利用游标 1 可以测量不同温度下输出电压的峰值，将游标 1 拖至输出信号峰值处，游标 1 对应的峰值读数如图 4.2.5 所示，当温度由 25 ℃ 上升到 100 ℃ 时共射极放大电路的最大输出电压偏差为：

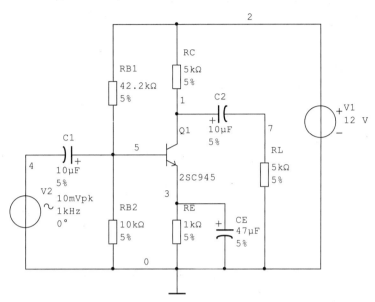

图 4.2.2　共射极放大电路

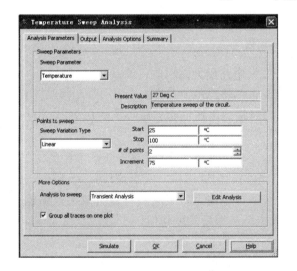

图 4.2.3　温度扫描参数设置

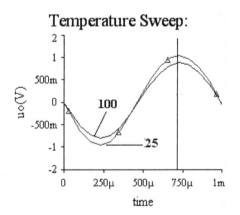

图 4.2.4　共射极放大电路温度扫描特性曲线

$$\Delta U_o \approx (1\ 039-879)\ \text{mV} = 160\ \text{mV} \tag{4.2.1}$$

即 100 ℃时共射极放大电路输出电压的幅值比 25 ℃时输出电压的幅值减小了约 15%。

**Temperature Sweep:**

| | V(7), Temperature=25 | V(7), Temperature=100 |
|---|---|---|
| x1 | 729.4118μ | 729.4118μ |
| y1 | 1.0387 | 878.7105m |
| x2 | 0.0000 | 0.0000 |
| y2 | 0.0000 | 0.0000 |

图 4.2.5　游标读数

对图 4.2.1 的差分放大电路进行温度扫描分析，参数设置和上述相同，在"Output"选项卡中选择 $Q_1$ 管的集电极，即"V(3)"节点作为温度扫描分析的输出节点，温度扫描分析结果如图 4.2.6 所示，游标读数如图 4.2.7 所示。

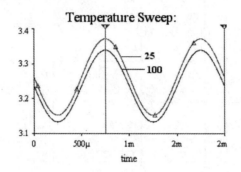

图 4.2.6　差分放大电路温度扫描特性曲线

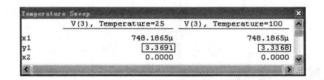

图 4.2.7　游标读数

由图可知当温度由 25 ℃ 上升到 100 ℃ 时差分放大电路最大输出电压偏差：

$$\Delta U_o \approx (3\,369 - 3\,337)\ \text{mV} = 32\ \text{mV} \tag{4.2.2}$$

100 ℃ 时差分放大电路输出电压的幅值比 25 ℃ 时输出电压的幅值减小了约 0.9%。（注意：此处的输出电压为交直流混合）

总结：

(1) 差分放大电路结构对称，可以很好地抑制电路的温度漂移（零点漂移）。

(2) 单级放大电路与差分放大电路的输出电压呈负温度系数变化，且差分放大电路输出电压随温度变化很小，远小于单级放大电路输出电压随温度的变化值。

## 4.2.2　静态工作点分析

差分放大电路静态工作点中的知识点结构如下所示：

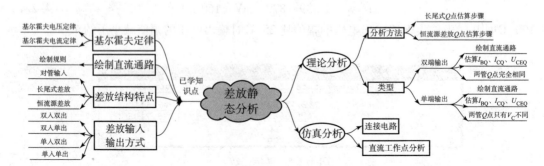

## 一、理论分析

差分放大电路静态工作点的求解过程和单级、多级放大电路静态工作点的求解过程不同,且不同形式电路的静态工作点的求解过程也不同,要分别讨论。

对于长尾式差分放大电路,估算 $Q$ 点要从基极回路出发,估算的步骤为 $I_{BQ} \rightarrow I_{CQ} \rightarrow U_{CEQ}$。

对于恒流源差分放大电路,无论任何形式的恒流源式差分放大电路,估算 $Q$ 点的过程通常从恒流源开始,步骤为 $V_{B恒流源} \rightarrow I_{EQ恒流源} \rightarrow \begin{cases} I_{CQ1} \rightarrow I_{BQ1} \\ I_{CQ2} \rightarrow I_{BQ2} \end{cases} \rightarrow U_{CEQ}$。

### 1. 长尾差放静态工作点

1) 双端输出

双端输出时,由于电路左右完全对称,两管的静态工作点完全相同,因此只要求出某一管的静态工作点即可。双端输出时,由于 $V_{C1} = V_{C2}$,故负载上的电流为 0,可以认为负载断开。

由于 $Q_1$、$Q_2$ 两管参数一样,故 $I_{CQ1} = I_{CQ2}$,则 $I_{RE} = 2I_{CQ1}$。

首先估算 $I_{BQ1}$,选择回路得:

$$I_{BQ1}R_{B1} + U_{BE1} + (1+\beta)I_{BQ1}R_W/2 + 2(1+\beta)I_{BQ1}R_E - V_{EE} = 0 \quad (4.2.3)$$

$$I_{BQ1} = \frac{V_{EE} - U_{BE1}}{R_{B1} + (1+\beta)(2R_E + R_W/2)} \quad (4.2.4)$$

一般 $R_E \gg R_W$,$2(1+\beta)R_E \gg R_{B1}$,故在估算时上式可近似为:

$$I_{BQ1} \approx \frac{V_{EE} - U_{BE1}}{2(1+\beta)R_E} \quad (4.2.5)$$

由放大特征方程得:

$$I_{CQ1} = \beta I_{BQ1} \quad (4.2.6)$$

$$U_{CEQ1} = V_{C1} - V_{E1} \quad (4.2.7)$$

其中,$V_{C1} = V_{CC} - I_{CQ1}R_{C1}$,$V_{E1} = -I_{BQ1}R_{B1} - U_{BE1}$

2) 单端输出

假设信号由 $Q_1$ 的集电极输出,单端输出时由于电路不再对称,两个对管 $Q_1$、$Q_2$ 的静态工作点是不同的。其中计算 $I_{BQ1}$ 和 $I_{BQ1}$ 的回路相同,回路中包含的电量也近似相同,因此 $I_{BQ1} = I_{BQ2}$,$I_{CQ1} = I_{CQ2}$,但由于 $V_{C1}$ 和 $V_{C2}$ 不等,因此 $U_{CEQ1} \neq U_{CEQ2}$,因此两管的 $U_{CEQ}$ 要分别去求。

$I_{BQ1}$ 的算法和双端输出一样,即:

$$I_{BQ1} \approx \frac{V_{EE} - U_{BE1}}{2(1+\beta)R_E} \quad (4.2.8)$$

$$I_{CQ1} = I_{CQ2} = \beta I_{BQ1} \quad (4.2.9)$$

$$V_{E1} = V_{E2} = -I_{BQ1}R_{B1} - U_{BE1} \quad (4.2.10)$$

$$I_{RC1} = I_{CQ1} + I_{RL} \quad (4.2.11)$$

$$\frac{V_{CC} - V_{C1}}{R_{C1}} = I_{CQ1} + \frac{V_{C1}}{R_L} \quad (4.2.12)$$

$$V_{C2} = V_{CC} - I_{CQ2}R_{C2} \quad (4.2.13)$$

### 2. 恒流源差放静态工作点

对于恒流源差放,计算静态工作点从恒流源开始,先计算 $R_2$ 两端的电压

$$U_{R2} = \frac{R_2}{R_1 + R_2}(V_{CC} + V_{EE}) \qquad (4.2.14)$$

$Q_3$ 管发射极电流为：

$$I_{E3} = \frac{U_{R2} - U_{BE3}}{R_{E3}} \approx I_{C3} \qquad (4.2.15)$$

$$I_{E1} = I_{E2} \approx \frac{I_{C3}}{2} \qquad (4.2.16)$$

$$I_{BQ1} = I_{CQ1}/\beta \qquad (4.2.17)$$

计算出 $I_Q$ 后，$U_{CEQ}$ 计算就不难了，因为恒流源差分放大电路双端输出与单端输出时 $U_{CE}$ 的计算方法与长尾式差分放大电路相同。

恒流源差放静态分析视频

### 二、电路仿真与分析

利用"DC Operating Point"测量电路的静态工作点。在电路中存在多个三极管，因此其 $Q$ 点有多组，在"Add device/model parameter"对话框中可以同时设置多个三极管的 $Q$ 点，在"name"中可以选择相应的三极管，然后在"parameter"中选择相应的 $I_C$、$I_B$ 即可。

图 4.2.8 表示长尾差放双端输出的静态工作点仿真结果，由图知：

$$I_{B1} = I_{B2} \approx 2.22\ \mu A,\ I_{C1} = I_{C2} \approx 563.6\ \mu A \qquad (4.2.18)$$

$$U_{CE1} = V_3 - V_5 = U_{CE2} = V_4 - V_6 \approx 6.36 + 0.59 = 6.95\ (V) \qquad (4.2.19)$$

图 4.2.9 表示长尾差放单端输出的静态工作点。由图知：

$$I_{B1} \approx I_{B2} \approx 2.3\ \mu A,\ I_{C1} \approx I_{C2} \approx 578\ \mu A \qquad (4.2.20)$$

$$U_{CE1} = V_3 - V_5 \approx 3.26 + 0.59 = 3.85\ (V),\ U_{CE2} \approx V_4 - V_6 = 6.21 + 0.59 = 6.8\ (V) \qquad (4.2.21)$$

| # | DC Operating Point | |
|---|---|---|
| 1 | V(4) | 6.36412 |
| 2 | V(3) | 6.36412 |
| 3 | V(5) | -590.37446 m |
| 4 | V(6) | -590.37446 m |
| 5 | @qq1[ic] | 563.58836 u |
| 6 | @qq1[ib] | 2.22830 u |
| 7 | I(q2[ic]) | 563.58836 u |
| 8 | I(q2[ib]) | 2.22830 u |

Selected Diagram: DC Operating Point

图 4.2.8　长尾差放双端输出的静态工作点

| # | DC Operating Point | |
|---|---|---|
| 1 | V(4) | 6.21609 |
| 2 | V(3) | 3.26088 |
| 3 | V(5) | -596.33838 m |
| 4 | V(6) | -591.36965 m |
| 5 | @qq1[ic] | 547.82338 u |
| 6 | @qq1[ib] | 2.76397 u |
| 7 | I(q2[ic]) | 578.39149 u |
| 8 | I(q2[ib]) | 2.30940 u |

Selected Diagram: DC Operating Point

图 4.2.9　长尾差放单端输出的静态工作点

图 4.2.10 表示恒流源差放双端输出的静态工作点。由图知：

$$I_{B1} = I_{B2} \approx 2.32\ \mu A,\ I_{C1} = I_{C2} \approx 580\ \mu A = \frac{1}{2}I_{C3} \qquad (4.2.22)$$

$$U_{CE1} = U_{CE2} \approx 6.20 + 0.59 = 6.79 \text{（V）} \tag{4.2.23}$$

图 4.2.11 表示恒流源差放单端输出的静态工作点。由图知：

$$I_{B1} \approx I_{B2} \approx 2.4 \text{ μA}, \ I_{C1} \approx I_{C2} \approx 570 \text{ μA} \tag{4.2.24}$$

$$U_{CE1} \approx 3.18 + 0.59 = 3.77 \text{（V）}, \ U_{CE2} \approx 6.05 + 0.59 = 6.64 \text{（V）}, \ I_{C3} \approx 2I_{C2} \approx 1\ 165 \text{ μA} \tag{4.2.25}$$

| DC Operating Point | |
|---|---|
| 1 V(4) | 6.19977 |
| 2 V(3) | 6.19977 |
| 3 V(5) | −591.47950 m |
| 4 V(6) | −591.47950 m |
| 5 @qq1[ic] | 580.04535 u |
| 6 @qq1[ib] | 2.31853 u |
| 7 I(q2[ic]) | 580.04535 u |
| 8 I(q2[ib]) | 2.31853 u |
| 9 I(q3[ic]) | 1.16468 m |

Selected Diagram:DC Operating Point

| DC Operating Point | |
|---|---|
| 1 V(4) | 6.05154 |
| 2 V(3) | 3.17720 |
| 3 V(5) | −597.38166 m |
| 4 V(6) | −592.46157 m |
| 5 @qq1[ic] | 564.60302 u |
| 6 @qq1[ib] | 2.86840 u |
| 7 I(q2[ic]) | 594.87107 u |
| 8 I(q2[ib]) | 2.40163 u |
| 9 I(q3[ic]) | 1.16467 m |

Selected Diagram:DC Operating Point

图 4.2.10 恒流源差放双端输出的静态工作点　　　图 4.2.11 恒流源差放单端输出的静态工作点

**总结：**

（1）差分放大电路双端输出时，由于电路结构对称，$Q_1$、$Q_2$ 两管的静态工作点完全相同。

（2）差分放大电路单端输出时，$Q_1$、$Q_2$ 两管的静态工作点不完全相同，其中 $I_B$ 和 $I_C$ 近似相等，两管 $U_{CE}$ 不相同。

## 4.2.3 小信号动态分析

差分放大电路小信号动态分析知识点结构如下所示：

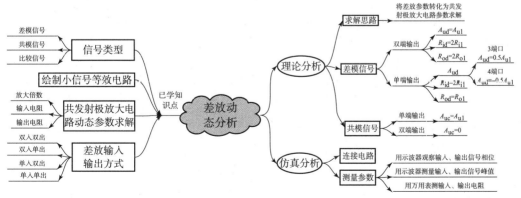

差分放大电路的输入信号共有三种形式：差模信号、共模信号、比较信号。为讨论方便，$Q_1$ 基极输入信号称为 $u_{i1}$，$Q_2$ 基极输入信号称为 $u_{i2}$；$Q_1$ 集电极的输出信号称为 $u_{o1}$，$Q_2$ 集电极的输出信号称为 $u_{o2}$。

差模信号：$u_{i1}$ 和 $u_{i2}$ 为大小相等，相位相反的一对信号，即 $u_{i1} = -u_{i2}$。当差模信号输入时，总的差模输入信号 $u_{id} = u_{i1} - u_{i2}$，总的差模输出信号 $u_{od} = u_{o1} - u_{o2}$。输入差模信号时的电压放大倍数称为差模电压放大倍数（$A_{ud}$），$A_{ud} = u_{od}/u_{id}$。

共模信号：$u_{i1}$ 和 $u_{i2}$ 为大小相等，相位相同的一对信号，即 $u_{i1} = u_{i2}$。当共模信号输入时，总的共模输入信号 $u_{ic} = (u_{i1} + u_{i2})/2$，总的共模输出信号 $u_{oc} = u_{o1} - u_{o2}$。输入共模信号时的电压放大倍数称为共模电压放大倍数（$A_{uc}$），$A_{uc} = u_{oc}/u_{ic}$。

比较信号：$u_{i1}$ 和 $u_{i2}$ 为大小不等的一对信号。比较信号是由差模信号和共模信号组成的，其中：

$$u_{i1} = \frac{u_{id}}{2} + u_{ic}$$
$$u_{i2} = -\frac{u_{id}}{2} + u_{ic}$$
(4.2.26)

差模信号是用来被放大的信号，共模信号是噪声或温度漂移信号。实际中，输入到差分放大电路的信号是既有差模信号也有共模信号的比较信号，只不过差分放大电路可以放大差模信号，抑制共模信号。差分放大电路的输出信号是差模信号和共模信号的叠加，即：

$$u_o = A_{ud} \cdot u_{id} + A_{uc} \cdot u_{ic}$$
(4.2.27)

差分放大电路中信号由两管基极输入，信号由两管的集电极输出，两管的发射极作为公共端，因此 $Q_1$、$Q_2$ 三极管组成的半边电路都属于共射极放大电路，则 $u_{o1}$ 和 $u_{i1}$ 极性相反，$u_{o2}$ 和 $u_{i2}$ 极性相反。

## 一、理论分析

1. 差模信号输入

差模信号输入时，长尾电阻或恒流源动态电阻上流过的交流电流和为 0，故长尾电阻在差模信号输入时不起作用，电路的放大倍数、输入电阻、输出电阻和电路输入、输出方式关系如表 4.2.1 所示。

由表知差分放大电路的差模动态参数与信号输入方式无关，只和输出方式有关。

表 4.2.1  动态参数与输入、输出方式的关系

| 项目 | $A_{ud}$ | $R_{id}$ | $R_{od}$ |
| --- | --- | --- | --- |
| 双端输入 双端输出 | $A_{u1}$ | $2R_{i1}$ | $2R_{o1}$ |
| 单端输入 双端输出 | $A_{u1}$ | $2R_{i1}$ | $2R_{o1}$ |
| 双端输入 单端输出 | $\frac{1}{2}A_{u1}$ | $2R_{i1}$ | $R_{o1}$ |
| 单端输入 单端输出 | $\frac{1}{2}A_{u1}$ | $2R_{i1}$ | $R_{o1}$ |

1）双端输出

双端输出时由于 $u_{o1} = -u_{o2}$，因此负载 $R_L$ 中间位置的电位为 0，则左边电路的负载为 $R_L/2$，右边电路的负载为 $R_L/2$，图 4.2.12 为双端输出时差分放大电路半边电路的小信号等

效电路。

差模电压放大倍数为：

$$A_{ud双} = -\frac{\beta R_{C1} // \dfrac{R_L}{2}}{R_{B1} + r_{be} + (1+\beta) R_W/2} \tag{4.2.28}$$

差模输入电阻为：

$$R_{id} = 2 [R_{B1} + r_{be} + (1+\beta) R_W/2] \tag{4.2.29}$$

差模输出电路为：

$$R_o = 2R_{o1} = 2R_{C1} \tag{4.2.30}$$

2）单端输出

设信号由 1 端口输入，3 端口输出。图 4.2.13 表示单端输出时差放半边电路的小信号等效电路。

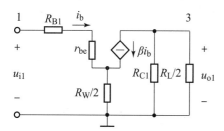 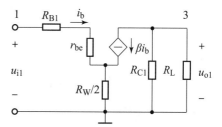

图 4.2.12　双端输出时差放的小信号等效电路　　图 4.2.13　单端输出时电路的小信号等效电路

差模电压放大倍数为：

$$A_{ud单} = -\frac{\beta R_{C1} // R_L}{2 [R_{B1} + r_{be} + (1+\beta) R_W/2]} \tag{4.2.31}$$

差模输入电阻为：

$$R_{id} = 2 [R_{B1} + r_{be} + (1+\beta) R_W/2] \tag{4.2.32}$$

差模输出电阻为：

$$R_o = R_{o1} = R_{C1} \tag{4.2.33}$$

注意：①若信号由 1 端口输入，4 端口输出，则差模电压放大倍数为正。

②由表 4.2.1 中可推导出 $|A_{ud双}| = |A_{ud单}|$，该结论成立的条件是输出为空载；若输出不是空载，则该关系不成立。

$A_{ud双}$ 和 $A_{ud单}$ 的比值为：

$$\frac{A_{ud双}}{A_{ud单}} = \frac{2R_{C1} + 2R_L}{2R_{C1} + R_L} \tag{4.2.34}$$

当 $R_L = \infty$，即空载时，$A_{ud双}/A_{ud单} = 2$；

当 $R_L = R_{C1}$ 时，$A_{ud双}/A_{ud单} = 4/3$。

2. 共模信号输入

共模信号输入时，长尾电阻或恒流源动态电阻上流过的交流电流不为 0，所以长尾电阻或恒流源动态电阻不能忽略。

双端输出时由于 $u_{o1} = u_{o2}$，共模输出信号 $u_{oc} \approx 0$，共模放大倍数 $A_{uc} \approx 0$。

单端输出时,若信号由 3 端口输出,则:

$$A_{\mathrm{uc}} = \frac{u_{\mathrm{oc}}}{u_{\mathrm{ic}}} = \frac{u_{\mathrm{o1}}}{(u_{\mathrm{i1}}+u_{\mathrm{i2}})/2} = \frac{u_{\mathrm{o1}}}{u_{\mathrm{i1}}} = A_{\mathrm{u1}} \quad (4.2.35)$$

单端输出时,若信号由 4 端口输出,则:

$$A_{\mathrm{uc}} = \frac{u_{\mathrm{oc}}}{u_{\mathrm{ic}}} = \frac{u_{\mathrm{o2}}}{(u_{\mathrm{i1}}+u_{\mathrm{i2}})/2} = \frac{u_{\mathrm{o2}}}{u_{\mathrm{i2}}} = A_{\mathrm{u2}} \quad (4.2.36)$$

上述两种情况下, $A_{\mathrm{u1}} = A_{\mathrm{u2}}$,且均为负值。

共模信号输入,单端输出时,电路的小信号等效电路如图 4.2.14 所示。

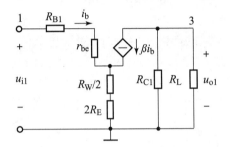

图 4.2.14 共模信号输入电路的微变等效电路

共模电压放大倍数为:

$$A_{\mathrm{uc}} = \frac{u_{\mathrm{o}}}{u_{\mathrm{i}}} = \frac{-\beta R_{\mathrm{C1}} // R_{\mathrm{L}}}{R_{\mathrm{B1}} + r_{\mathrm{be}} + (1+\beta)(2R_{\mathrm{E}} + R_{\mathrm{W}}/2)} \approx \frac{-\beta R_{\mathrm{C1}} // R_{\mathrm{L}}}{R_{\mathrm{B1}} + r_{\mathrm{be}} + (1+\beta)(2R_{\mathrm{E}})} \quad (4.2.37)$$

注意:①因为 $(1+\beta)(2R_{\mathrm{E}}) \gg (R_{\mathrm{B1}} + r_{\mathrm{be}})$,所以 $A_{\mathrm{uc}} \approx 0$,且 $R_{\mathrm{E}}$ 越大 $A_{\mathrm{uc}}$ 越小。

②增大 $R_{\mathrm{E}}$ 可以提高差分放大电路对共模信号的抑制能力,恒流源差放的动态电阻比长尾电阻大,因此恒流源差分放大电路抑制共模信号的能力更强。

**二、电路仿真与分析**

1. 差模信号输入

差模放大倍数和输入端没有关系,故以单端输入为例进行仿真分析。

(1) 差模信号单端输入、双端输出时,长尾差放和恒流源差放的电压放大倍数的测量。

电路如图 4.2.15 所示,$R_{\mathrm{L}} = R_{\mathrm{C1}} = 10\ \mathrm{k\Omega}$,开关打到左边构成长尾差放。示波器 A 通道显示输入信号波形,B 通道显示 3 端口的输出信号波形,C 通道显示 4 端口的输出信号波形。XMM1 设置为交流电压表,测量输出电压;XMM2 设置为交流电压表,测量输入电压。打开仿真开关,示波器波形如图 4.2.16 所示,万用表读数如图 4.2.17 所示。

由示波器波形可知 3 端口输出信号 $u_{\mathrm{o1}}$ 波形与 1 端口输入信号波形极性相反,而 4 端口输出信号 $u_{\mathrm{o2}}$ 波形与输入信号极性相同,且 $u_{\mathrm{o1}}$ 和 $u_{\mathrm{o2}}$ 大小相同,极性相反。

输出电压 $U_{\mathrm{od}} = -106.603\ \mathrm{mV}$,输入信号 $U_{\mathrm{id}} = 7.071\ \mathrm{mV}$,则: $A_{\mathrm{ud}} = U_{\mathrm{od}}/U_{\mathrm{id}} \approx -15$。

开关打到右边构成恒流源差放,仿真后万用表读数如图 4.2.18 所示。由上分析可知,恒流源差放和长尾差放的差模电压放大倍数近似相等。

第 4 章 放大电路　141

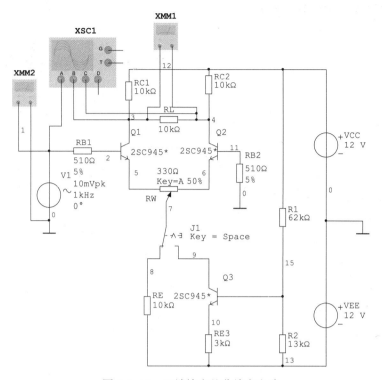

图 4.2.15　双端输出差分放大电路

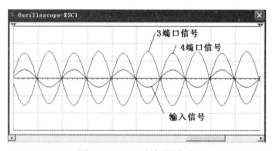

图 4.2.16　示波器波形

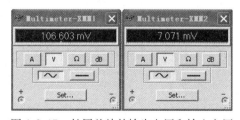　　　　　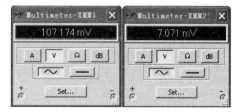

图 4.2.17　长尾差放的输出电压和输入电压　　图 4.2.18　恒流源差放电路的输出电压和输入电压

（2）差模信号单端输入、单端输出时，长尾差放差模电压放大倍数的测量。

信号由 1 端口输入、3 端口输出，$R_L = R_{C1} = 10$ kΩ。XMM1 测量输出电压，XMM2 测量输入电压。图 4.2.19 为长尾差放电路单端输出时的仿真结果。

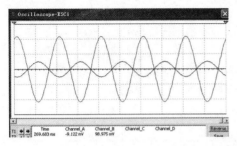 

图 4.2.19　长尾差放单端输出电路的输出电压和输入电压

由图 4.2.19 可知 3 端口的输出信号与 1 端口的输入信号极性相反,输出电压 $U_{od}=-76.754$ mV,输入信号 $U_{id}=7.071$ mV,则:$A_{ud}=U_{od}/U_{id}\approx-10.8$。

双端输出差模电压放大倍数为 $-15$,单端输出差模电压放大倍数为 $-10.8$,二者比值约为 4∶3,原因是 $R_L=R_{C1}=10$ kΩ。

2. 共模信号输入

电路如图 4.2.20 所示,信号由 3 端口输出,开关打到左边构成长尾差放。利用示波器 A 通道显示输入信号波形,B 通道显示输出信号波形,利用万用表 XMM1 测量输出信号电压,仿真结果如图 4.2.21 所示。

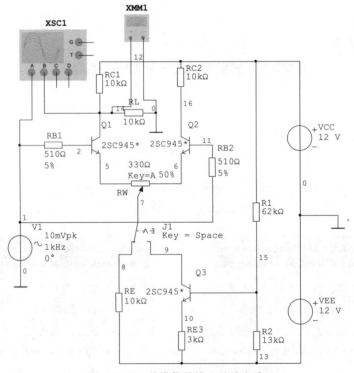

图 4.2.20　共模信号输入差放电路

由图 4.2.21 知,输入信号与输出信号极性相反,共模输入信号 $U_{ic}=7.071$ mV,共模输出信号 $U_{oc}=1.698$ mV,则长尾差分放大电路共模电压放大倍数为:$A_{uc}=1.698/7.071=-0.24$。

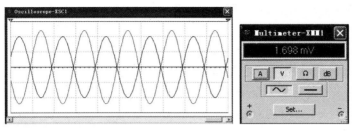

图 4.2.21 示波器波形与输出电压

开关打到右边构成恒流源差分放大电路,共模输出电压如图 4.2.22 所示,则共模电压放大倍数为:$A_{uc} \approx 0.028/7.071 = -0.004$。

**总结:**

(1) 单端输出差模电压放大倍数可正可负,当信号从 3 端口输出时,1 端口称为反相输入端,2 端口称为同相输入端;当信号从 4 端口输出时,1 端口称为同相输入端,2 端口称为反相输入端。

(2) 单端输出差模电压放大倍数与双端输出差模电压放大倍数的比值与负载大小有关,当 $R_L = R_{C1}$ 时比值为 4∶3,当负载为空载时比值为 2∶1。

图 4.2.22 恒流源差放共模输出电压

(3) 共模电压放大倍数为负值。

(4) 恒流源差分放大电路抑制共模信号的能力远大于长尾差分放大电路。

(5) 对于长尾差分放大电路而言,增大 $R_E$ 的值能提高抑制共模信号的能力,但是 $R_E$ 过大,一方面不利于电路集成,另一方面增大 $R_E$ 的同时要增加电源电压才能保证电路的静态工作点保持不变,因此为了提高共模信号抑制能力,不能单纯增大 $R_E$ 的阻值,而应该采用恒流源差分放大电路。

## 4.2.4 差分放大电路大信号特性

**一、理论分析**

4.2.3 节对小信号输入时差放电路的特性进行了分析,当大信号工作时,差放的电路特性将发生变化,需要对电路的差模传输特性进行分析,电路原理图如图 4.2.23 所示。

对于三极管而言,发射极电流为:

$$i_E = I_S \exp\left(\frac{u_{BE}}{U_T}\right) \quad (4.2.38)$$

经过推导可得三极管 $T_1$、$T_2$ 集电极电流为:

$$i_{C1} = \frac{I_O}{1 + \exp\dfrac{u_{id}}{U_T}} \quad (4.2.39)$$

$$i_{C1} = \frac{I_O}{1 + \exp\left(\dfrac{-u_{id}}{U_T}\right)} \quad (4.2.40)$$

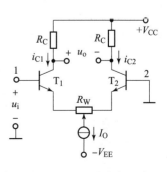

图 4.2.23 差分放大电路

上述两式为每管输出电流与差模输入电压的传输特性方程，曲线如图 4.2.24 所示，由图可知：

（1）静态时（$u_{id}=0$），$i_{C1}=i_{C2}=I_0/2$；

（2）$T_1$、$T_2$ 两管集电极电流之和恒等于电流源电流，因此当一管集电极电流增大时，另一管的集电极电流必然减小，且两管集电极电流的增减量始终相等。

（3）$i_C$ 和差模输入信号 $u_{id}$ 呈非线性关系，但差模输入电压在 $-U_T \sim +U_T$（$-26 \sim +26$ mV）范围内变化时，$i_C$ 与差模输入电压 $u_{id}$ 呈线性关系，且 $I_0$ 越大，差模增益也越大，因此若对小信号进行放大，输入差模信号电压必须限制在 ±26 mV 范围之内，该差模输入电压的线性动态范围较小。

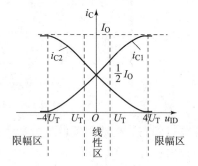

图 4.2.24　差分放大电路传输特性曲线

（4）当差模输入电压超过 $\pm 4U_T$（±100 mV）时，传输特性趋于水平，当差模输入电压正负变化时，总有一管集电极电流为 0，管子处于截止状态，另一管集电极电流为 $I_0$，差模输出电压不再随差模输入电压的变化而变化，而是趋于恒定，此时差放具有很好的限幅作用。

（5）差放双端输出时，差模输出电压最大值（大小）约为：

$$U_{od双} = I_0 \cdot R_C // \frac{R_L}{2} \tag{4.2.41}$$

差放单端输出时，差模输出电压最大值（大小）约为：

$$U_{od单} = \frac{1}{2} I_0 \cdot R_C // R_L \tag{4.2.42}$$

为了增加差模输入电压的线性动态范围，可在 $T_1$、$T_2$ 的发射极接入负反馈电阻 $R_E$，传输特性曲线如图 4.2.25 所示，当 $I_0 R_E = 10 U_T$ 时，差模输入电压的线性动态范围可扩展 $\pm 10 U_T$，当 $I_0 R_E = 20 U_T$ 时，差模输入电压的线性动态范围可扩展 $\pm 20 U_T$。但是接入 $R_E$ 后，差分放大电路的差模放大倍数会相应减小。

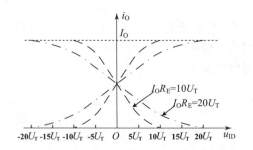

图 4.2.25　接入负反馈电阻 $R_E$ 后的传输特性曲线

## 二、仿真验证

### 1. 大信号双端输出

双端输入双端输出差分放大电路如图 4.2.26 所示，$Q_3$、$R_{E3}$、$R_2$、$R_1$ 构成电流源，通过直流工作点分析可知：

$$I_O = I_{C3} \approx 1.165 \text{ mA} \tag{4.2.43}$$

由前面分析可知，差分放大电路差模输出电压最大值为：

$$U_{od双} = I_O \cdot R_{C1} /\!/ \frac{R_L}{2} = 1.165 \text{ mA} \times 10 \text{ k}\Omega /\!/ 10 \text{ k}\Omega = 5.825 \text{ V} \tag{4.2.44}$$

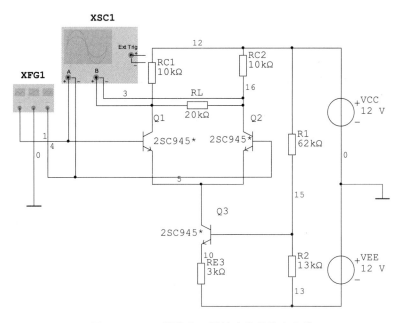

图 4.2.26　双端输入双端输出差分放大电路

令输入信号频率为 1 kHz，改变输入信号的大小，用示波器观察输入、输出信号的波形，并测量输出信号的幅值，计算出电路的差模电压放大倍数，将数据填入表格 4.2.2 中。

表 4.2.2　数据记录

| 序号 | $U_{id}$/mV | $U_{od}$/V | $A_{ud}$ |
|---|---|---|---|
| 1 | 5 | 0.456 | 91 |
| 2 | 10 | 0.908 | 91 |
| 3 | 20 | 1.779 | 89 |
| 4 | 30 | 2.58 | 86 |
| 5 | 40 | 3.29 | 82 |
| 6 | 50 | 3.89 | 78 |
| 7 | 200 | 5.788 | 29 |
| 8 | 300 | 5.839 | 19 |
| 9 | 400 | 5.840 | 15 |

当输入信号小于 20 mV 时，差模电压放大倍数基本保持不变；当输入信号大于 20 mV 时，差模电压放大倍数逐渐减小；当输入信号大于 200mV 时，输出电压基本维持不变。图 4.2.27 为输入信号峰值为 200 mV 时输入输出信号波形，可见差分放大电路起到限幅作用。

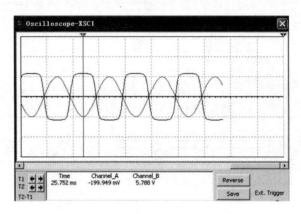

图 4.2.27　差分放大电路的限幅波形

2. 大信号单端输出

双端输入单端输出差分放大电路如图 4.2.28 所示，通过直流工作点分析可知：

$$I_O = I_{C3} \approx 1.165 \text{ mA} \tag{4.2.45}$$

由前面分析可知，差分放大电路差模输出电压最大值为：

$$U_{od单} = \frac{1}{2}I_O \cdot R_{C1} // R_L = \frac{1}{2} \times 1.165\text{mA} \times 10\text{k}\Omega // 10\text{k}\Omega = 2.91 \text{ V} \tag{4.2.46}$$

令输入信号频率为 1 kHz，输入信号的峰值为 200 mV，用示波器观察输入、输出信号的波形，仿真波形如图 4.2.29 所示，可得知输出信号最大值为 2.831 V，仿真结果与估算结果基本吻合。

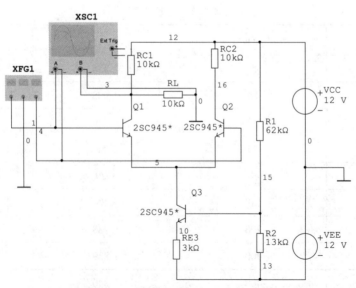

图 4.2.28　双端输入单端输出差分放大电路

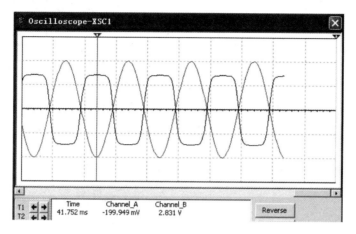

图 4.2.29 示波器波形

## 4.3 功率放大电路

实际电路中要求电路的输出级能够输出一定的功率，以便于驱动负载，功率放大电路可以为负载提供足够信号功率。功率放大电路不是仅要求输出高电压，也不是仅要求电路输出大电流，而是要求在电源电压确定的情况下，输出功率尽可能大，因此功率放大电路中应该注意以下几点：

(1) 功率放大电路输出信号为大信号，在分析功率放大电路时不能采用小信号等效模型。

(2) 为了获得尽可能大的输出功率，必须使输出信号电压和电流都要大，三极管工作在极限状态，要选用功率管。

(3) 要求功率放大电路带负载能力要强，输出电阻与负载应尽量匹配。

(4) 效率要高，放大电路输出给负载的功率是由直流电源提供的，若效率不高，则能量浪费，管子温度升高，会缩短管子的寿命。放大电路的效率用 $\eta$ 表示，

$$\eta = P_o / P_D$$

其中，$P_o$ 为输出功率，等于输出电压和输出电流有效值的乘积；$P_D$ 为电源提供的功率。

(5) 尽可能减小非线性失真。

(6) 电路还要考虑散热。

目前使用较为广泛的是无输出电容的功率放大电路（简称 OCL）和无输出变压器的功率放大电路（简称 OTL）。

本小节主要介绍常见功放电路的结构，通过仿真介绍功放电路消除失真的方法、功放电路参数的计算等。功率放大电路的知识点结构如下所示：

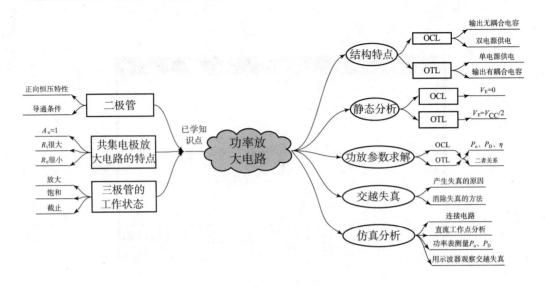

## 4.3.1 OCL 功率放大电路

OCL 功率放大电路如图 4.3.1 所示，$T_1$ 和 $T_2$ 为两个功率对管，电路为双电源供电，$+V_{CC}$ 和 $-V_{EE}$，开关闭合时 $T_1$ 和 $T_2$ 基极没有偏置，电路属于乙类 OCL 功率放大电路，该电路输出信号会产生交越失真；开关打开后 $T_1$ 和 $T_2$ 基极增加偏置，电路属于甲乙类 OCL 功率放大电路，此电路可以消除交越失真。$R_1$ 与 $R_2$ 一方面与二极管构成回路使二极管导通，从而为三极管提供合适的偏置，另一方面起到限流作用防止二极管电流过大被损坏。

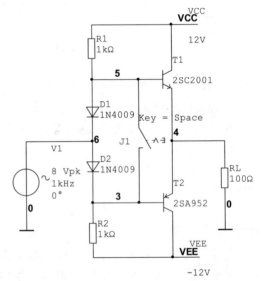

图 4.3.1 OCL 功率放大电路

### 一、理论分析

**1. 静态分析**

开关打开时，由于 $R_1 = R_2$，$D_1$ 和 $D_2$ 为同种类型的二极管，故：$V_{(6)} = 0\text{V}$，$V_{B1} = U_{D(on)} \approx 0.7\text{ V}$，$V_{B2} = -U_{D(on)} \approx -0.7\text{ V}$；此时三极管处于微弱导通状态，故：$I_B = I_C \neq 0\text{ A}$。由于 $T_1$ 和 $T_2$ 为功率对管，故：$U_{CE1} = -U_{CE2} = 12\text{ V}$，$V_{(4)} = 0\text{ V}$；负载上静态电流为 0 A，说明在静态时负载上的静态功耗为 0 W。

**2. 动态分析**

OCL 功放电路中，信号从 $T_1$、$T_2$ 的基极输入，从 $T_1$、$T_2$ 的发射极输出，$T_1$、$T_2$ 三极管构成的电路均属于共集电极电路，故输入信号与输出信号大小相等，极性相同。

输入信号为正半周时，$T_1$ 管导通，$T_2$ 管截止，电路正电源供电；输入信号为负半周时，$T_1$ 管截止，$T_2$ 管导通，电路负电源供电；在整个周期中，$T_1$、$T_2$ 管交替工作，正、负电源轮流供电，输出信号与输入信号相等。

OCL 功率放大电路的性能指标计算如下：

1）输出功率 $P_o$

$$P_o = \frac{U_{om} I_{om}}{\sqrt{2} \sqrt{2}} = \frac{1}{2} U_{om} I_{om} = \frac{U_{om}^2}{2R_L} \quad (4.3.1)$$

此电路中 $U_{om} = 8$ V，$R_L = 100$ Ω，则电路的输出功率为：$P_o = 0.32$ W。

当输出电压达到最大值（$V_{CC} - U_{CES}$）时，输出功率达到最大，其值为：

$$P_{om} = \frac{1}{2} \frac{U_{om}^2}{R_L} = \frac{1}{2} \frac{(V_{CC} - U_{CES})^2}{R_L} \quad (4.3.2)$$

功放理论分析视频

2）直流电源提供的功率 $P_D$

$$P_D = \frac{2}{T} \int_0^T V_{CC} i_o \mathrm{d}t = \frac{V_{CC}}{\pi} \int_0^\pi \frac{u_o}{R_L} \mathrm{d}t = \frac{V_{CC}}{\pi} \int_0^\pi \frac{U_{om} \sin\omega t}{R_L} \mathrm{d}t = \frac{2V_{CC}}{\pi} \frac{U_{om}}{R_L} \quad (4.3.3)$$

此电路中 $V_{CC} = 12$ V，$U_{om} = 8$ V，则电源提供的功率为 $P_o = 0.61$ W。

最大不失真输出时：

$$P_{Dm} = \frac{2V_{CC}}{\pi} \frac{V_{CC} - U_{CES}}{R_L} \quad (4.3.4)$$

3）功放的效率 $\eta$

$$\eta = \frac{P_o}{P_D} \times 100\% \quad (4.3.5)$$

此电路中，效率 $\eta = 0.32/0.61 \times 100\% = 52\%$。

## 二、电路仿真与分析

利用 DC Operating Point 仿真方法测量电路中三极管基极、发射极电位及三极管基极电流。开关打开时，电路构成甲乙类 OCL 功率放大电路，仿真结果如图 4.3.2（a）所示，由图可知：$U_O = V_{(4)} \approx -20$ mV，$V_{B1} = V_{(5)} \approx 0.7$ V，$V_{B2} = V_{(3)} \approx -0.7$ V，$I_{B1} \approx 119$ μA。

由仿真数据可知，电路中两个三极管基极电流不等于 0，说明三极管已经处于导通状态；三极管发射极的静态电位近似为 0 V，因此电路负载上的电流近似为 0 A。

（a）　　　　　　　　（b）

图 4.3.2　OCL 功率放大电路静态分析

将开关闭合，电路构成乙类 OCL 功率放大电路，利用 DC Operating Point 仿真方法测量电路中三极管基极、发射极电位及三极管基极电流，仿真结果如图 4.3.2（b）所示，由图可知：$U_0 = V_{(4)} \approx -11$ pV，$V_{B1} = V_{(5)} \approx 9$ pV，$V_{B2} = V_{(3)} \approx -111$ pV，$I_{B1} \approx -12$ pA。

由仿真数据可知，电路中三极管基极电流近似为0，说明三极管已经处于截止状态；三极管发射极的静态电位近似为0 V，因此电路负载上的电流近似为0 A。

利用Transient Analysis（瞬态分析）可仿真分析电路的工作原理。选择"Simulate"→"Analyses"→"Transient Analysis"命令，弹出瞬态分析设置对话框，"Analysis Parameters"选项卡参数设置如下：

在"Initial Conditions"中选择"Automatically determine initial conditions"（即使用自动定义初始条件）。

在"Parameters"中起始时间为0 s，终止时间为0.001 s，由于输入信号频率为1kHz，故可以分析一个周期内电路的工作情况。

在"Maximum time step setting"中选择"Minimum number of time points"，设置最少点数为1000，这样图形显示比较精确。

在"Output"选项卡中选择$T_1$管的$i_c$、$T_2$管的$i_c$为输出量。

设置完成后单击"Simulate"按钮，打开图形显示窗口，仿真结果如图4.3.3所示。

由图4.3.3可知，在0～0.5 ms内，即输入信号为正半周期间，$T_1$管集电极电流不等于零，$T_2$管集电极电流为零，说明输入信号在正半周期间三极管$T_1$导通，$T_2$截止；在0.5～1 ms内，即输入信号为负半周期间，$T_2$管集电极电流不等于零，$T_1$管集电极电流为零，说明输入信号在负半周期间三极管$T_1$截止，$T_2$导通，在整个周期中两管交替导通。

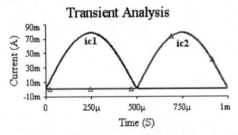

图4.3.3　一个周期内三极管集电集电流

在瞬态分析设置对话框的"Output"选项卡中选择节点6（输入节点）、节点4（输出节点），可观察输入信号与输出信号的电压波形，开关闭合时仿真结果如图4.3.4（a）所示，开关打开时仿真结果如图4.3.4（b）所示。

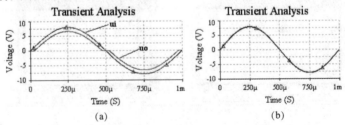

图4.3.4　开关闭合、开关打开时输入信号与输出信号波形

由图4.3.4可知，当开关闭合时，二极管截止，静态时三极管发射结处于截止状态，若输入信号$|u_i|<0.7$ V，三极管处于截止状态，输出信号为0，若输入信号$|u_i|>0.7$ V，

三极管发射结导通，输出信号不为零，因此输出信号产生交越失真；当开关打开时，二极管导通，为三极管发射结提供偏置，静态时三极管发射结微弱导通，消除了交越失真，输入信号与输出信号波形基本重合。

利用示波器也可以观察输入、输出信号电压波形，用 A 通道观察输入信号波形，用 B 通道观察输出信号波形，利用功率计测量电路的输出功率。其仿真电路如图 4.3.5 所示。

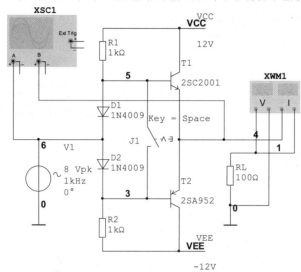

图 4.3.5　OCL 功率放大电路

将开关闭合，此时三极管基极没有直流偏置，电路属于乙类 OCL 功率放大电路。打开仿真开关，示波器波形及功率计读数如图 4.3.6 所示，为观察方便，将 A 通道波形向上移动一段距离。由图可知，输入信号与输出信号极性相同，但是输出信号波形由正半周变为负半周时发生交越失真，功率计显示输出功率为 195.026 mW，远小于前面的估算值，这主要是因为电路交越失真引起的。

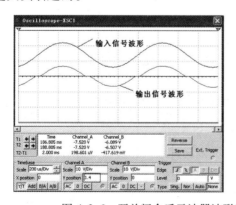 

图 4.3.6　开关闭合后示波器波形及功率计读数

将开关断开，此时电路属于甲乙类 OCL 功率放大电路。打开仿真开关，示波器波形及功率计读数如图 4.3.7 所示，由图知输出信号交越失真消除，输出功率为 0.312 996 W，仿真结果与前面理论估算值基本吻合。

结论：

（1）OCL 功放电路的特点为双电源供电、输出没有大电容。

（2）OCL 功率放大电路在静态时 $T_1$、$T_2$ 管发射极电位为 0 V，负载电流为 0 A。

（3）乙类 OCL 功率放大电路产生交越失真的原因是静态时两个三极管处于截止状态，没有合适的静态工作点，甲乙类 OCL 功率放大电路可以很好地改善电路的交越失真。

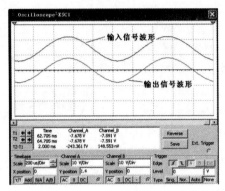

图 4.3.7　开关断开后示波器波形及功率计读数

## 4.3.2　OTL 功率放大电路

OTL 功率放大电路如图 4.3.8 所示，$T_1$ 和 $T_2$ 为两个功率对管，电路为单电源供电，开关闭合时 $T_1$ 和 $T_2$ 管基极没有偏置，电路属于乙类 OTL 功率放大电路，该电路输出信号会产生交越失真；开关打开后 $T_1$ 和 $T_2$ 管基极增加偏置，电路属于甲乙类 OTL 功率放大电路，电路可以消除交越失真。电容 $C_1$ 一方面具有隔直通交的作用，保证负载上只有交流信号没有直流信号，另一方面电容相当于 $T_2$ 管的直流电源，电源电压为 $V_{CC}/2$。

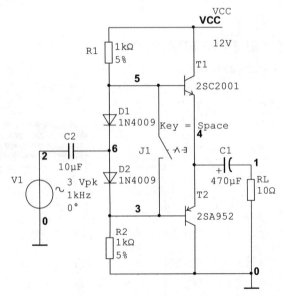

图 4.3.8　OTL 功率放大电路

## 一、理论分析

### 1. 静态分析

开关打开时,电路构成甲乙类 OTL 功率放大电路,由于 $R_1 = R_2$,$D_1$ 和 $D_2$ 为同种类型的二极管,故:$V_{(6)} = V_{CC}/2 = 6\text{ V}$,$V_{B1} \approx 6.7\text{ V}$,$V_{B2} \approx 5.3\text{ V}$;此时三极管处于微弱导通状态,故 $I_B = I_C \neq 0\text{ A}$。$T_1$ 和 $T_2$ 为功率对管,故 $U_{CE1} = -U_{CE2} = 6\text{ V}$,$V_{(4)} = 6\text{ V}$。静态时两个三极管发射极电位等于 $V_{CC}/2$,这保证了交流输出信号正负半周对称。

由于电容 $C_1$ 的隔直作用,负载上静态电流为 0 A,说明在静态时负载上的静态功耗为 0 W。

### 2. 动态分析

OTL 功放电路中,输入信号为正半周时,$T_1$ 管导通,$T_2$ 管截止,电路正电源供电,有效电源电压为 $V_{CC}/2$,此时电路为射极输出形式;输入信号为负半周时,$T_1$ 管截止,$T_2$ 管导通,电容 $C_1$ 充当电源为 $T_2$ 管供电,电路为射极输出形式;在整个周期中,$T_1$、$T_2$ 管交替工作,输出信号与输入信号相等。

OTL 功率放大电路中由于只有一个直流电源 $+V_{CC}$,故将 OCL 电路中相关公式中的 $V_{CC}$ 变为 $V_{CC}/2$ 即可得到 OTL 功放参数的表达式,OTL 电路相关参数计算公式如下。

1)输出功率 $P_o$

$$P_o = \frac{U_{om} I_{om}}{\sqrt{2}\sqrt{2}} = \frac{1}{2} U_{om} I_{om} = \frac{U_{om}^2}{2R_L} \tag{4.3.6}$$

此电路中 $U_{om} = 3\text{ V}$,$R_L = 10\text{ }\Omega$,则电路的输出功率为:

$$P_o = \frac{3^2}{2 \times 10}\text{W} = 0.45\text{ W} \tag{4.3.7}$$

当输出电压达到最大值 $\left(\dfrac{V_{CC}}{2} - U_{CES}\right)$ 时,输出功率达到最大,其值为:

$$P_{om} = \frac{1}{2}\frac{U_{om}^2}{R_L} = \frac{1}{2}\frac{(V_{CC}/2 - U_{CES})^2}{R_L} \tag{4.3.8}$$

2)直流电源提供的功率 $P_D$

$$P_D = \frac{V_{CC} U_{om}}{\pi \quad R_L} \tag{4.3.9}$$

此电路中 $V_{CC} = 12\text{ V}$,$U_{om} = 3\text{ V}$,$R_L = 10\text{ }\Omega$,则电源提供的功率为:

$$P_D = \frac{12}{\pi}\frac{3}{10}\text{W} = 1.15\text{ W} \tag{4.3.10}$$

最大不失真输出时:

$$P_{Dm} = \frac{V_{CC}(V_{CC}/2 - U_{CES})}{\pi \quad R_L} \tag{4.3.11}$$

3)功放的效率 $\eta$

$$\eta = \frac{P_o}{P_D} \times 100\% \tag{4.3.12}$$

功放仿真分析视频

此电路中,效率 $\eta = 0.45/1.15 \times 100\% = 40\%$。

## 二、电路仿真与分析

利用 DC Operating Point 仿真方法测量电路特殊点的电位及基极电流。开关打开时,电路构成甲乙类 OTL 功率放大电路,仿真结果如图 4.3.9(a)所示,由图可知:$V_E = V_{(4)} \approx 6$ V,$V_{B1} = V_{(5)} \approx 6.6$ V,$V_{B2} = V_{(3)} \approx 5.3$ V,$I_{B1} \approx 27$ μA。

测量值与上述估算值基本吻合,此时两个三极管已经处于导通状态,有助于消除交越失真。

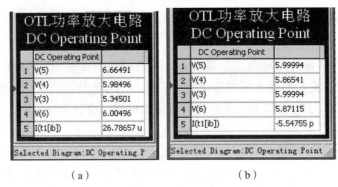

(a)          (b)

图 4.3.9　OTL 功率放大电路静态分析

将开关闭合,电路构成乙类 OTL 功率放大电路,仿真结果如图 4.3.9(b)所示,由图可知:$V_E = V_{(4)} \approx 6$ V,$V_{B1} = V_{(5)} \approx 6$ V,$V_{B2} = V_{(3)} \approx 6$ V,$U_{BE1} \approx U_{BE2} \approx 0$ V,$I_{B1} \approx -5.5$ pA。

说明此时两个三极管均处于截止状态。

利用示波器 A 通道观察输入信号波形,B 通道观察输出信号波形,利用功率计测量电路的输出功率,仿真电路如图 4.3.10 所示。

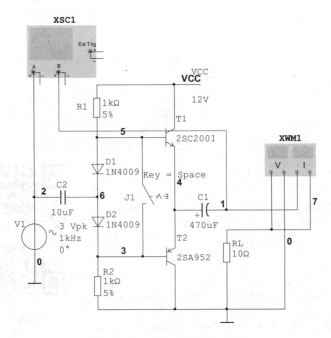

图 4.3.10　OTL 功率放大电路

将开关闭合,此时三极管基极没有直流偏置,电路属于乙类 OTL 功率放大电路。打开仿真开关,示波器波形及功率计读数如图 4.3.11 所示。由图可知,输入信号与输出信号极性相同,但是输出信号波形发生交越失真,功率计显示输出功率为 92.856 mW,远小于前面的估算值,这主要是因为电路交越失真引起的。

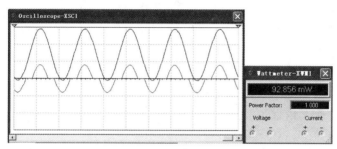

图 4.3.11 开关闭合后示波器波形及功率计读数

将开关断开,此时电路属于甲乙类 OTL 功率放大电路。打开仿真开关,示波器波形及功率计读数如图 4.3.12 所示,由图知输出信号交越失真消除,输出功率为 398.106 mW,与前面理论估算值很接近。

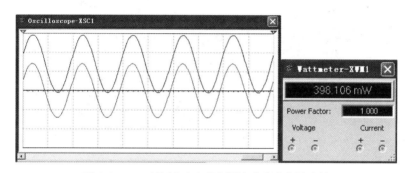

图 4.3.12 开关断开后示波器波形及功率计读数

**结论:**
(1) OTL 功放电路的特点为单电源供电、输出有大电容。
(2) OTL 功率放大电路在静态时 $T_1$、$T_2$ 管发射极电位为 $V_{CC}/2$,且为使 $T_1$ 和 $T_2$ 管的工作状态对称,必须使三极管发射极电位为 $V_{CC}/2$。
(3) 乙类 OTL 功率放大电路产生交越失真的原因是由于两个三极管处于截止状态,没有合适的静态工作点,甲乙类 OTL 功率放大电路可以很好地改善电路的交越失真。

### 4.3.3 集成功率放大电路

**一、芯片介绍**

LM1875 是美国国家半导体器件公司生产的音频功放芯片,采用 V 型 5 脚单列直插式塑料封装结构,封装如图 4.3.13 所示。该功放芯片在 ±25 V 电源电压供电、$R_L = 4$ Ω 时可获得 20 W 的输出功率,在 ±30 V 电源供电、8 Ω 负载时可获得 30 W 的输出功率,

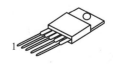

TO-220-5

图 4.3.13 LM1875 封装

芯片内置有多种保护电路。

LM1875 芯片的特点：

（1）单列 5 脚直插塑料封装，仅 5 只引脚。

（2）开环增益可达 90 dB。

（3）极低的失真，1 kHz、20 W 时失真仅为 0.015%。

（4）AC 和 DC 短路保护电路。

（5）超温保护电路。

（6）峰值电流高达 4 A。

（7）极宽的工作电压范围（16 ~ 60 V）。

（8）内置输出保护二极管。

（9）外接元件非常少，TO - 220 封装。

（10）输出功率大，$P_o$ = 20 W（$R_L$ = 4 Ω）。

LM1875 典型应用电路有两种，一种为双电源供电，输出没有大电容，电路原理图如图 4.3.14 所示。

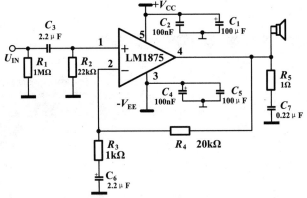

图 4.3.14 LM1875 典型应用电路

电路中 $C_1$ 电容防止后级的 LM1875 直流电位对前级电路产生影响。放大电路由 LM1875、$R_4$、$R_3$、$C_2$ 等组成，电路的放大倍数由 $R_4$ 与 $R_3$ 的比值决定，由于信号从 LM1875 的同相端输入，故构成同相比例放大电路，放大倍数为：

$$A_u = 1 + \frac{R_4}{R_3} \tag{4.3.13}$$

$C_6$ 用于稳定 LM1875 的第 4 脚直流零电位的漂移，但是对音质有一定的影响，$C_7$、$R_5$ 的作用是防止放大器产生低频自激。本放大器的负载阻抗为 4 ~ 16 Ω。

$C_1$、$C_2$、$C_4$、$C_5$ 用于滤除直流电源中的高频噪声和低频噪声，保证电源提供恒定的直流电压。

为了保证功放有较好的音质，电源变压器的输出功率不得低于 80 W，输出电压为 ±25 V。

二、电路仿真与分析

仿真电路如图 4.3.15 所示，输入信号峰值 500 mV，频率为 1 kHz，电路中 $R_4$ = 20 kΩ，

$R_3 = 1 \text{ k}\Omega, R_L = 4 \text{ }\Omega$,故可以估算出:

$$A_u = 1 + \frac{R_4}{R_3} = 21 \tag{4.3.14}$$

$$P_o = \frac{U_{om}^2}{2R_L} = \frac{10.5^2}{2 \times 4} \text{W} = 13.8 \text{ W} \tag{4.3.15}$$

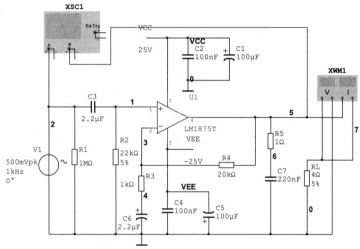

图 4.3.15　LM1875 OCL 功率放大电路

利用示波器 A 通道观察输入信号波形,B 通道观察输出信号波形,利用功率计测量输出功率。仿真波形及功率计读数如图 4.3.16 所示。由图可知,输出信号与输入信号相位相同,其中:

$$A_u = \frac{u_o}{u_i} = \frac{10.3}{0.5} = 20.6 \tag{4.3.16}$$

$$P_o \approx 13.4 \text{ W} \tag{4.3.17}$$

仿真结果与估算值基本吻合。

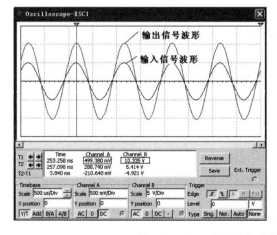

图 4.3.16　仿真波形及功率计读数

# 4.4 多级放大电路

在电路中为了获得足够高的电压放大倍数、获得较大输出功率并且抑制零点漂移，常将几个基本放大电路组成多级放大电路。在多级放大电路中通常将基本组态的放大电路合理组合，充分发挥各自电路的特点，从而获得放大电路的最佳性能。

多级放大电路中与输入信号相连接的第一级放大电路称为输入级，一般将差分放大电路作为多级放大电路的输入级，其主要作用是抑制共模信号。同时，差分放大电路具有一定的放大能力。与负载连接的电路称为输出级，一般将功放电路作为多级放大电路的输出级，主要用于提高电路的输出功率。输入级和输出级之间的电路称为中间级，一般将共射极放大电路作为多级放大电路的中间级，主要用于提高电路的电压放大倍数。

多级放大电路基本有三种耦合方式，分别是直接耦合、阻容耦合、变压器耦合。阻容耦合和直接耦合的优缺点如表4.4.1所示。

表4.4.1 阻容耦合与直接耦合

| 耦合方式 | 耦合元件 | 优点 | 缺点 |
| --- | --- | --- | --- |
| 阻容耦合 | 各级之间采用电容连接 | 各级间静态工作点互补影响，各级直流工作点设计与调试简单方便 | 不能放大低频、直流信号；不易集成 |
| 直接耦合 | 各级之间采用导线连接 | 能放大直流、低频信号，便于集成，信号传输损耗小 | 各级静态工作点互相影响，直流工作点设计与调试不方便 |

多级放大电路动态参数的求解和单级放大电路不同，但是又有很密切的关系，通过分析可以将多级放大电路的相关问题最终转化为单级放大电路的相关问题。这里从多级放大电路的示意图去推导多级放大电路和单级放大电路的关系。

图4.4.1所示为二级放大电路的简图。在图中有很多的参量，在这些参量中有一些等量。其中$u_{o1} = u_{i2}$，即第一级的输出信号作为第二级的输入信号；$R_{o1} = R_{S2}$，即第一级的输出电阻就是第二级的信号源内阻；$R_{L1} = R_{i2}$，即第二级的输入电阻为第一级的负载。

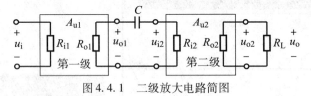

图4.4.1 二级放大电路简图

总电路的电压放大倍数为：

$$A_u = \frac{u_o}{u_i} = \frac{u_o u_{o1}}{u_i u_{o1}} = \frac{u_{o2} u_{o1}}{u_{i1} u_{i2}} = A_{u1} A_{u2} \qquad (4.4.1)$$

即总电路的放大倍数为各级电压放大倍数的积，若要求解$A_u$应该先求解$A_{u1}$和$A_{u2}$。

总的输入电阻：

$$R_i = R_{i1} \qquad (4.4.2)$$

总输出电阻：

$$R_o = R_{o2} \qquad (4.4.3)$$

这样将多级放大电路参数的求解问题化为单极放大电路参数的求解问题。

## 4.4.1 阻容耦合多级放大电路

阻容耦合多级放大电路如图4.4.2所示,$C_1$为耦合电容,第一级和第二级电路均属于共射极放大电路。

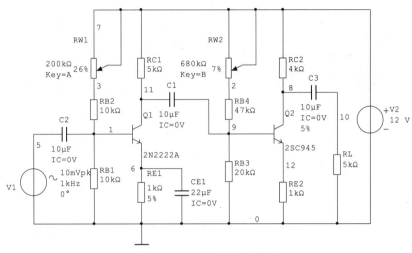

图 4.4.2  多级放大电路图

### 一、静态分析

1. 理论分析

由于耦合电容对直流量的电抗为无穷大,因此阻容耦合放大电路各级之间的直流通路不相通,各级的静态工作点互相独立,在求解 $Q$ 点时可以按照单级电路进行处理。因此静态工作点的理论分析与 4.1.1 节中完全相同。

2. 电路仿真与分析

利用 DC Operating Point 仿真方法分析电路的静态工作点。多级放大电路由单级放大电路组成,在多级放大电路中有多个三极管,因此其静态工作点有多组,可在"Add device/model parameter"对话框中同时设置多个三极管的静态工作点,如图 4.4.3 所示,在"Name"中可以选择相应的三极管,在"Parameter"中选择相应的 $I_C$、$I_B$ 即可。电路中两个变阻器 $R_{W1}$、$R_{W2}$ 的百分比分别为 26%、7%,静态工作点分析结果如图 4.4.4 所示。

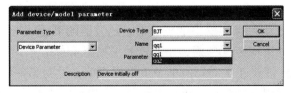

图 4.4.3  "Add device/model parameter" 对话框设置

由分析结果知，$U_{CE1} = V_{(11)} - V_{(6)} \approx 7 \text{ V}$，$U_{CE2} = V_{(8)} - V_{(12)} \approx 5.2 \text{ V}$，$\beta_1 = I_{C1}/I_{B1} \approx 163$，$\beta_2 = I_{C2}/I_{B2} \approx 225$。

## 二、动态分析

多级放大电路的动态分析主要是求解电路的三个参数：电压放大倍数、输入电阻、输出电阻。

### 1. 理论计算

先求解第二级的动态参数，方法与第 4.1.1 节相同。

其等效电路如图 4.4.5 所示。

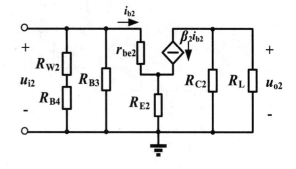

图 4.4.4　DC Operating Point 仿真分析结果　　　图 4.4.5　等效电路图

输入电压：
$$u_{i2} = i_{b2} [r_{be2} + (1+\beta) R_{E2}] \tag{4.4.4}$$

输出电压：
$$u_{o2} = -\beta_2 i_{b2} R_{C2} // R_L \tag{4.4.5}$$

第二级电压放大倍数：
$$A_{u2} = -\frac{\beta_2 R_{C2} // R_L}{r_{be2} + (1+\beta) R_{E2}} \tag{4.4.6}$$

第二级输入电阻：
$$R_{i2} = (R_{B4} + R_{W2}) // R_{B3} // [r_{be2} + (1+\beta_2) R_{E2}] \tag{4.4.7}$$

第二级输出电阻：
$$R_{o2} = R_{C2} = R_o \tag{4.4.8}$$

第一级的动态参数求解方法和第二级相似。

### 2. 电路仿真与分析

电路的动态参数是在输出波形没有失真的情况下得到的，因此要测量电路的动态参数，要先调节电路不失真。

用示波器 A 通道显示第一级的输出电压波形，示波器的 B 通道显示第二级的输出电压波形。当滑动变阻器百分比均为 50% 时，示波器波形如图 4.4.6 所示。

可见第一级输出电压波形正半周峰值小于负半周峰值，说明第一级电路发生截止失真，第二级输出电压波形正半周发生明显变化，说明第二级电路发生截止失真。此时，应通过减小第一级的变阻器的阻值消除第一级电路的截止失真；然后再通过减小第二级电路的滑动变阻器阻值消除第二级的截止失真。当 $R_{W1}$ 为 26%，$R_{W2}$ 为 7% 时两级电路的失真消失，输出波形如图 4.4.7 所示，此时就可以测量电路的动态参数了。

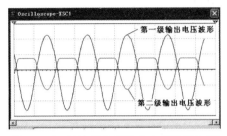 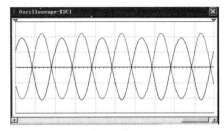

图 4.4.6　示波器显示输出电压波形失真　　　　图 4.4.7　示波器显示输出电压波形正常

1）电压放大倍数

在多级放大电路中，将万用表 XMM1 调节为交流电压表，测量电路的输入电压，将 XMM2 调节为交流电压表，测量第一级电路的输出电压，将 XMM3 调节为交流电压表，测量第二级电路的输出电压，万用表读数如图 4.4.8 所示，则：$A_{u1} = -716.504/7.071 \approx -101$，$A_{u2} = -1521/716.504 \approx -2$，$A_u = A_{u1} \cdot A_{u2} \approx 202$。

图 4.4.8　万用表读数

2）输入电阻

输入电阻测量原理同 4.1.1 节，在输入端口串联电阻 $R$，$R = 2\ \text{k}\Omega$，用万用表 XMM1 测量 $u_R$，用 XMM2 测量 $u_i$，测量数据如图 4.4.9 所示，则：

$$R_i = \frac{u_i}{u_R - u_i} R = \frac{5.19}{7.071 - 5.19} \times 2\ \text{k}\Omega \approx 5.5\ \text{k}\Omega \tag{4.4.9}$$

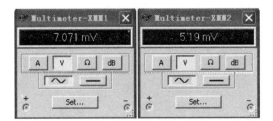

图 4.4.9　万用表读数

3）输出电阻

输出电阻测量原理同 4.1.1 节，利用万用表 XMM1 测量开路电压和负载输出电压，仿真结果如图 4.4.10 所示。则

$$R_o = \left(\frac{u_{ot}}{u_o} - 1\right) R_L = \left(\frac{2.715}{1.522} - 1\right) \times 5\ \text{k}\Omega \approx 3.9\ \text{k}\Omega \approx R_{o2} \approx R_{C2} \tag{4.4.10}$$

图 4.4.10　万用表测量结果

## 4.4.2　直接耦合多级放大电路

在直接耦合放大电路中，由于各级之间直接连接，故各级之间静态工作点不独立，当某一级静态工作点发生变化时，其他级电路静态工作点也发生变化。在直接耦合放大电路中零点漂移对电路影响严重，第一级的零点漂移会随信号传递到下一级，并逐渐被放大，这样即使输入信号为零，输出电压也会偏离初始值而上下波动。严重时，零点漂移信号会淹没有用信号，使设计人员无法辨认漂移信号与有用信号。因此在直接耦合放大电路中第一级一般采用差分放大电路，用来抑制零点漂移。

直接耦合放大电路如图 4.4.11 所示，第一级电路为长尾差分放大电路，第二级为由 PNP 三极管组成的共发射极放大电路，该电路要求静态时输出端电位为零。

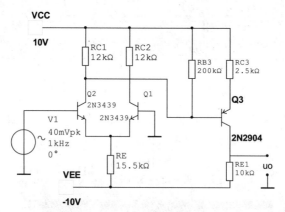

图 4.4.11　直接耦合放大电路

### 一、静态分析

1. 理论分析

由于静态时输出电压为零，则 $R_{E1}$ 的压降为：

$$U_{RE1} = V_{EE} = 10 \text{ V} \tag{4.4.11}$$

由此可得三极管 $Q_3$ 的集电极电流为：

$$I_{CQ3} = \frac{U_{RE1}}{R_{E1}} = 1 \text{ mA} \tag{4.4.12}$$

由此可得 $R_{C3}$ 上的压降为：

$$U_{RC5} = I_{CQ3} \times R_{C3} = 2.5 \text{ V} \tag{4.4.13}$$

在差分放大电路中可求得 $Q_1$ 集电极电流为：

$$I_{CQ1} = \frac{1}{2}I_{RE} = \frac{V_{EE} - U_{BE}}{2R_E} = \frac{10 - 0.7}{31} \text{ mA} = 0.3 \text{ mA} \qquad (4.4.14)$$

忽略 $Q_3$ 的基极电流，则：

$$U_{RC1} = U_{RC3} + U_{BE3} = 2.5 \text{ V} + 0.7 \text{ V} = 3.2 \text{ V} \qquad (4.4.15)$$

由上式可得：

$$R_{C1} = \frac{U_{RC1}}{I_{CQ2}} = 10.6 \text{ k}\Omega \qquad (4.4.16)$$

**2. 仿真分析**

按图连接电路，令输入信号为零，利用万用表测量输出端的直流电压。实验中微调 $R_C$ 的阻值使万用表读数为零，当 $R_C = R_{C1} = 11.5 \text{ k}\Omega$ 时，万用表读数近似为零，如图 4.4.12 所示。

**二、动态分析**

理论分析与 4.4.1 节类似，这里不再赘述。利用示波器 A 通道观察第一级的输出信号，信号显示交流信号（AC），用 B 通道观察第二级的输出信号，信号显示交直流混合信号（DC），结果如图 4.4.13 所示。

图 4.4.12 万用表读数

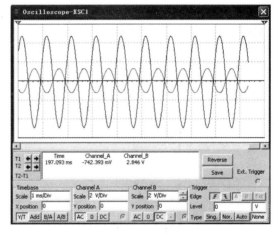

图 4.4.13 示波器波形图

## 4.4.3 耦合元件的选择

多级放大电路各级之间相互联系，元件的一些变化对动态参数会产生一些影响，尤其是耦合元件的选择要合适。

在阻容耦合电路中，耦合元件电容具有隔直通交的特性，所以该元件对电源的频率有一定的要求。如果电源的频率或者电容的值发生变化，则对输出信号会产生一定的影响，电路如图 4.4.2 所示，$R_{W1}$ 调节到 26%，$R_{W2}$ 调节到 7%，保证电路不失真地放大信号，耦合电容容值为 10 μF，输入信号频率为 1 kHz，峰值为 10 mV，输出电压信号波形如图 4.4.14 所示，输出电压峰值为 2.242 V。

保持输入信号峰值和频率不变,将耦合电容的值由 10 μF 改为 100 pF,输出信号波形如图 4.4.15 所示,由图知电容值变化前后输出波形的形状并没有发生变化,都是正弦波;但是输出信号的幅度发生了很大的变化,电容值减小后输出电压的幅度变得很小,峰值仅为 26 mV。

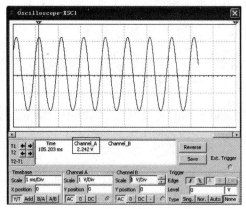
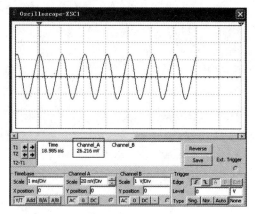

图 4.4.14　电容的值为 10μF 时示波器波形　　　图 4.4.15　电容的值为 100 pF 时示波器波形

输出波形幅度减小是由于电路中某个地方产生了损耗造成的,可以用示波器观察第一级的输出信号与第二级的输入信号波形,将示波器 A 通道连接在 $Q_1$ 集电极,B 通道连接在 $Q_2$ 基极,仿真波形如图 4.4.16 所示。比较两点的波形的形状和幅度发现两点波形产生了额外的相位差;A 通道波形峰值为 1.205 V,B 通道波形为 12.013 mV,A 通道波形的幅度比 B 通道波形的幅度要大很多,说明信号在电容上面产生了一些损耗。这是由于电容具有阻抗 $Z_C = 1/(2\pi fC)$,当电容值减小时电容阻抗增加,因此对信号会产生损耗。

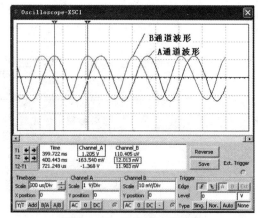

图 4.4.16　B 点示波器波形

**总结:**
(1) 阻容耦合多级放大电路各级静态工作点互相独立。
(2) 多级放大电路总的电压放大倍数等于各级电压放大倍数的乘积。
(3) 多级放大电路输入电阻等于第一级电路的输入电阻。
(4) 多级放大电路输出电阻等于最后一级电路的输出电阻。
(5) 阻容耦合多级放大电路中耦合元件要适当选择,容值大小取决于输入信号的频率。

# 4.5 负反馈放大电路

在实际放大电路中，几乎都要引入各种各样的反馈，以改善放大电路某些方面的特性。因此，掌握反馈的基本概念、反馈类型判断方法及反馈电路参数的估算是研究负反馈放大电路的基础。

本节通过仿真分析主要介绍：反馈放大电路极性的判断；反馈放大电路反馈组态的判断；深度负反馈放大电路交流参数的估算与测量；负反馈对放大电路性能的影响。

负反馈放大电路的知识点结构如下所示：

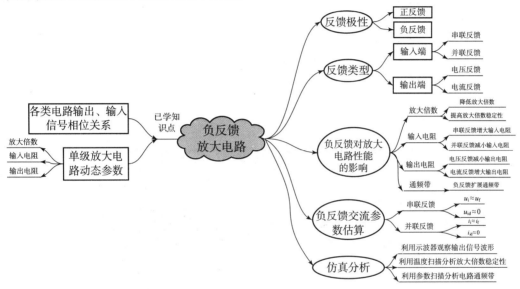

## 4.5.1 反馈放大电路极性判断

反馈极性分为正反馈和负反馈。其中正反馈是指使放大电路净输入量增大的反馈；负反馈是指使放大电路净输入量减小的反馈。

瞬时极性法判断：假定放大电路中输入信号在某一时刻的极性（正或负），然后逐级判断电路中各相关信号的极性，得到输出信号的极性；根据输出信号的极性判断反馈信号的极性；若反馈信号使净输入信号增大，说明电路引入正反馈，若反馈信号使放大电路的净输入信号减小，说明电路引入负反馈。图 4.5.1 为一正反馈电路，图 4.5.2 为输出端电压波形，由图知输出信号幅度不断增加，最后信号失真，故引入的反馈为正反馈。

利用瞬时极性法可以快速判断反馈的极性。若反馈信号直接引回输入端，反馈信号与输入信号极性相反则电路引入负反馈，反馈信号与输入信号极性相同则引入正反馈；若反馈信号没有引回输入端，反馈信号与输入信号极性相反则电路引入正反馈，反馈信号与输入信号极性相同则电路引入负反馈。

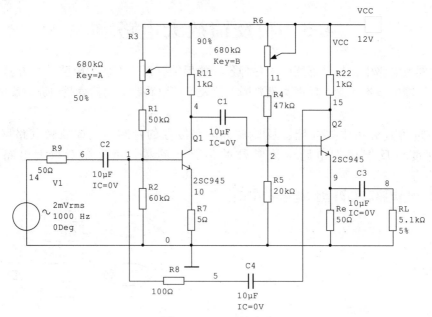

图 4.5.1　正反馈电路

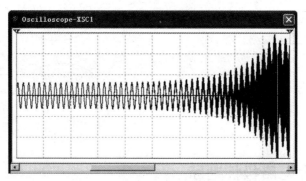

图 4.5.2　正反馈电路输出端波形

利用瞬时极性法判断反馈极性时需要判断电路中各点信号极性，常用器件主要有三极管、差分放大电路、集成运放，各器件信号极性如图 4.5.3 所示。对于三极管，若信号从基极输入，则基极信号与集电极信号极性相反（共发射极电路），基极信号与发射极信号极性相同（共集电极电路）；若信号从发射极输入，则发射极信号极性与集电极信号极性相同

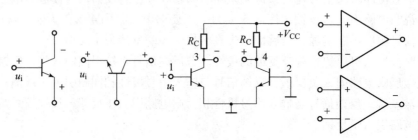

图 4.5.3　器件信号极性

（共基极电路）。对于差分放大电路，若信号从 4 端口输出，则 1 端口为同相输入端，2 端口为反相输入端；若信号由 3 端口输出，则 1 端口为反相输入端，2 端口为同相输入端。对于集成运放，若信号由反相端输入，则输出信号与输入信号极性相反；若信号由同相端输入，则输出信号与输入信号极性相同。

### 4.5.2 反馈放大电路组态判断

负反馈放大电路共有四种组态，即电压串联、电压并联、电流串联、电流并联，不同的组态具有不同的特点，对电路具有不同的影响，其放大倍数的计算方法也不相同，因此准确判断负反馈放大电路的各种组态十分重要。在判断电路组态时，首先要确定下列问题：从输出端看，反馈量是取自于输出电压还是输出电流；从输入端看，反馈量是以电压方式叠加还是以电流方式叠加。从这两方面入手对反馈电路的组态进行判断，具体方法有两种，不管用哪种方法，在判断之前应该先确定反馈元件，一般讨论级间反馈，不讨论本级反馈。

判断反馈组态时，从输入端可以判断串联反馈和并联反馈；从输出端可以判断电流反馈和电压反馈。

1. 输入端：串联反馈和并联反馈

反馈信号和输入信号为电流叠加，即 $i'_i = i_i \pm i_f$，此时电路组态为串联反馈。

反馈信号和输入信号为电压叠加，即 $u'_i = u_i \pm u_f$，此时电路组态为并联反馈。

2. 输出端：电流反馈和电压反馈

反馈信号和输出电压信号成正比，即 $x_f \propto u_o$，此时电路组态为电压反馈。或：令输出短路（$u_o = 0$），若反馈元件上无反馈信号，此时电路组态为电压反馈。

反馈信号和输出电流信号成正比，即 $x_f \propto i_o$，此时电路组态为电流反馈。或：令输出短路（$u_o = 0$），若反馈元件上有反馈信号，此时电路组态为电流反馈。

利用上面的方法判断电路图 4.5.1 的反馈类型为电流并联正反馈。

### 4.5.3 负反馈放大电路交流参数的估算

在实际的放大电路中多引入深度负反馈，深度负反馈具有很多特点，我们一般通过简化问题求出不同组态反馈放大电路的交流参数。

负反馈电路中频段放大倍数表达式为：

$$A_f = \frac{A}{1 + A \cdot F} < A \tag{4.5.1}$$

式中，$A_f$ 为闭环放大倍数；$A$ 开环放大倍数；$F$ 为反馈系数。上式表明负反馈可以减小电路的放大倍数。

当电路引入深度负反馈时，$AF + 1 \gg 1$，则负反馈放大倍数表达式可简化为：

$$A_f \approx \frac{A}{A \cdot F} = \frac{1}{F} \tag{4.5.2}$$

表明当电路引入深度负反馈（$AF + 1 \gg 1$）时，电路放大倍数与基本放大电路无关，仅决定于反馈网络。而反馈网络常由无源元件组成，无源元件受温度影响很小，因而负反馈电路的放大倍数稳定性很高。

负反馈电路的放大倍数稳定性为：

$$\frac{dA_f}{A_f} = \frac{1}{1+AF} \cdot \frac{dA}{A} \tag{4.5.3}$$

上式表明：有反馈时增益的稳定性比无反馈时提高了（$1+AF$）倍。

深度负反馈电路中放大倍数的估算与具体电路有关系，不同反馈类型的电路估算方法不同，推导过程如下。

深度负反馈中 $AF \gg 1$，由该式得：

$$AF = \frac{x_o}{x_i'} \times \frac{x_f}{x_o} = \frac{x_f}{x_i'} \gg 1 \tag{4.5.4}$$

故 $x_f \gg x_i'$，其中 $x_i = x_f + x_i'$。

因此，$x_i \approx x_f$，$x_i' \approx 0$，此为深度负反馈的特点，一般利用该关系推导输入信号和输出信号的关系来得到电路的放大倍数。

在串联深度负反馈电路中，有 $u_i \approx u_f$，$u_i' \approx 0$，此时电路对应虚断。一般对电路电压量进行讨论求得电路的放大倍数。

在并联深度负反馈电路中有 $i_i \approx i_f$，$i_i' \approx 0$，此时电路对应虚短。一般对电路电流量进行讨论求得电路的放大倍数。

### 4.5.4　反馈放大电路仿真与分析

放大电路中引入交流负反馈后，其性能会得到很多方面的改善，如稳定放大倍数、改变输出电阻、展宽频带、减小非线性失真等。

**一、负反馈对电路电压增益的影响**

以电压串联负反馈电路和电流并联负反馈电路为例进行讨论。

**1. 电压串联负反馈**

电路如图 4.5.4 所示，在电路中 $R_8$ 和 $C_4$ 组成交流反馈网络，由图知反馈信号没有直接叠加到输入端，反馈网络和输出端相连，故可判断出该电路属于电压串联负反馈。

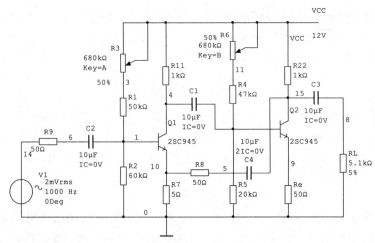

图 4.5.4　电压串联负反馈放大电路

1) 负反馈对放大电路放大倍数大小的影响

在串联深度负反馈中有 $u_i \approx u_f$，

其中：

$$u_f = \frac{R_7}{R_7 + R_8} u_o \tag{4.5.5}$$

$$u_o = \frac{R_7 + R_8}{R_7} u_f = \frac{R_7 + R_8}{R_7} u_i \tag{4.5.6}$$

故可估算出电路的电压放大倍数：

$$A_{uf} = \frac{R_7 + R_8}{R_7} = 11 \tag{4.5.7}$$

断开反馈网络，利用示波器 A 通道显示输入信号波形，B 通道显示输出信号波形，调节滑动变阻器使电路获得不失真输出，$R_3$ 的百分比为 50%，$R_6$ 的百分比为 13% 时输出信号不失真，示波器波形如图 4.5.5 所示。由图可知，输入信号与输出信号极性相同，电路的开环电压增益为：

$$A_u = \frac{u_o}{u_i} = \frac{1931}{1.959} \approx 1000 \tag{4.5.8}$$

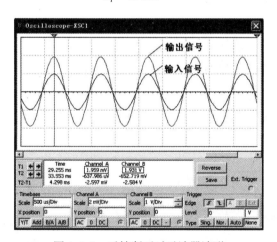

图 4.5.5　反馈断开时示波器波形

接入反馈网络，利用示波器 A 通道显示输入信号波形，B 通道显示输出信号波形，示波器波形如图 4.5.6 所示。由图可知，输入信号与输出信号极性相同，电路的闭环电压增益为：

$$A_{uf} = \frac{u_o}{u_i} = \frac{18.735}{1.987} \approx 10 \tag{4.5.9}$$

仿真结果与估算结果基本吻合，可见负反馈能减小电路的放大倍数。

2) 负反馈放大电路对放大倍数稳定性的影响

对开环电路与闭环电路进行温度扫描分析可以得到负反馈对放大电路放大倍数稳定性的影响。

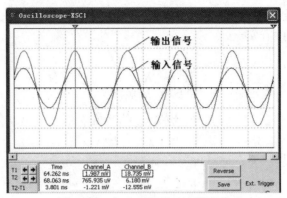

图 4.5.6 加入反馈后示波器波形

令输入信号为正弦波，峰值为 2 mV，频率为 1 kHz，调节电路中滑动变阻器 $R_3$ 的百分比为 50%，$R_6$ 的百分比为 13%，此时输出信号不失真，断开反馈网络，对电路进行温度扫描分析，温度由 25 ℃ 变化到 100 ℃，在"Output"选项卡中选择输出节点 8，分析结果如图 4.5.7 所示。

利用游标 1 测量不同温度下输出电压的峰值，将游标 1 置于输出信号峰值处，游标 1 读数如图 4.5.8 所示，由图知 25 ℃ 及 100 ℃ 时电路最大输出电压分别为 1.892 6 V、1.688 2 V，用 $A$ 表示 25 ℃ 时电路的开环电压放大倍数，$A_1$ 表示 100 ℃ 时电路的开环电压放大倍数，则电路开环电压放大倍数稳定性为：

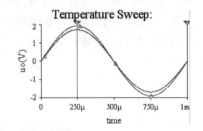

图 4.5.7 开环电路温度扫描分析结果

$$\frac{\mathrm{d}A}{A} = \frac{A_1 - A}{A} \approx \frac{\frac{1688}{2} - \frac{1892}{2}}{\frac{1892}{2}} = -10.8\% \quad (4.5.10)$$

式中，负号表示输出电压呈负温度系数变化。

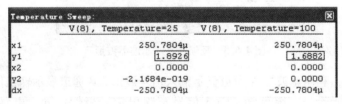

图 4.5.8 游标读数

将电路元件参数保持不变，连接反馈网络，对电路进行温度扫描分析，分析结果如图 4.5.9 所示。

游标 1 对应的峰值读数如图 4.5.10 所示，由图可知当温度由 25 ℃ 上升到 100 ℃ 时电路最大输出电压分别约为 19.5 mV、19.2 mV，用 $A_f$ 表示 25 ℃ 时电路的闭环电压放大倍数，$A_{f1}$ 表示 100 ℃ 时电路的闭环电压放大倍数，则：

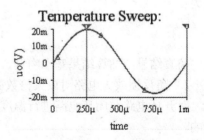

图 4.5.9 闭环电路温度扫描分析结果

$$\frac{dA_f}{A_f} = \frac{A_{f1} - A_f}{A_f} = \frac{\frac{19.2}{2} - \frac{19.5}{2}}{\frac{19.5}{2}} = -1.5\% \tag{4.5.11}$$

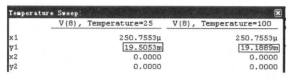

图 4.5.10 游标读数

以上分析表明负反馈可以提高电路放大倍数的稳定性。

3）负反馈对电路失真的改善

断开反馈网络，调节两个滑动变阻器的百分比为 50%，示波器显示波形如图 4.5.11 所示，可知输出信号发生截止失真。

保持滑动变阻器百分比不变，然后接入反馈网络，示波器显示波形如图 4.5.12 所示，由图可见输出信号失真减弱。

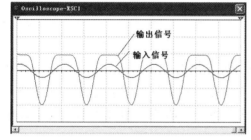

图 4.5.11 反馈网络断开情况下输出信号失真波形

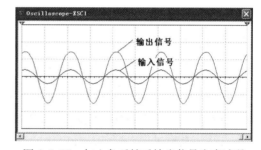

图 4.5.12 加入负反馈后输出信号失真减弱

**结论：**

（1）负反馈放大电路可以减小电路的放大倍数，但是能提高电路放大倍数的稳定性。

（2）负反馈可以很好地减小电路的非线性失真。

2．电流并联负反馈

电路如图 4.5.13 所示，在电路中 $R_8$ 和 $C_4$ 组成交流反馈网络，由图知反馈信号直接叠加到输入端，当负载为 0 时，电路仍然有反馈信号，故该电路属于电流并联负反馈。

估算电路的闭环电压放大倍数，在并联深度负反馈中有 $i_i \approx i_f$，

其中：

$$i_i = \frac{u_i}{R_9} \tag{4.5.12}$$

$$i_f = -\frac{R_e}{R_8 + R_e} i_e \approx -\frac{R_e}{R_8 + R_e} i_c \tag{4.5.13}$$

又因为 $Q_2$ 三极管构成共射极放大电路，故：

$$u_o = -i_c \times R_{22} // R_L \tag{4.5.14}$$

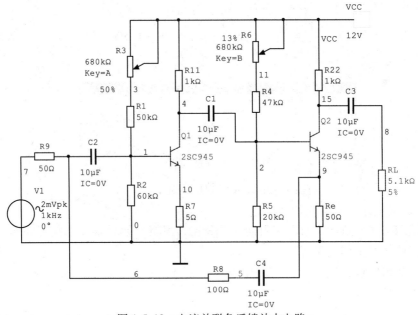

图 4.5.13 电流并联负反馈放大电路

电路闭环增益为：

$$A_\mathrm{u} = \frac{R_8 + R_\mathrm{e}}{R_\mathrm{e}} \times \frac{R_{22} /\!/ R_\mathrm{L}}{R_9} \approx 50 \tag{4.5.15}$$

断开反馈网络，利用示波器 A 通道显示输入信号波形，B 通道显示输出信号波形，调节滑动变阻器使电路获得不失真输出，当 $R_3$ 的百分比为 50%，$R_6$ 的百分比为 13% 时输出信号不失真，仿真后可得电路的开环电压增益为：

$$A_\mathrm{u} = \frac{u_\mathrm{o}}{u_\mathrm{i}} = \frac{1931}{1.959} \approx 1000 \tag{4.5.16}$$

接入反馈网络后，利用示波器 A 通道显示输入信号波形，B 通道显示输出信号波形，示波器显示波形如图 4.5.14 所示。由图可知，输入信号与输出信号极性相同，电路的闭环电压增益为：

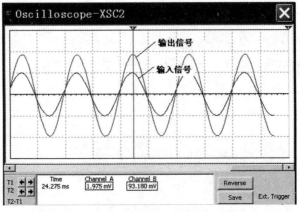

图 4.5.14 加入反馈后示波器波形

$$A_{uf} = \frac{u_o}{u_i} = \frac{93.180}{1.975} \approx 49 \qquad (4.5.17)$$

该仿真结果与估算结果基本吻合。

## 二、负反馈对放大电路性能的影响

负反馈对放大电路性能的影响较大。并联反馈可以减小电路的输入电阻,串联反馈可以增大电路的输入电阻;电压负反馈可以减小电路的输出电阻,并稳定输出电压;电流负反馈可以稳定电路的输出电流,提高电路的输出电阻。负反馈可以扩展电路的通频带。以电路4.5.15 为例分析负反馈对放大电路性能的影响。电路反馈元件为 $R_f$,反馈类型为电压串联负反馈。

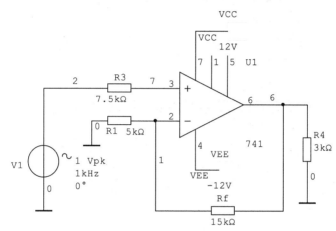

图 4.5.15 负反馈放大电路

电路反馈深度为:

$$F = \frac{u_f}{u_o} = \frac{R_1}{R_1 + R_f} \qquad (4.5.18)$$

$R_f$ 的大小决定了电路的反馈深度,$R_f$ 越大反馈深度越浅,$R_f$ 越小反馈深度越深。对电路进行参数扫描分析,可以快速得到反馈元件变化对电路性能的影响。

选择"Simulate"→"Analyses"→"Parameter Sweep"命令打开参数扫描分析设置对话框,如图 4.5.16 所示。在"Sweep Parameters"中选择"Device Parameter"表示选择元器件参数;在"Device Type"中选择元器件类型,这里选择"Resistor",在"Name"中选择"rrf";在"Sweep Variation Type"中选择扫描方式,这里选择"Linear","Start"值为 5 kΩ,"Stop"值为 50 kΩ,"# of point"设置为 3;在"Analysis to sweep"中选择"AC Analysis",表示对电路进行交流分析。单击"Edit Analysis"弹出频率参数设置对话框,如图 4.5.17 所示。选择"Output"选项卡,添加输出节点,这里为节点 6。

设置完成后,单击"Simulate"按钮,参数扫描结果如图 4.5.18 所示,由图可见中频电压增益由 2 倍上升到 11 倍,而通频带由 484 kHz 下降到 88 kHz,即 $R_f$ 越大,反馈深度越浅,放大倍数越高,通频带越窄;反之,当 $R_f$ 越小时,反馈深度越深,放大倍数越小,通频带越宽,说明负反馈能够降低放大倍数,扩展通频带。

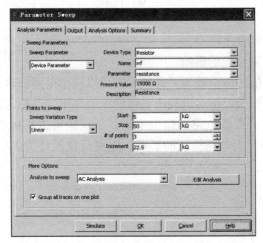

图 4.5.16　参数扫描设置对话框

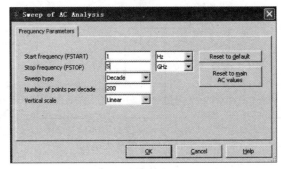

图 4.5.17　频率参数设置对话框

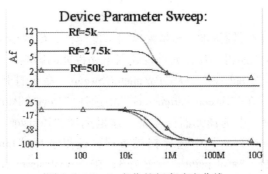

图 4.5.18　$R_f$ 变化的频率响应曲线

改变 $R_f$ 的阻值，对电路 4.5.15 进行传递函数分析，确定电路的输入电阻与输出电阻。图 4.5.19 为 $R_f=5$ kΩ 时电路的传递函数分析结果，图 4.5.20 为 $R_f=20$ kΩ 时电路的传递函数分析结果。当 $R_f$ 增大时，反馈深度变浅，输入电阻减小，输出电阻增大。

以上分析表明串联负反馈可以增大电路的输入电阻，反馈越深，输入电阻越大，反之反馈越浅，输入电阻越小；由于电压反馈可以减小电路的输出电阻，反馈越深，输出电阻越小，反之反馈越浅，输出电阻越大。

所有分析表明：负反馈对放大电路的影响与反馈深度有关系，反馈越深，影响越大，反馈越浅，影响越小。

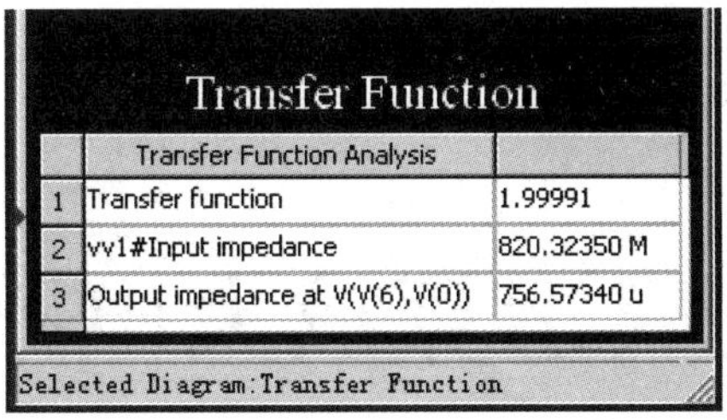

Transfer Function

| | Transfer Function Analysis | |
|---|---|---|
| 1 | Transfer function | 1.99991 |
| 2 | vv1#Input impedance | 820.32350 M |
| 3 | Output impedance at V(V(6),V(0)) | 756.57340 u |

Selected Diagram:Transfer Function

图 4.5.19　$R_f = 5\ \text{k}\Omega$ 时电路传递函数分析结果

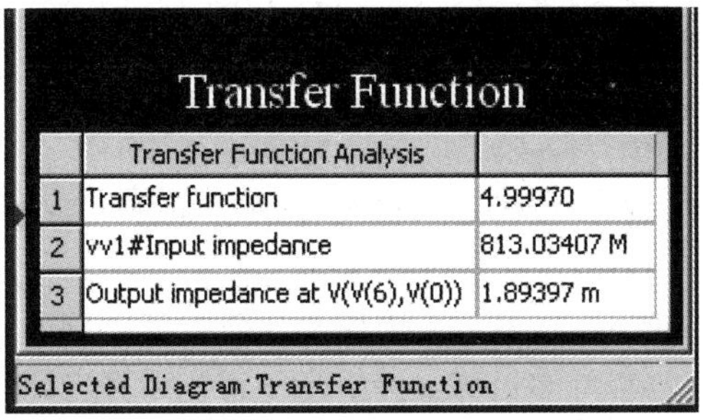

Transfer Function

| | Transfer Function Analysis | |
|---|---|---|
| 1 | Transfer function | 4.99970 |
| 2 | vv1#Input impedance | 813.03407 M |
| 3 | Output impedance at V(V(6),V(0)) | 1.89397 m |

Selected Diagram:Transfer Function

图 4.5.20　$R_f = 20\ \text{k}\Omega$ 时电路传递函数分析结果

# 第 5 章

# 集成运算放大电路

集成运算放大电路是高增益的多级放大电路,主要由高输入阻抗的差分放大电路作为输入级,很好地抑制了温度漂移,提高了共模抑制比,由电压放大倍数很高的元件作为中间级,以带负载能力很强的功率放大电路作为电路的输出级,通过接入不同的反馈网络,使集成运算放大电路工作在线性状态。在分析集成运算放大电路时,通常将集成运放的性能指标理想化,看作理想运放。可以利用这些理想的集成运放实现信号的一些运算,如:加、减、微分、积分等运算。

作为信号运算功能应用的集成运算放大电路有比例运算电路、加法运算电路、减法运算电路、积分电路和微分电路,本章通过仿真分析介绍常用运算电路的结构特点、常见运算电路的运算关系、运算电路的仿真分析方法、运算电路的设计方法。

## 5.1 集成运放的分析依据

集成运算放大电路具有很多的技术指标,在误差允许的范围内可以将其理想化处理,集成运放的理想参数为:
(1) 开环差模电压放大倍数 $A_{ud} = \infty$。
(2) 差模输入电阻 $R_{id} = \infty$。
(3) 输出电阻 $R_o = 0$。
(4) 共模抑制比很大。
(5) 带宽足够宽。

由以上特点可以得到理想集成运放的分析依据,利用分析依据可以很方便地得到集成运放的输入电压和输出电压之间的运算关系。

1) 虚断

理想集成运放符号如图 5.1.1 所示。由于理想集成运放的输入电阻 $R_{id} = \infty$,而输入电压为一个有限值,则电路的输入电流 $i_+ = i_- \approx 0$,此时两个输入端之间没有电流流过,称之为虚断。

注意:此时的电流指的是净输入电流。

不论运放是开环还是构成负反馈,都可以使用虚断。

2) 虚短(有反馈或闭环)

虚短使用的条件为运放构成负反馈电路,如图 5.1.2 所示。

$$u_o = (u_+ - u_-)A_{uo} \tag{5.1.1}$$

由于理想集成运放差模电压放大倍数很大,而输出电压为有限值,故 $u_+ = u_-$,即同相输入端的电位和反相输入端电位相等(但是不一定等于0),称之为虚短。

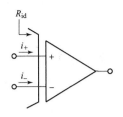
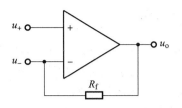

图 5.1.1　理想集成运放符号　　　　图 5.1.2　闭环集成运放电路

3）放大信号类型

运放带宽足够大，所以运放构成的电路既可以放大直流信号也可以放大交流信号。

4）电源

运放可由双电源供电（$V_{CC} = -V_{EE}$），也可由单电源供电（$V_{EE}=0$）。若运放由双电源供电，可放大交流信号与直流信号，此时电路中参考点电位为正、负电源的中间值，即公共接地端（零电位），静态时 $u_+ = u_- = u_o = 0$。若仅需放大交流信号，则运放可由单电源供电（假设只有 $V_{CC}$，$V_{EE}=0$），此时集成运放内部各点对地电位都将提高，将以 $V_{CC}/2$ 为参考点，因此即使输入信号为 0，仍然有输出信号。因此为了使集成运放能够正常工作，必须调整运放电路的静态工作点，使 $u_+ = u_- = u_o = V_{CC}/2$，目的是电路能够获得最大的动态范围。为了使电路输出信号只有交流信号，需要使用电容隔断直流信号。

## 5.2　比例运算电路

比例放大电路可以实现输入信号与输出信号之间的比例运算，运算关系满足正比例函数，即：$u_o = k u_i$。

按照比例系数 $k$ 的正负，可以将比例放大电路分为反相比例运算电路、同相比例运算电路，以及由同相比例电路衍生出的有分压的同相比例运算电路。

比例运算电路知识点结构如下所示：

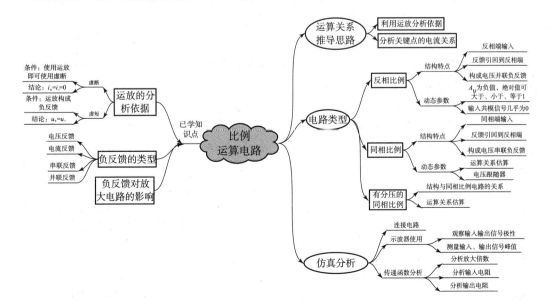

## 5.2.1 理论分析

对单一信号作用的运算电路，在分析运算关系时，应首先列出关键节点的电流方程，所谓的关键节点就是那些与输入电压和输出电压产生关系的节点，如 n 点和 p 点，然后利用"虚短"和"虚断"进行分析解题。

### 一、反相比例运算电路

图 5.2.1 为反相比例运算电路原理图，信号由运放反相端输入，反馈引回到反相端。该电路的反馈类型为电压并联负反馈。

由虚断得：

$$i_+ = i_- = 0$$

故：

$$u_+ = 0, \quad i_{R1} = i_{Rf}$$

由虚短得：

$$u_+ = u_- = 0$$

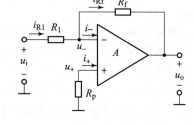

图 5.2.1 反相比例运算电路原理图

故：

$$I_{R1} = (u_i - u_-)/R_1 \approx u_i/R_1 \quad (5.2.1)$$

$$I_{Rf} = (u_- - u_o)/R_f \approx -u_o/R_f \quad (5.2.2)$$

利用两式可以得到输入和输出电压的关系：

$$u_o = -\frac{R_f}{R_1}u_i \quad (5.2.3)$$

其中，负号表示输出信号和输入信号相位相反。电路中 $R_p$ 为平衡电阻，$R_p = R_1 // R_f$。

反相比例电路的电压增益的绝对值可以大于 1、等于 1、小于 1。当 $R_1 = R_f$ 时，$u_o = -u_i$，此时电路为反相器。

由于电路引入并联负反馈，故总电路的输入电阻为：$R_i = R_1$。

反相比例电路分析视频

注意：在反相比例电路中，$u_+ = u_- = 0$，即共模输入信号几乎为 0，只要选择一般的运算放大器电路就具有较高的共模抑制比。

### 二、同相比例运算电路

图 5.2.2 为同相比例运算电路原理图，信号由同相端输入，反馈引回到反相端，该电路的反馈类型为电压串联负反馈。

由虚断得：

$$i_+ = i_- = 0$$

故：

$$u_+ = u_i, \quad i_{R1} = i_{Rf}$$

由虚短得：

$$u_+ = u_- = u_i$$

故：

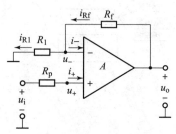

图 5.2.2 同相比例运算电路原理图

$$(0 - u_-)/R_1 = (u_- - u_o)/R_f \qquad (5.2.4)$$

$$-u_i/R_1 = (u_i - u_o)/R_f \qquad (5.2.5)$$

则输入电压和输出电压之间的关系为：

$$u_o = \left(1 + \frac{R_f}{R_1}\right)u_i \qquad (5.2.6)$$

其中，$R_p$ 为平衡电阻，$R_p = R_1 // R_f$。

同相比例电路的电压增益大于等于 1，当 $R_p = \infty$ 或 $R_f = 0$ 或 $R_p = \infty$ 且 $R_f = 0$ 时，$u_o = u_i$，此时电路为电压跟随器。

由于电路引入串联负反馈，故总电路的输入电阻为 $R_i \approx \infty$。

电路为电压负反馈，故电路的输出电阻 $R_o \approx 0$。

注意：在同相比例电路中，$u_+ = u_- \neq 0$，即共模输入信号不为 0，应当选用共模抑制比较高的运放才能获得较高的共模抑制比。

### 三、有分压电阻的同相比例运算电路

图 5.2.3 为有分压电阻的同相比例运算电路原理图，其运算关系计算方法和同相比例运算电路相似，只要计算出 $u_+$ 就可以了。

$$u_+ = \frac{R_3}{R_2 + R_3}u_i \qquad (5.2.7)$$

$$u_o = \left(1 + \frac{R_f}{R_1}\right)u_+ \qquad (5.2.8)$$

所以 $u_o = \dfrac{R_3}{R_2 + R_3}\left(1 + \dfrac{R_f}{R_1}\right)u_i \qquad (5.2.9)$

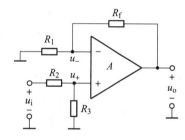

图 5.2.3 有分压电阻的同相比例运算电路原理图

## 5.2.2 电路仿真与分析

### 一、反相比例放大电路

反相比例放大电路如图 5.2.4 所示，其中 741 为理想集成运放，3 端口为同相输入端，2 端口为反相输入端，4 端口为直流负电压源端口（也可以接地），7 端口为直流正电源输入端，电路采用双电源供电，6 为电压输出端，1 端口和 5 端口为调零和补偿端口，在仿真中可以悬空。

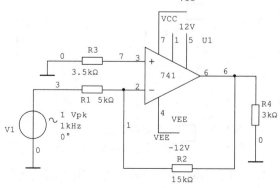

图 5.2.4 反相比例放大电路

输入信号为正弦波信号,峰值为 1 V,频率为 1 kHz,偏置电压为 0 V,由 5.2.1 节相关分析可知电路的电压放大倍数为

$$A_u = -\frac{R_2}{R_1} = -3 \tag{5.2.10}$$

电路输入电阻 $R_i \approx R_1 = 5$ kΩ,电路的输出电阻 $R_o \approx 0$ Ω。

利用示波器观察输入和输出波形,A 通道接输入端,B 通道接输出端,仿真波形如图 5.2.5 所示,由图可知输入信号与输出信号极性相反;输出信号的峰值为 3 V,则 $A_u = u_o/u_i = -3$,电压放大倍数的测量值与估算值相吻合。

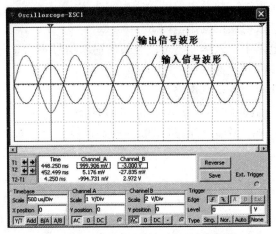

图 5.2.5　交流信号输入时示波器波形

由于电路中没有电容,所以该电路可以放大直流信号。令输入信号为直流信号源,电压为 1 V,利用示波器观察输入、输出信号波形,将示波器显示方式切换到"DC"挡,仿真波形如图 5.2.6 所示,由图可知,输入信号与输出信号极性相反,输出电压 $u_o \approx -3$ V。

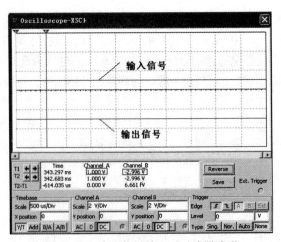

图 5.2.6　直流信号输入时示波器波形

对电路进行传递函数分析(Transfer Function)可求出电路的电压增益、输入电阻、输出电阻等。

选择"Simulate"→"Analyses"→"Transfer Function"打开传递函数分析设置对话框，如图 5.2.7 所示。在"Input source"中选择输入信号源，"V"表示电压源，"V1"为输入信号源的名称；由于要分析电压增益，所以在"Output nodes/source"中选择"Voltage"，"Output node"用于选择输出电压的节点，这里为"V(6)"，"Output reference"用于选择输出电压参考节点，这里为地，即"V(0)"。

设置完成后单击"Simulate"按钮，分析结果如图 5.2.8 所示。"Transfer function"表示电压增益，$A_u \approx -3$；"VV1 Input impedance"表示输入电阻，$R_i = 5\ \text{k}\Omega$；"Output impedance at V((V6), V(0))"表示输出电阻，$R_o = 1.51\ \text{m}\Omega \approx 0\ \Omega$，该仿真结果与估算结果很接近。

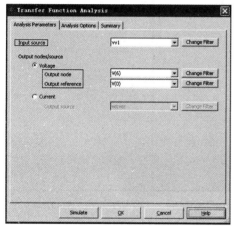

图 5.2.7　传递函数分析设置对话框

图 5.2.8　传递函数分析结果

## 二、同相比例放大电路

同相比例放大电路可以采用双电源供电，也可以采用单电源供电，供电方式不同则电路的连接方式也不同，但电路电压增益相同。

### 1. 双电源供电同相比例电路

双电源供电同相比例放大电路如图 5.2.9 所示。输入信号为正弦波，电压峰值为 1 V，频率为 1 kHz，偏置电压为 0 V，电路采用双电源供电，估算电路相关参数如下：

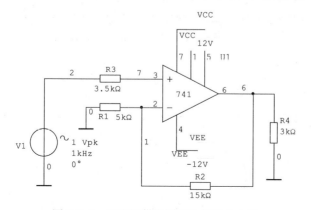

图 5.2.9　双电源供电同相比例放大电路

$$A_u = \left(1 + \frac{R_2}{R_1}\right) = 4 \tag{5.2.11}$$

输入电阻为 $R_i \approx \infty$，输出电阻 $R_o \approx 0$。

输出电压峰值为 4 V。

利用示波器观察输入和输出波形，A 通道接输入端，B 通道接输出端，示波器波形如图 5.2.10 所示，由图可知，输出信号与输入信号极性相同，输出信号峰值为 4 V。

图 5.2.10 示波器波形

对电路进行传递函数分析（Transfer Function）求出电路的电压增益、输入电阻、输出电阻，结果如图 5.2.11 所示，其中：$A_u \approx 4$，$R_i \approx 815\ \text{M}\Omega$，$R_o \approx 1.51\ \text{m}\Omega \approx 0\ \Omega$，该仿真结果与估算结果基本吻合。

Transfer Function

| | Transfer Function Analysis | |
|---|---|---|
| 1 | Transfer function | 3.99978 |
| 2 | vv1#Input impedance | 815.44942 M |
| 3 | Output impedance at V(V(6),V(0)) | 1.51484 m |

Selected Diagram:Transfer Function

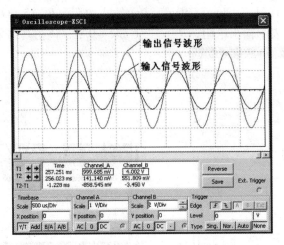

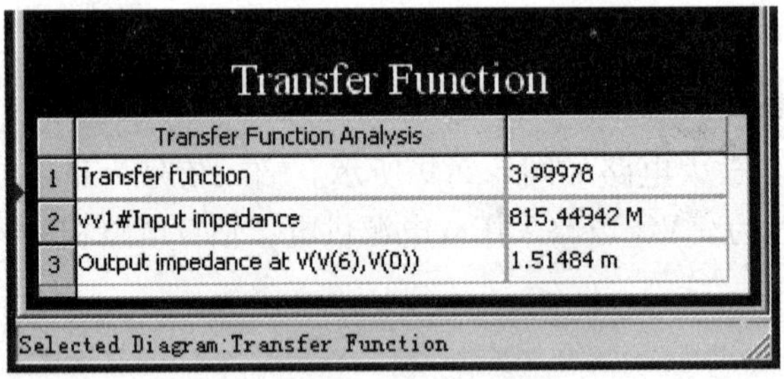

图 5.2.11 传递函数分析结果

2. 单电源供电同相比例电路

将电路改为单电源供电，电路如图 5.2.12 所示，输入信号为正弦波，峰值为 1 V，频率为 1 kHz，偏置电压为 0 V，$C_1$、$C_2$、$C_3$ 电容作用为隔断直流信号，$V_{CC} = 12$ V，$V_{EE} = 0$。

静态时，$R_2$、$R_3$ 串联使同相端电位 $V_+ = V_{CC}/2 = 6$ V，$U_o = V_{CC}/2 = 6$ V，反相端电位 $V_- = 6$ V。电路电压增益为：

$$A_u = \left(1 + \frac{R_f}{R_1}\right) = 4 \tag{5.2.12}$$

可估算出输出电压峰值为 4 V。

对电路进行直流工作点分析，分析 2、7、1、6 节点的电位，分析结果如图 5.2.13 所示，由图可知，$V_+ = V_- = V_o \approx 6$ V。

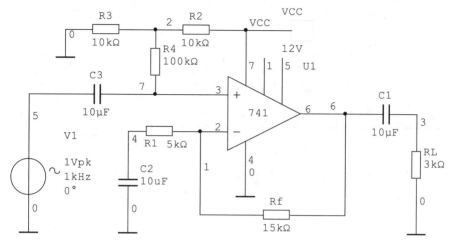

图 5.2.12　单电源供电同相比例电路

利用示波器观察输入、输出信号波形，仿真结果如图 5.2.14 所示，由图可知，输入信号与输出信号极性相同，输出信号峰值约为 4 V。

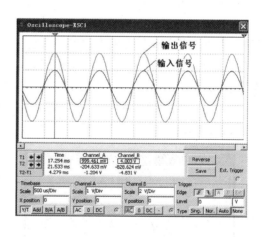

图 5.2.13　直流工作点分析结果　　　　　　图 5.2.14　示波器波形

单电源供电同相比例电路的静态工作点会影响输出信号的最大动态范围。

图 5.2.12 所示电路中 $V_+ = V_- = V_o = V_{CC}/2$，不断增加输入信号的幅度，当输入信号峰值为 1.3 V 时，正、负半周略微产生失真，输出信号达到最大值，峰值为 5.13 V，如图 5.2.15 所示，若继续增大输入信号幅值，输出信号正、负半周同时发生失真，仿真波形如图 5.2.16 所示，且输出电压最大值为 5.13 V，接近 $V_{CC}/2$。

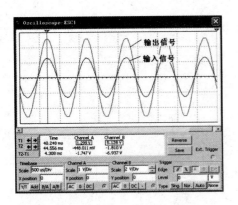

图 5.2.15　最大不失真输出信号

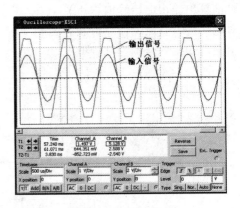

图 5.2.16　失真信号

将电阻 $R_2$ 的阻值改为 5 kΩ，则可估算出：$V_+ = 8$ V，$U_o = 8$ V，$V_- = 8$ V。

电路电压增益为：

$$A_u = \left(1 + \frac{R_f}{R_1}\right) = 4 \tag{5.2.13}$$

DC Operating Point

| | DC Operating Point | |
|---|---|---|
| 1 | V(6) | 7.99507 |
| 2 | V(7) | 7.99302 |
| 3 | V(2) | 7.99977 |
| 4 | V(1) | 7.99378 |

Selected Diagram:DC Operating Point

图 5.2.17　单电源电路静态分析结果

对电路进行直流工作点分析，分析 2、7、1、6 节点的电位，分析结果如图 5.2.17 所示，由图可知，$V_+ = V_- = V_o \approx 8$ V。

利用示波器观察输入、输出信号波形。不断增加输入信号的幅度，当输入信号峰值为 0.8 V 时，正半周略微产生失真，仿真波形如图 5.2.18 所示，输出信号达到最大值，峰值为 3.103 V，若继续增大输入信号幅值，示波器波形如图 5.2.19 所示，输出信号正半周发生明显失真，输出信号最大值为 3.418 V，而负半周没有发生失真。说明当 $V_+ = V_- = V_o = 8\text{ V} \neq V_{CC}/2$ 时，电路输出信号的最大动态范围明显减小，因此为了获得最大动态范围，应调节电路静态工作点，使 $V_+ = V_- = V_o = V_{CC}/2$。

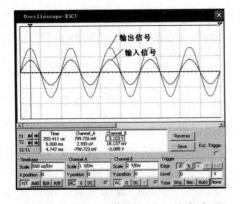

图 5.2.18　单电源电路最大不失真波形

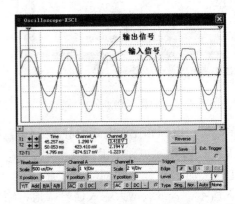

图 5.2.19　单电源电路失真波形

## 5.3 加、减法运算电路

加、减法运算电路知识点结构如下所示：

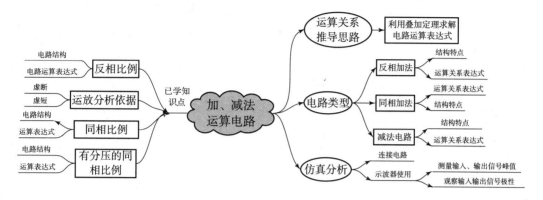

### 5.3.1 理论分析

加、减法运算电路一般利用叠加原理推导电路的运算关系。设 $u_{i1}$ 单独作用，其他信号不作用（其他信号为 0，相当于接地），输出对应为 $u_{o1}$；$u_{i2}$ 单独作用（其他信号不作用）时，输出为 $u_{o2}$……，由叠加原理有：$u_o = u_{o1} + u_{o2} + \cdots$

**一、反相加法电路**

电路原理图如图 5.3.1 所示，其中信号由反相输入端输入。输出和输入电压之间的关系利用叠加法进行计算。

设 $u_{i1}$ 单独作用，$u_{i2}$ 不作用，此时 $u_{i2}$ 端相当于接地，由于虚断，$u_- = 0$，则 $R_2$ 上没有电流，此时电路变为反相比例运算电路，故：

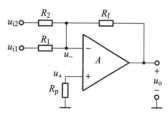

图 5.3.1 反相加法电路原理图

$$u_{o1} = -\frac{R_f}{R_1}u_{i1} \tag{5.3.1}$$

$u_{i2}$ 单独作用，$u_{i1}$ 不作用，此时 $u_{i1}$ 端相当于接地，由于虚断，$u_- = 0$，则 $R_1$ 上没有电流，此时电路变为反相比例运算电路，故：

$$u_{o2} = -\frac{R_f}{R_2}u_{i2} \tag{5.3.2}$$

由叠加原理得：

$$u_o = -\left(\frac{R_f}{R_1}u_{i1} + \frac{R_f}{R_2}u_{i2}\right) \tag{5.3.3}$$

**二、同相加法电路**

电路原理图如图 5.3.2 所示，其中输入信号都是由同相输入端输入。
同理，输入输出电压之间的关系可以利用叠加法进行计算。
设 $u_{i1}$ 单独作用，$u_{i2}$ 不作用，此时电路相当于分压电阻的同相比例运算电路，故：

$$u_{o1} = \frac{R_3}{R_2+R_3}\left(1+\frac{R_f}{R_1}\right)u_{i1} \qquad (5.3.4)$$

设 $u_{i2}$ 单独作用，$u_{i1}$ 不作用，此时电路相当于分压电阻的同相比例运算电路，故：

$$u_{o2} = \frac{R_2}{R_3+R_2}\left(1+\frac{R_f}{R_1}\right)u_{i2} \qquad (5.3.5)$$

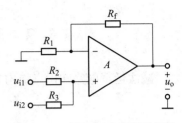

图 5.3.2　同相加法电路原理图

由叠加原理得：

$$u_o = \frac{R_3}{R_2+R_3}\left(1+\frac{R_f}{R_1}\right)u_{i1} + \frac{R_2}{R_2+R_3}\left(1+\frac{R_f}{R_1}\right)u_{i2} \qquad (5.3.6)$$

若 $R_2 = R_3$，则：

$$u_o = \frac{1}{2}\left(1+\frac{R_f}{R_1}\right)(u_{i1}+u_{i2}) \qquad (5.3.7)$$

### 三、减法电路

减法运算电路的输出是两个信号的差，输入信号与输出信号之间的函数关系为：

$$u_o = k_1 u_{i1} - k_2 u_{i2} \qquad (5.3.8)$$

调整比例系数使 $k_1 = k_2 = k$，电路可以实现差分电路的功能，即输出与两个输入信号的差分比例。差分电路在自动控制领域应用广泛。减法电路原理图如图 5.3.3 所示，其中一部分信号由同相输入端输入，一部分信号由反相输入端输入。

同理，输入输出电压之间的运算关系可以利用叠加法进行计算。

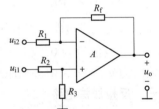

图 5.3.3　减法电路原理图

设 $u_{i1}$ 单独作用，$u_{i2}$ 不作用，此时电路相当于分压电阻的同相比例运算电路，则：

$$u_{o1} = \frac{R_3}{R_2+R_3}\left(1+\frac{R_f}{R_1}\right)u_{i1} \qquad (5.3.9)$$

$u_{i2}$ 单独作用，$u_{i1}$ 不作用，此时电路相当于反相比例运算电路，故：

$$u_{o2} = -\frac{R_f}{R_1}u_{i2} \qquad (5.3.10)$$

由叠加原理得：

$$u_o = \frac{R_3}{R_2+R_3}\left(1+\frac{R_f}{R_1}\right)u_{i1} - \frac{R_f}{R_1}u_{i2} \qquad (5.3.11)$$

## 5.3.2　仿真验证

以反相加法运算电路为例进行仿真验证。

反相加法运算电路如图 5.3.4 所示，输入信号 $u_1$ 和 $u_2$ 从反相端输入，估算电路相关参数如下，输出信号的峰值：

$$U_{om} = -\left(\frac{R_f}{R_1}u_1 + \frac{R_f}{R_2}u_2\right) = -(3\times 1 + 3\times 0.5)\text{ V} = -4.5\text{ V} \qquad (5.3.12)$$

利用示波器 A 通道显示 $u_1$ 波形，B 通道显示输出信号波形，结果如图 5.3.5 所示，由图可知,输入信号与输出信号极性相反,输出电压峰值为 4.497 V,此仿真结果和理论值基本吻合。

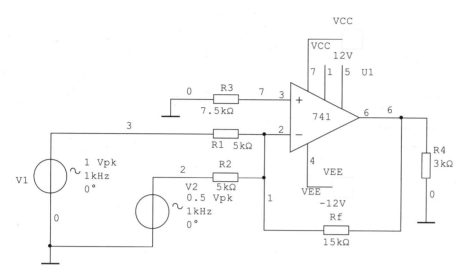

图 5.3.4 反相加法运算电路

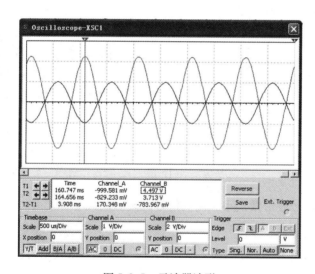

图 5.3.5 示波器波形

## 5.4 积分运算电路

积分电路被广泛应用于波形的产生、变换以及仪表之中,在自控系统中,常利用积分电路作为调节环节。常以集成运放作为放大电路,利用电阻和电容作为反馈网络,可以实现积分运算电路。

积分电路的知识点结构如下所示:

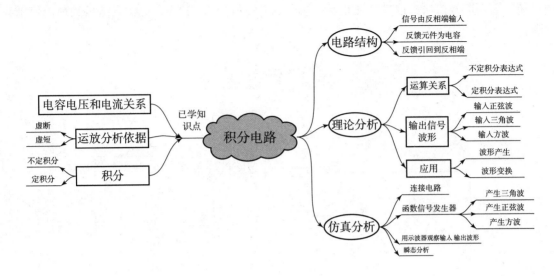

## 5.4.1 理论分析

积分电路原理图如图 5.4.1 所示,输入信号从反相输入端输入,利用电容作为反馈网络。

由虚断和虚短得:

$$i_R = i_C = \frac{u_i}{R_1} \quad (5.4.1)$$

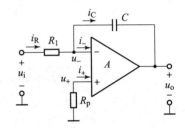

图 5.4.1 积分电路原理图

对电容而言:

$$u_C = \frac{1}{C}\int i_C dt \quad (5.4.2)$$

则输出电压为:

$$u_o = -u_C = -\frac{1}{C}\int i_C dt = -\frac{1}{R_1 C}\int u_i dt \quad (5.4.3)$$

由上式知,输出信号波形及大小和输入信号的波形及大小有关系。

1. 正弦波输入

设正弦波输入,幅值为 $A$,频率为 $f$,则输入信号波形可以表示为:

$$u_i = A\sin(\omega t) = A\sin(2\pi f t) \quad (5.4.4)$$

则输出信号的表达式为:

$$u_o(t) = \frac{A}{2\pi f R_1 C}\cos(2\pi f t) \quad (5.4.5)$$

说明:正弦波输入,经积分电路后输出信号为余弦波,输出电压的幅度为 $U_{om} = \frac{A}{2\pi f R_1 C}$,相位超前输入信号 90°。

2. 方波输入

方波信号输入时,在某一段时间 $0 \sim t_1$ 内输入信号为恒量,

积分电路理论分析视频

即 $u_i = U$,在另一段时间 $t_1 \sim t_2$ 内 $u_i = -U$,也是一个恒量。

输出电压的表达式为:

$$u_o = -\frac{1}{R_1C}\int_{t_1}^{t_2} u_i \mathrm{d}t + u_C(t_1) = -\frac{u_i(t_2 - t_1)}{R_1C} + u_C(t_1) \tag{5.4.6}$$

初始时刻 $u_C(0) = 0$,

$0 \sim t_1$ 内,$u_o = -\dfrac{Ut}{R_1C}$;

$t_1 \sim t_3$ 内,$u_o = \dfrac{2Ut}{R_1C} - \dfrac{Ut}{R_1C} = \dfrac{Ut}{R_1C}$

$t_3 \sim t_5$ 内,$u_o = -\dfrac{2Ut}{R_1C} + \dfrac{Ut}{R_1C} = -\dfrac{Ut}{R_1C}$

……

故方波输入时,当信号稳定后输出信号为三角波,如图 5.4.2 所示。

3. 三角波输入

若输入信号为三角波,则输入电压是时间的一次函数:$u_i = At + B$,$A$ 和 $B$ 为系数。输出信号的表达式为:

$$u_o(t) = -\frac{1}{R_1C}\int (At + B)\mathrm{d}t = -\frac{1}{R_1C}\left(\frac{A}{2}t^2 + Bt\right) \tag{5.4.7}$$

可见,输出电压为时间的二次函数,输出信号波形为曲线,如图 5.4.3 所示。

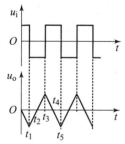

图 5.4.2 方波输入时输入和输出信号波形

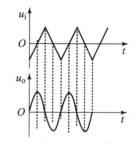

图 5.4.3 三角波输入时输入和输出信号波形

## 5.4.2 电路仿真与分析

实验原理电路如图 5.4.4 所示,函数信号发生器产生的信号从集成运放的反相输入端输入,其中电容 $C_1$ 构成反馈网络。实验中,令输入波形分别为正弦波、三角波、方波,观察这三种输入波形所对应的输出信号波形。

在仿真中设电容在初始时刻电压为 0 V,即:$u_C(0) = 0$ V。双击电容 $C_1$ 图标打开电容参数设置对话框,选择"Value"选项卡,其设置如图 5.4.5 所示,将"Additional SPICE Simulation Parameters"区的"Initial Conditions"(初始值)复选框选中,将电容电压初始值设置为 0 V。

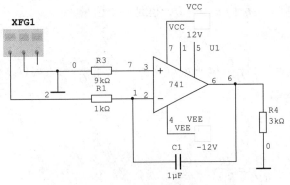

图 5.4.4　积分运算电路图

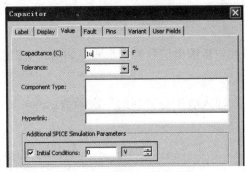

图 5.4.5　设置电容初始值

### 一、正弦信号输入

信号源设置如图 5.4.6 所示，频率为 1 kHz，峰值为 100 mV，偏置电压为 0 V，可推导出输出电压的表达式为：

$$u_o(t) = \frac{A}{2\pi f R_1 C_1}\cos(2\pi ft) = \frac{0.1}{1\times 10^3 \times 1\times 10^{-6} \times 2\pi \times 1\times 10^3}\cos(\omega t)$$
$$= 0.0159\cos(\omega t) \tag{5.4.8}$$

即输出信号为余弦波，幅值为 15.9 mV。

利用示波器观察输入、输出信号波形，利用 A 通道观察输入信号，B 通道观察输出信号，测量结果如图 5.4.7 所示。由图 5.4.7 可知，输出信号为余弦波，信号幅值为 15.936 mV，与估算值基本吻合。

图 5.4.6　正弦波信号源设置

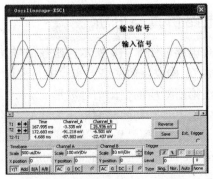

图 5.4.7　正弦波输入时示波器波形

## 二、方波信号输入

方波信号的直流偏置电压、电路中元件参数及电容电压的初始值对输出信号有影响。

### 1. 信号源偏置电压为 0

设信号源频率为 1 kHz，幅度为 1 V，占空比为 50%，直流偏置为 0 V，$R_1 = 1$ kΩ，$C_1 = 1$ μF，则可估算出输出电压峰值为：

$$u_o = -\frac{1}{RC}\int_0^{0.5} u_i dt + u_C(t_1) = -0.5 \text{ V} \tag{5.4.9}$$

利用 Transient Analysis（瞬态分析）仿真方法测量电路的输入信号与输出信号，选择"Simulate"→"Analyses"→"Transient Analysis"命令，弹出瞬态分析设置对话框，"Analysis Parameters"选项卡如图 5.4.8 所示。

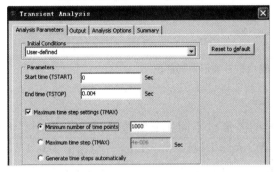

图 5.4.8　瞬态分析参数设置

积分电路仿真分析视频

在"Initial Conditions"中选择"User-defined"（即使用定义的初始条件 $u_C(0) = 0$ V）。

在"Parameters"中设置起始时间为 0 s，终止时间为 0.004 s，由于输入信号频率为 1 kHz，故可以分析 4 个周期。

在"Maximum time step settings（TMAX）"中选择"Minimum number of time points"，设置最少点数为 1000，这样图形显示比较精确。

在"Output"选项卡中选择节点 2（输入节点）、节点 6（输出节点）。

设置完成后单击"Simulate"按钮，仿真结果如图 5.4.9 所示，输出信号为三角波，峰值为 -0.5 V，可得知仿真结果与估算结果相吻合。

改变电阻 $R_1$ 的值，使 $R_1 = 500$ Ω，可估算出输出电压的峰值为 -1 V。重复测量过程，测量结果如图 5.4.10 所示，输出信号峰值为 1 V。

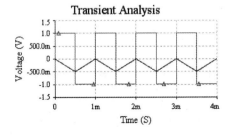

图 5.4.9　$R_1 = 1$ kΩ 时瞬态分析结果

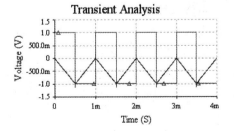

图 5.4.10　$R_1 = 500$ Ω 时瞬态分析结果

## 2. 信号源偏置电压不为 0

输入方波信号的偏移量不同，对积分电路的输出信号也会产生影响。设信号源频率为 1 kHz，幅度为 100 mV，占空比为 50%，直流偏置为 100 mV，$R_1 = 1\ \text{k}\Omega$，$C_1 = 1\ \mu\text{F}$，初始值为 0 V，对图 5.4.4 所示电路进行瞬态分析，分析时间范围为 0~0.07 s，仿真结果如图 5.4.11 所示，由图可知当输入信号为高电平时电容充电，输入信号为低电平时电容不能放电，所以电容电压不断升高，最大值约等于电源电压。

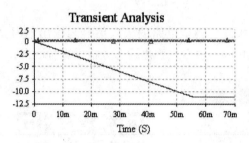 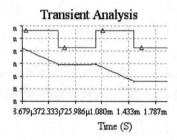

图 5.4.11　输出信号波形及局部图

## 3. 电容初始值对输出信号波形的影响

电容初始值不同，积分电路输出信号的波形也不同。令信号源频率为 1 kHz，幅度为 100 mV，占空比为 50%，直流偏置为 0 mV，$R_1 = 1\ \text{k}\Omega$，$C_1 = 1\ \mu\text{F}$，初始值为 0.1 V。对电路图 5.4.4 进行瞬态分析，分析时间范围为 0~0.004 s，分析结果如图 5.4.12 所示，将图 5.4.10 与图 5.4.12 合并，结果如图 5.4.13 所示，由图可知当电容初始值不同时，输出信号波形也不同。

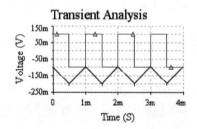 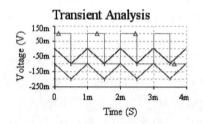

图 5.4.12　电容初始值为 0.1 V 时输出信号波形　　图 5.4.13　电容初始值为 0 V、0.1 V 时输出信号波形的对比图

### 三、三角波信号输入

信号源设置如图 5.4.14 所示，其中电源频率为 1 kHz，幅度为 1 V，占空比为 50%，偏置电压为 0 V，电路中 $R_1 = 2\ \text{k}\Omega$。

利用示波器观察输入输出信号的波形，结果如图 5.4.15 所示，输出波形为曲线，实验结果和理论分析基本吻合。

# 第 5 章 集成运算放大电路 193

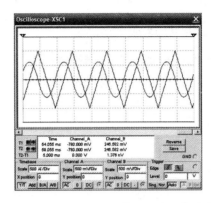

图 5.4.14　三角波信号源设置　　图 5.4.15　三角波输入时输入和输出信号波形

## 5.5　有源滤波电路

滤波器是一种能够滤除不需要频率的分量，保留所需频率分量的电路。滤波器在信号处理、数据传送和抑制干扰等方面具有广泛的应用。一般利用运算放大器等有源器件和无源器件（$R$、$L$、$C$）构成有源滤波器，具有一定的电压放大和输出缓冲作用。有源滤波器一般分为低通滤波器、高通滤波器、带通滤波器和带阻滤波器。

利用 Multisim 软件可以很方便地得到滤波器的频率响应曲线，并根据相关曲线可以调整电路中的相关参数，获得所需的滤波特性。

有源滤波电路知识点结构如下所示：

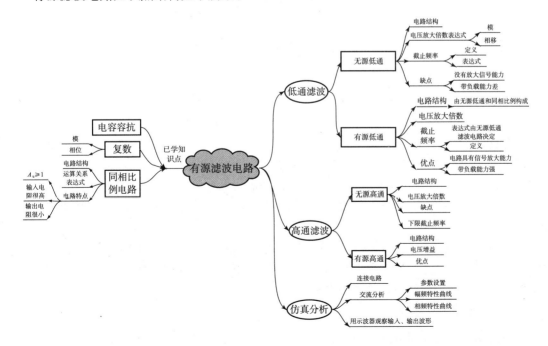

## 5.5.1 有源低通滤波器

低通滤波器能够通过一定频率范围的低频信号,抑制高频信号。有源低通滤波器由无源元件(电阻、电容、电感)组成的无源低通滤波器和有源元件(晶体管、集成运放等)组成。

**一、理论分析**

1. 无源低通滤波器

图 5.5.1 为 RC 无源低通滤波器原理图,设负载为空载。

该电路的电压放大倍数:

$$\dot{A}_u = \frac{1/(j2\pi fC)}{R + 1/(j2\pi fC)} = \frac{1}{j2\pi fRC + 1} \quad (5.5.1)$$

令 $f_H = \dfrac{1}{2\pi RC}$,$f_H$ 称为上限截止频率,则

$$\dot{A}_u = \frac{1}{jf/f_H + 1} \quad (5.5.2)$$

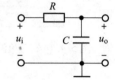

图 5.5.1 无源低通滤波器原理图

其模为:

$$|\dot{A}_u| = \frac{1}{\sqrt{\left(\dfrac{f}{f_H}\right)^2 + 1}} \quad (5.5.3)$$

相移为:

$$\phi = -\arctan\left(\frac{f}{f_H}\right) \quad (5.5.4)$$

当 $f \leqslant 0.1 f_H$ 时,$|\dot{A}_u| = 1 = |\dot{A}_{um}|$,$\phi \approx 0°$,该电压放大倍数称为中频增益;

当 $f = f_H$ 时,$|\dot{A}_u| = \dfrac{1}{\sqrt{2}}$,$\phi = -45°$。

当 $f \geqslant 10 f_H$ 时,$|\dot{A}_u| = \dfrac{f_H}{f}$,$\phi \approx -90°$。

注意:

(1) $\phi$ 为相位变化量,电路总相位等于电路中频区相位加上相位变化量,即:

$$\phi = \phi_{中频} + \phi$$

(2) $f_H$ 称为低通电路的上限截止频率,当 $f = f_H$ 时,电压增益等于电路中频增益的 0.707。

(3) 无源低通滤波器虽然能够滤除高频信号,但是带负载能力很弱,改变电路负载,电路的电压增益、截止频率将发生改变。为了减小负载变化对电路参数的影响,电路中需要引入缓冲器,常见的缓冲器就是同相比例放大电路。

2. 一阶有源低通滤波器

一阶有源低通滤波器电路如图 5.5.2 所示,该电路由一个同相比例电路和一个 RC 电路组成。其中电阻 R 和电容 C 构成无源低通滤波器,RC 无源低通滤波电路的作用主要用于确

定电路中的截止频率。集成运放、电阻 $R_1$、电阻 $R_f$ 构成同相比例放大电路，主要用于提高滤波电路的放大倍数和提高滤波电路的带负载能力。

该电路可以看作多级放大电路，总电路的电压放大倍数为无源低通滤波器的放大倍数与同相比例电路电压放大倍数的乘积，即：

$$\dot{A}_u = \frac{1}{\mathrm{j}\dfrac{f}{f_H}+1}\left(1+\frac{R_f}{R_1}\right)$$

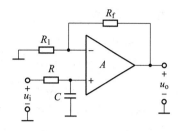

图 5.5.2 一阶有源低通滤波器电路原理图

其中，$f_H = \dfrac{1}{2\pi RC}$。

其模为：

$$|\dot{A}_u| = \frac{1+\dfrac{R_f}{R_1}}{\sqrt{\left(\dfrac{f}{f_H}\right)^2+1}} \tag{5.5.5}$$

当 $f \leqslant 0.1 f_H$ 时，$\phi \approx 0°$，$|\dot{A}_u| = 1+\dfrac{R_f}{R_1} = |\dot{A}_{um}|$，该电压放大倍数称为中频增益；

当 $f = f_H$ 时，$\phi = -45°$，$|\dot{A}_u| = \dfrac{1}{\sqrt{2}}\left(1+\dfrac{R_f}{R_1}\right) = \dfrac{|\dot{A}_{um}|}{\sqrt{2}}$；

当 $f \geqslant 10 f_H$ 时，$\phi \approx -90°$，$|\dot{A}_u| = \dfrac{f_H}{f}\left(1+\dfrac{R_f}{R_1}\right) = \dfrac{f_H}{f}|\dot{A}_{um}|$。

### 3. 二阶低通滤波器

为了使输出电压在高频段以更快的速率下降，以改善滤波效果，可以在一阶有源低通滤波器的基础上再增加一个 $RC$ 低通滤波电路，称为二阶有源滤波电路。二阶有源低通滤波器电路如图 5.5.3 所示，与一阶低通滤波器相比，二阶低通滤波器在高频段信号可以更快地衰减。

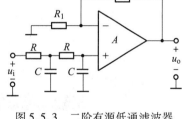

图 5.5.3 二阶有源低通滤波器电路原理图

其电压放大倍数为：

$$\dot{A}_u = \frac{1+\dfrac{R_f}{R_1}}{1-\left(\dfrac{f}{f_0}\right)^2+\mathrm{j}3\dfrac{f}{f_0}}$$

其中，$f_0 = \dfrac{1}{2\pi RC}$。

令分母的模等于 $\sqrt{2}$，可求出通带截止频率为：

$$f_p = 0.37 f_0 \tag{5.5.6}$$

## 二、电路仿真与分析

### 1. 无源低通滤波器

无源低通滤波电路如图 5.5.4 所示,开关闭合时负载 $R_L = 5\ \text{k}\Omega$,开关断开时 $R_L = \infty$,通过仿真可以比较无源低通滤波器的带负载能力。

电路参数估算如下:

$R_L = \infty$ 时,

$$f_H = \frac{1}{2\pi RC} = \frac{1}{2\pi \times 5 \times 10^3 \times 1 \times 10^{-7}}\text{Hz} \approx 318\ \text{Hz} \quad (5.5.7)$$

$|\dot{A}_{um}| = 1$,即 $20\lg|\dot{A}_{um}| = 0$

$R_L = 5\ \text{k}\Omega$ 时,

$$f_H = \frac{1}{2\pi(R//R_L)C} = \frac{1}{2\pi \times 2.5 \times 10^3 \times 1 \times 10^{-7}}\text{Hz}$$
$$\approx 636\ \text{Hz} \quad (5.5.8)$$

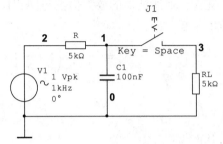

图 5.5.4 无源低通滤波电路

$|\dot{A}_{um}| = 0.5$,即 $20\lg|\dot{A}_{um}| = -6$

无源低通滤波器中频区相位为 0,故:

$f = f_H$ 时,总相位 $\phi = 0°$;

$f \geq 10f_H$ 时,总相位 $\phi \approx -90°$。

对无源低通滤波电路进行交流分析,可以确定电路的幅频特性和相频特性。

将电路开关打开,选择"Simulate"→"Analyses"→"AC Analysis"命令打开交流分析设置对话框,如图 5.5.5 所示。选择"Frequency parameters"选项卡。"Start frequency(FSTART)"用于设置起始频率,这里为 1 Hz;"Stop frequency(FSTOP)"用于设置终止频率,这里为 1 MHz;"Sweep type"用于设置频率扫描方式,选择"Decade"即 10 倍频;"Number of points per decade"用于设置每 10 倍频的取样点数,点数越多则精度越高,这里选择 50;"Vetical scale"用于设置纵坐标刻度,这里选择"Decibel"即分贝。选择"Output"选项卡,添加输出节点,这里为节点 1。

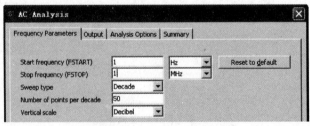

图 5.5.5 交流分析设置对话框

设置完成后单击"Simulate"按钮,仿真结果如图 5.5.6 所示,上图为幅频特性曲线,下图为相频特性曲线。将游标放置在幅频特性曲线上,其中游标 1 放置在中频区,游标读数如图 5.5.7 所示。"y1"表示游标 1 纵轴读数,即中频电压增益,读数约为 -0.006 dB,几乎为 0 dB;当信号频率为截止频率时,电路电压增益将由中频增益减小 3 dB,故移动游标 2

令 $y_2=-3$ dB，所得到的频率就是截止频率，由图可知截止频率 $f_H=320$ Hz，该仿真结果与估算结果基本吻合。

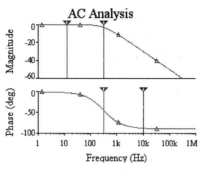

图 5.5.6　交流分析结果

将游标放置在相频特性曲线上，其中游标 1 放置在截止频率处，游标 2 放置在 10 kHz 处，游标读数如图 5.5.8 所示。$x_1\approx 323$ Hz（截止频率），$y_1\approx -45°$；$x_2\approx 9.9$ kHz（大于 $10f_H$），$y_2\approx -88°$，该仿真结果与估算结果基本吻合。

AC Analysis

| | V(1) |
|---|---|
| x1 | 12.0338 |
| y1 | -6.2030m |
| x2 | 320.4403 |
| y2 | -3.0394 |
| dx | 308.4065 |
| dy | -3.0332 |
| 1/dx | 3.2425m |
| 1/dy | -329.6901m |
| min x | 1.0000 |
| max x | 1.0000G |
| min y | 318.3099n |
| max y | 999.9951m |
| offset x | 0.0000 |
| offset y | 0.0000 |

图 5.5.7　幅频特性曲线中游标读数

| | V(1) |
|---|---|
| x1 | 323.9368 |
| y1 | -45.4943 |
| x2 | 9.9041k |
| y2 | -88.1585 |
| dx | 9.5802k |
| dy | -42.6643 |
| 1/dx | 104.3821μ |
| 1/dy | -23.4388m |
| min x | 1.0000 |
| max x | 1.0000G |
| min y | -90.0000 |
| max y | -179.9994m |
| offset x | 0.0000 |
| offset y | 0.0000 |

图 5.5.8　相频特性曲线中游标读数

将开关闭合，对无源低通电路进行交流分析，频谱特性如图 5.5.9 所示，幅频特性曲线中游标读数如图 5.5.10 所示。由图 5.5.10 可知，电路中频增益约为 -6 dB，截止频率 $f_H\approx$ 635.8 Hz，该仿真结果与估算结果基本吻合。

图 5.5.9　交流分析结果

AC Analysis

| | V(1) |
|---|---|
| x1 | 12.2424 |
| y1 | -6.0224 |
| x2 | 635.8392 |
| y2 | -9.0256 |
| dx | 623.5968 |
| dy | -3.0033 |
| 1/dx | 1.6036m |
| 1/dy | -332.9683m |
| min x | 1.0000 |
| max x | 1.0000G |
| min y | 318.3099n |
| max y | 499.9909m |
| offset x | 0.0000 |
| offset y | 0.0000 |

图 5.5.10　幅频特性曲线中游标读数

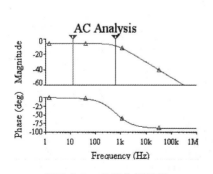

由以上分析可知，无源低通滤波器能够滤除高频信号，但是无源低通滤波器带负载能力很弱，当电路负载发生改变时，电路的电压增益和截止频率将发生明显改变。

**2. 有源低通滤波器**

有源低通滤波器电路如图 5.5.11 所示，开关闭合时负载 $R_L = 3\text{ k}\Omega$，开关断开时 $R_L = \infty$，通过仿真可以比较有源低通滤波器的带负载能力。

电路参数估算如下：

$$f_H = \frac{1}{2\pi RC} = \frac{1}{2\pi \times 5 \times 10^3 \times 1 \times 10^{-7}}\text{Hz} \approx 318 \text{ Hz} \tag{5.5.9}$$

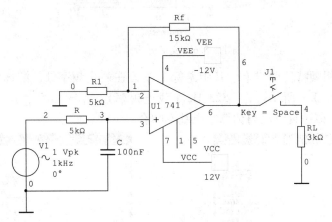

图 5.5.11　有源低通滤波器电路图

$$|\dot{A}_{um}| = 1 + \frac{R_f}{R_1} = 4,\ \text{即}\ 20\lg|\dot{A}_{um}| \approx 12$$

该有源低通滤波器中频区相位为 0°，故：

$f = f_H$ 时，总相位 $\phi = 0°$；

$f \geq 10 f_H$ 时，总相位 $\phi \approx -90°$。

将开关打开，对电路进行交流分析，设置频率扫描范围为 1 Hz ~ 100 MHz，在"Output"选项卡中添加输出节点，这里为节点 6，仿真结果如图 5.5.12 所示。幅频特性曲线中游标读数如图 5.5.13 所示，由图知中频电压增益约为 12 dB，截止频率 $f_H \approx 316$ Hz；相频特性曲线中游标读数如图 5.5.14 所示，当 $x_1 \approx 316$ Hz（截止频率），$y_1 \approx -44.9°$；$x_2 \approx 9.9$ kHz（大于 $10 f_H$），$y_2 \approx -90.4°$时，该仿真结果与估算结果基本吻合。

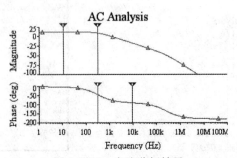

图 5.5.12　交流分析结果

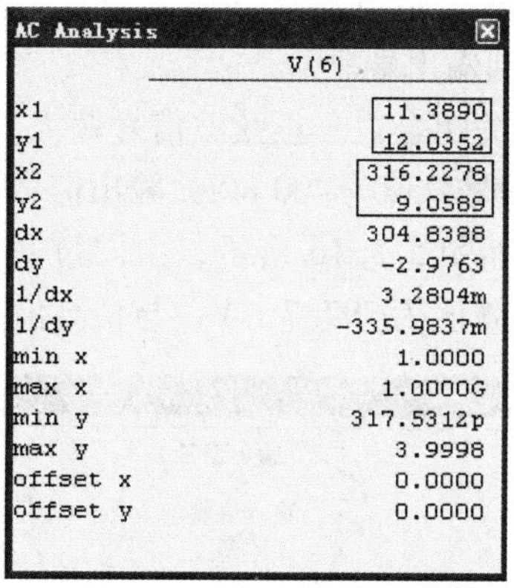

```
AC Analysis
                V(6)
x1              11.3890
y1              12.0352
x2              316.2278
y2              9.0589
dx              304.8388
dy              -2.9763
1/dx            3.2804m
1/dy            -335.9837m
min x           1.0000
max x           1.0000G
min y           317.5312p
max y           3.9998
offset x        0.0000
offset y        0.0000
```

图 5.5.13　幅频特性曲线读数

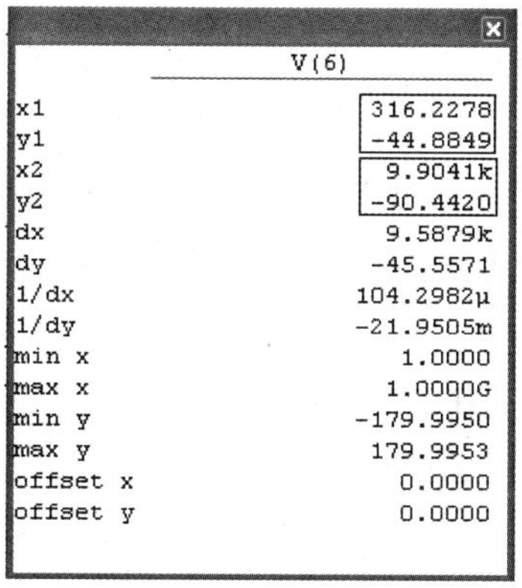

```
                V(6)
x1              316.2278
y1              -44.8849
x2              9.9041k
y2              -90.4420
dx              9.5879k
dy              -45.5571
1/dx            104.2982μ
1/dy            -21.9505m
min x           1.0000
max x           1.0000G
min y           -179.9950
max y           179.9953
offset x        0.0000
offset y        0.0000
```

图 5.5.14　相频特性曲线读数

将开关闭合，对有源低通电路进行交流分析，幅频特性曲线中游标读数如图 5.5.15 所示。由图可知，电路中频增益约为 12 dB，截止频率 $f_H \approx 316.2$ Hz。

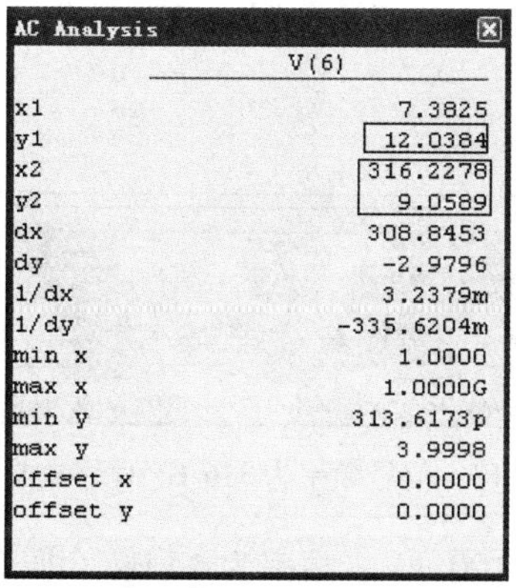

```
AC Analysis
                V(6)
x1              7.3825
y1              12.0384
x2              316.2278
y2              9.0589
dx              308.8453
dy              -2.9796
1/dx            3.2379m
1/dy            -335.6204m
min x           1.0000
max x           1.0000G
min y           313.6173p
max y           3.9998
offset x        0.0000
offset y        0.0000
```

图 5.5.15　开关闭合后的幅频特性曲线读数

以上仿真表明，有源低通滤波器能够滤除高频信号，而且带负载能力很强，当电路负载发生改变时，电路的电压增益和截止频率几乎没有发生改变，这是由于同相比例电路的输入电阻很高、输出电阻很小。

下面改变输入信号的频率,通过示波器观察输入信号与输出信号的波形,将示波器 A 通道连接到输入端,B 通道连接到输出端。

电路如图 5.5.11 所示,将开关闭合,令正弦波信号输入,峰值为 100 mV,频率为 30 Hz(即 $f<0.1f_H$),则可估算出输出信号峰值为 400 mV,输出信号与输入信号相位差为 0°。

打开仿真开关,示波器波形如图 5.5.16 所示,由图可知,输入信号与输出信号极性相同,相位差几乎为 0°,输出信号峰值为 397.7 mV,与估算值基本吻合。

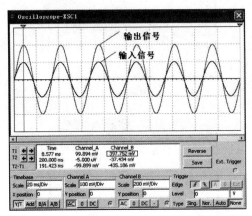

图 5.5.16　信号频率为 30 Hz 时示波器波形

令正弦波信号输入,峰值为 100 mV,频率为 316 Hz(即 $f=f_H$)时,则可估算出输出信号峰值为 283 mV,输出信号与输入信号相位差为 45°。

打开仿真开关,示波器波形如图 5.5.17 所示,由图可知,输入信号与输出信号极性相同,相位差约为 45°,输出信号峰值约为 283.9 mV,与估算值基本吻合。

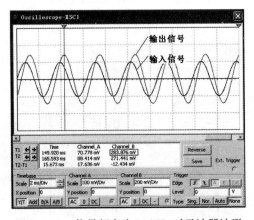

图 5.5.17　信号频率为 316 Hz 时示波器波形

令正弦波信号输入,峰值为 100 mV,频率为 4 kHz(即 $f>10f_H$),则可估算出输出信号峰值为:

$$U_{om} = \frac{f_H}{f} |\dot{A}_{um}| \times U_{im} = \frac{0.316}{4} \times 4 \times 0.1 = 0.0316 \text{ (V)}$$

输出信号与输入信号相位差为 90°。

打开仿真开关,示波器波形如图 5.5.18 所示,由图可知,输入信号与输出信号相位差约为 90°,输出信号峰值约为 31.49 mV,与估算值基本吻合。

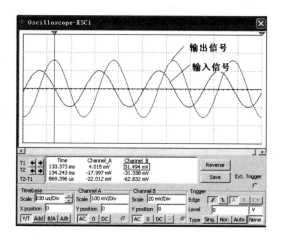

图 5.5.18　信号频率为 4 kHz 时示波器波形

## 5.5.2　有源高通滤波器

有源高通滤波器由无源元件(电阻、电容、电感)组成的无源高通滤波器和有源元件(晶体管、集成运放等)组成。

**1. 无源高通滤波器**

图 5.5.19 为无源高通滤波器原理图。

该电路的电压放大倍数为:

$$\dot{A}_u = \frac{R}{R + \dfrac{1}{j2\pi fC}} = \frac{1}{1 + \dfrac{1}{j2\pi fRC}} \tag{5.5.10}$$

令 $f_L = \dfrac{1}{2\pi RC}$,则:

$$\dot{A}_u = \frac{1}{1 - j\left(\dfrac{f_L}{f}\right)}$$

其模为:

$$|\dot{A}_u| = \frac{1}{\sqrt{1 + \left(\dfrac{f_L}{f}\right)^2}}$$

相位变化量:

$$\phi = \arctan\left(\dfrac{f_L}{f}\right)$$

当 $f \leqslant 0.1 f_L$ 时,$|\dot{A}_u| \approx \dfrac{f}{f_L}$,$\phi \approx 90°$。

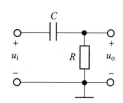

图 5.5.19　无源高通滤波器原理图

当 $f=f_L$ 时，$|\dot{A}_u|=\dfrac{1}{\sqrt{2}}$，$\phi=45°$。

当 $f\geqslant 10f_L$ 时，$|\dot{A}_u|=1$，$\phi\approx 0°$。

#### 2. 有源高通滤波器

图 5.5.20 为有源高通滤波器电路图。
其电压放大倍数为：

$$\dot{A}_u = \dfrac{1}{1-\mathrm{j}\left(\dfrac{f_L}{f}\right)}\left(1+\dfrac{R_f}{R_1}\right) \quad (5.5.11)$$

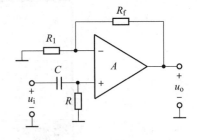

图 5.5.20　有源高通滤波器电路图

其模为：

$$|\dot{A}_u| = \dfrac{1+\dfrac{R_f}{R_1}}{\sqrt{\left(\dfrac{f_L}{f}\right)^2+1}} \quad (5.5.12)$$

当 $f\leqslant 0.1f_L$ 时，$|\dot{A}_u|\approx\dfrac{f}{f_L}\left(1+\dfrac{R_f}{R_1}\right)$；

当 $f=f_L$ 时，$|\dot{A}_u|=\dfrac{1}{\sqrt{2}}\left(1+\dfrac{R_f}{R_1}\right)$；

当 $f\geqslant 10f_L$ 时，$|\dot{A}_u|=1+\dfrac{R_f}{R_1}=\dot{A}_{um}$，该增益称为中频增益。

## 5.6　集成电路设计举例

在实际情况中，常需要对环境参量进行实时监测，若参量发生变化则可以发出警告，如对煤气的监测，当煤气浓度超过一定值时发出警报；对火灾的监测，当环境温度超过一定值时发出警报。利用集成运放设计电路知识点结构如下所示：

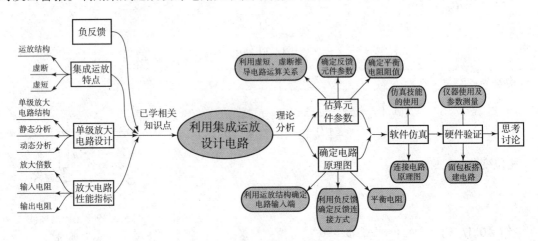

## 5.6.1 监测电路工作原理

实际的监测报警电路由传感器、差分放大电路、电压比较器、报警电路四部分组成，如图 5.6.1 所示。

图 5.6.1 监测电路结构框图

在正常情况下，环境参数没有发生变化，传感器电路的输出电压量保持不变，报警电路不工作，当环境参量发生变化时，传感器电路输出电压发生变化，经过差分放大电路放大，若电压信号超过一定值，则报警电路发出警报。

监测电路结构原理图如图 5.6.2 所示，运放 $A_1$、$R_1$、$R_2$、$R_3$、$R_f$ 构成减法电路。$R_4$、$A_2$ 构成单限电压比较器，$R_5$、$R_6$ 为比较器提供基准电压。$R_7$、发光二极管 D、$R_8$、$R_9$、三极管、蜂鸣器构成声光报警器。

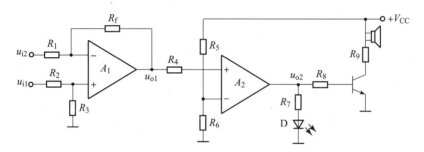

图 5.6.2 监测电路原理图

## 5.6.2 电路参数估算

假设传感器电路正常情况和报警情况输出电压差为 0.3 V，电路电源电压为 12 V。

减法电路中令 $R_1 = R_2$，$R_3 = R_f$，则可构成差分放大电路，其放大倍数为 10，则

$$u_{o1} = \frac{R_f}{R_1}(u_{i1} - u_{i2})$$

$$R_f = 10R_1$$

令 $R_1 = 1\ \text{k}\Omega$，则 $R_f = 10\ \text{k}\Omega$，则报警时差放的输出电压为 3 V。

对于比较器而言，当差放的输出电压超过 3 V 后，比较器的输出电压发生跳变，由低电平跳变为高电平，因此比较器的阈值电压为 3 V。

$$U_T = \frac{R_6}{R_5 + R_6} V_{CC} = 3\ \text{V}$$

利用集成运放设计放大
电路理论分析视频

令 $R_6 = 5 \text{ k}\Omega$，则 $R_5 = 15 \text{ k}\Omega$。

当比较器输出高电平时，红色发光二极管点亮，则可估算出限流电阻 $R_7$ 的大小，发光二极管正常发光时电流约为 10 mA，电流越大，亮度越高，则：

$$R_7 \approx \frac{U_{02m} - U_D}{I_D} = \frac{(11 - 1.6) \text{ V}}{10 \text{ mA}} = 0.94 \text{ k}\Omega$$

可取 $R_7 = 800 \text{ }\Omega$。

利用集成运放设计放大电路仿真、硬件分析视频

### 5.6.3 电路仿真与分析

由于该电路分为四部分，结构较为复杂，为了设计、调试电路方便，可以采用层次化的方法设计该电路。

1. 建立电路

选择"File"→"New"→"Schematic Capture"命令新建电路图文件（或者按快捷键【Ctrl】+【N】，或者单击工具栏的新建按钮），将文件命名为"5.6.3 监测电路"，该文件为顶层文件，包含传感器、差分放大电路、比较器、报警电路四个底层文件。

2. 建立传感器层次化文件

选择"Place"→"New Hierarchical Block"命令（或在工作界面单击右键在弹出的右键菜单中选择"Place Schematic"→"New Hierarchical Block"命令）弹出层次电路设置对话框，如图 5.6.3 所示。

在"File name of Hierarchical Block"中填写层次电路的名称，这里为"传感器"；在"Number of input pins"中填写输入管脚数目；在

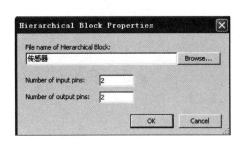

图 5.6.3 层次电路设置对话框

"Number of output pins"中填写输出管脚数目。设置完成后单击"OK"按钮，在工作界面中出现层次电路符号，将其放置在合适位置，传感器层次电路符号如图 5.6.4 所示。在软件右侧的"Design Toolbox"中可以看到该层次电路如图 5.6.5 所示。

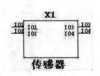

图 5.6.4 传感器符号

图 5.6.5 层次电路结构

双击"传感器"图标打开传感器文件，在该窗口可以编辑传感器的内部电路。内部电路中已经包含 2 个输入管脚 IO1、IO2，两个输出管脚 IO3、IO4，添加其他元件构成传感器电路，将管脚名称修改便于后续连线，管脚名称分别为"VCC""GND""IO2""IO3"，修改完成的电路如图 5.6.6 所示。为了便于后续连线，可以将传感器的符号进行适当修改，选

中传感器符号单击鼠标右键,在弹出的右键菜单中选择"Edit Symbol/Title block"命令打开符号编辑窗口,在该窗口中可以编辑符号形状、管脚位置等,修改后传感器图标如图 5.6.6 所示,至此传感器层电路设计完成。

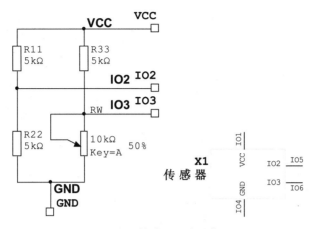

图 5.6.6  传感器电路及符号

3. 建立差分放大层次化文件

按照上述方法设计差分放大层次电路,差分放大电路有 5 个输入管脚,分别为"VCC""VEE""GND""IN2""IN3",一个输出管脚"IO"。差分放大电路的内部电路及符号如图 5.6.7 所示。

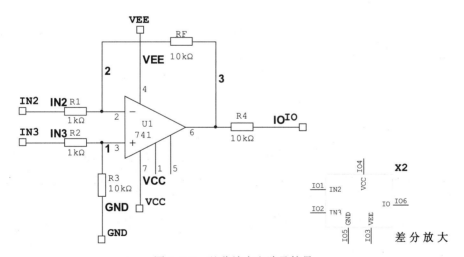

图 5.6.7  差分放大电路及符号

4. 建立比较器层次化文件

按照上述方法设计比较器层次电路,比较器电路有 4 个输入管脚,分别为"VCC""VEE""GND""IN1",一个输出管脚"IO"。比较器电路的内部电路及符号如图 5.6.8 所示。

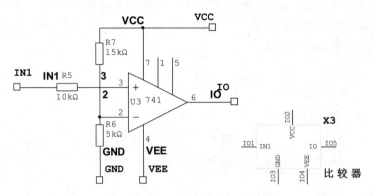

图 5.6.8　比较器电路及符号

**5. 建立报警电路层次化文件**

按照上述方法设计报警层次电路，报警电路有 2 个输入管脚，分别为 "VCC" "IN"，2 个输出管脚 "LED" "BUZZ"。报警电路的内部电路及符号如图 5.6.9 所示。

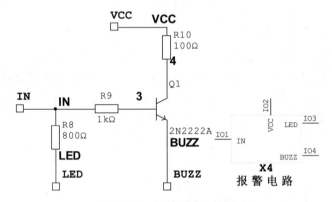

图 5.6.9　报警电路及符号

**6. 连接总电路**

子电路设计完成后就可以设计总电路了，将各层次电路连线，增加电源、LED、蜂鸣器、地，总电路如图 5.6.10 所示，为了增加电路的可读性，可以为电路增加相应的说明。

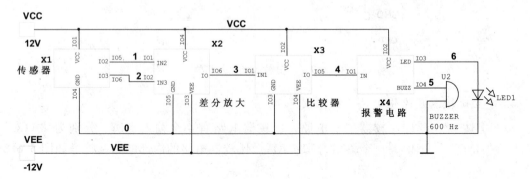

图 5.6.10　总电路图

## 7. 电路仿真

利用万用表测量传感器输出端的电压（直流挡），示波器 A 通道连接比较器的输入端，B 通道连接比较器的输出端，将示波器的显示方式调节为 B/A 模式。打开仿真按钮，将滑动变阻器的百分比由 0% 逐渐增加，可以观察到万用表的读数逐渐增大，当滑动变阻器的百分比为 79% 时，蜂鸣器响、LED 灯亮，此时万用表的读数约为 0.3 V，如图 5.6.11 所示。继续增大滑动变阻器的百分比直到 100%，示波器显示出比较器的传输特性曲线，如图 5.6.12 所示，由图可知，当传感器输出端压差比较小时，比较器的输入电压小于门限电压，比较器输出为低电平（约为 11 V），当传感器压差达到 0.3 V 时，传感器的输入电压达到 3 V，比较器输出信号由低电平跳变为高电平（约为 11 V），此时蜂鸣器响、LED 点亮，可见电路工作正常，达到设计要求。

图 5.6.11  万用表读数

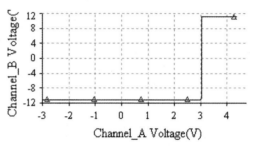

图 5.6.12  比较器的传输特性曲线

# 第 6 章

# 信号发生电路

在实际电路中常需要各种波形的信号，如正弦波、方波、三角波等，信号发生电路可以产生所需要的各种波形。信号发生电路是一种不需要外接输入信号就能产生一定频率、一定幅度和一定波形的电路。信号发生电路广泛应用于控制、通信、测量等系统中，根据输出信号波形的形状，可以将信号发生电路分成两大类：正弦波发生电路和非正弦波发生电路。正弦波发生电路可以分为 *RC*、*LC*、石英晶体振荡电路，非正弦波发生电路可以分为方波、三角波、锯齿波振荡电路等。

本章主要介绍：常见波形发生电路的结构、工作原理；波形发生电路的仿真分析方法；波形发生电路的设计方法；波形发生电路元件参数的估算方法。

## 6.1 电压比较器

比较器是由运算放大器发展而来的，比较器电路可以看作是运算放大器的一种应用电路。由于比较器电路应用较为广泛，所以开发出了专门的比较器集成电路。电压比较器是将一个模拟电压信号与一参考电压相比较，输出一定的高低电平的电路，电压比较器能对输入信号进行限幅和比较。作为开关元件，电压比较器是组成矩形波、三角波等非正弦波发生电路的基本单元，在模数转换、测量和控制中有着广泛的应用。运放可以用作比较器电路，但性能较好的比较器比通用运放的开环增益更高，输入失调电压更小，共模输入电压范围更大，压摆率较高（使比较器响应速度更快）。比较器电路本身也有技术指标要求，如精度、响应速度、传播延迟时间、灵敏度等，大部分参数与运放的参数相同。比较器和运放的区别主要是：

（1）输出结构。比较器往往是集电极开路输出，这样可以将多个比较器的输出并联，构成与门，这叫"线与"。而运放通常是推挽输出，输出端不能并联。

（2）比较器的输出要加上拉电阻，运放的输出不需要加。

（3）比较器工作在开环或者正反馈状态，一般不会自激。运放一般工作在负反馈状态，而开环或正反馈的时候需要加补偿电路，否则容易自激。

（4）精密运放的开环增益很高，120 dB 左右。普通运放和比较器则不是很高，60 dB 左右。

（5）运放一般工作在线性状态，内部结构决定了它非线性失真比较小。比较器工作在开关状态，如果用作线性放大，则不能保证失真度。

电压比较器的输入信号为模拟信号,而输出信号只有两个状态:高电平和低电平,所以在电压比较器中集成运放处于开环或正反馈,工作于非线性状态。电压比较器中的运放只满足虚断的条件,不满足虚短的条件,集成运放的传输特性如图 6.1.1 所示。

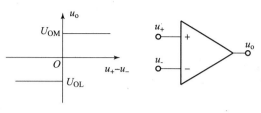

图 6.1.1 比较器中集成运放的传输特性

传输特性表明:只要比较器同相端的电位比反相端的电位高,比较器输出电压为高电平;只要比较器同相端的电位比反相端的电位低,比较器输出电压为低电平,仅此而已,这是比较器电路的分析依据。

比较器电路的门限电压求解方法为:

(1) 由"虚断"求出比较器同相端和反相端的电位 $u_+$ 和 $u_-$;求解后 $u_+$ 和 $u_-$ 是 $u_i$ 或 $u_o$ 的函数。

(2) 令 $u_+ = u_-$,在该条件下得到的 $u_i$ 就是门限电压 $U_T$。

电压比较器主要分为单限电压比较器、迟滞比较器、窗口比较器,其中单限电压比较器有一个门限电压,迟滞比较器与窗口比较器有两个门限电压,本节以迟滞电压比较器为例进行仿真分析。

## 6.1.1 迟滞电压比较器理论分析

迟滞电压比较器知识点结构如下所示:

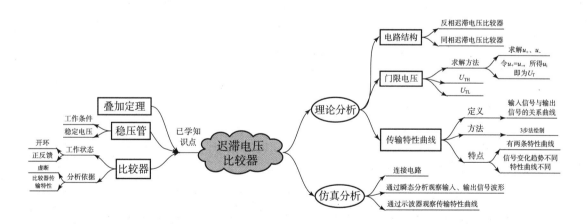

迟滞电压比较器具有滞回特性,输入信号的微小变化不会引起输出信号的变化,电路抗干扰能力强。反相迟滞电压比较器电路如图 6.1.2 所示,$u_i$ 为输入信号,由运放的反相端输入,$U_{REF}$ 为参考电压,$R_1$ 构成正反馈,$U_Z$ 稳压管使输出电压 $u_o = \pm U_Z$(设稳压管导通电压为 0),该迟滞电压比较器称为反相迟滞电压比较器。

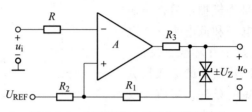

图 6.1.2 反相迟滞电压比较器原理图

迟滞电压比较器的门限电压及传输特性曲线与输入信号的变化趋势有关系,输入信号由小到大变化时对应一个门限电压和一条传输特性曲线,输入信号由大到小变化时对应一个门限电压和一条传输特性曲线,因此迟滞电压比较器有两个门限电压和两条传输特性曲线,理论分析时应分成两步。

对于图 6.1.2 电路:

(1) 假设 $u_i$ 很小,导致运放的 $u_+ > u_-$,由比较器的传输特性知,比较器的输出电压为高电平 $U_Z$。由于虚断,比较器反相端电流为 0,则 $u_- = u_i$。

由于虚断,比较器同相端电流为 0,$R_1$ 和 $R_2$ 串联,由叠加原理可以得到 $u_+$:

$$u_+ = \frac{R_1 U_{REF}}{R_1 + R_2} + \frac{R_2 u_o}{R_1 + R_2} = \frac{R_1 U_{REF}}{R_1 + R_2} + \frac{R_2 U_Z}{R_1 + R_2} \tag{6.1.1}$$

令 $u_+ = u_-$,则:

$$u_i = U_{TH} = \frac{R_1 U_{REF}}{R_1 + R_2} + \frac{R_2 U_Z}{R_1 + R_2} \tag{6.1.2}$$

(2) 假设 $u_i$ 很大,导致比较器的 $u_+ < u_-$,由比较器的传输特性知,比较器的输出电压为低电平 $-U_Z$。由于虚断,比较器反相端电流为 0,则 $u_- = u_i$。

由于虚断,比较器同相端电流为 0,$R_1$ 和 $R_2$ 串联,由叠加原理可以得到 $u_+$:

$$u_+ = \frac{R_1 U_{REF}}{R_1 + R_2} + \frac{R_2 u_o}{R_1 + R_2} = \frac{R_1 U_{REF}}{R_1 + R_2} + \frac{-R_2 U_Z}{R_1 + R_2} \tag{6.1.3}$$

令 $u_+ = u_-$,则:

$$u_i = U_{TL} = \frac{R_1 U_{REF}}{R_1 + R_2} - \frac{R_2 U_Z}{R_1 + R_2} \tag{6.1.4}$$

绘制传输特性曲线的方法如下:

(1) 标出 $U_{TH}$ 和 $U_{TL}$。

(2) 设 $u_i$ 由小到大变化,且 $u_i$ 很小时输出电压为 $U_Z$,此时电路的门限电压为 $U_{TH}$,当 $u_i$ 增大到 $U_{TH}$ 时,输出信号跳变到 $-U_Z$,用箭头标出信号走向。

(3) 设 $u_i$ 由大到小变化,且 $u_i$ 很大时输出电压为 $-U_Z$,此时电路的门限电压为 $U_{TL}$,当 $u_i$ 减小到 $U_{TL}$ 时,输出信号跳变到 $U_Z$,用箭头标出信号走向。

该比较器传输特性如图 6.1.3 所示,这里假设 $U_{TL} < 0$,$U_{TH} > 0$。

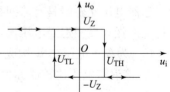

图 6.1.3 反相迟滞电压比较器传输特性曲线

## 6.1.2 迟滞电压比较器仿真与分析

反相迟滞电压比较器仿真电路如图 6.1.4 所示,采用运放充当比较器,型号为 741,稳压管型号为 02DZ4.7,稳压管的 $\pm U_Z = 4.7$ V,导通电压 $U_D = 1.3$ V,参考电压 $U_{REF} = 0$ V,由此可以推断出电路的输出电压 $U_O = \pm(U_Z + U_D) = \pm 6$ V。

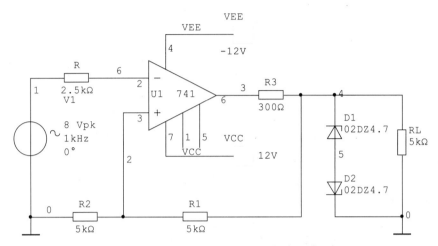

图 6.1.4　反相迟滞电压比较器仿真电路图

可估算出电路的门限电压:

$$U_{TH} = \frac{R_1 U_{REF}}{R_1 + R_2} + \frac{R_2 U_O}{R_1 + R_2} = 3 \text{ V} \tag{6.1.5}$$

$$U_{TL} = \frac{R_1 U_{REF}}{R_1 + R_2} + \frac{R_2 U_O}{R_1 + R_2} = -3 \text{ V} \tag{6.1.6}$$

对电路进行"DC Sweep Analysis"(直流扫描分析)可以仿真得到迟滞电压比较器的一个门限电压和一条传输特性曲线。选择命令"Simulate"→"Analyses"→"DC Sweep Analysis"命令打开直流扫描分析设置对话框,如图 6.1.5 所示。

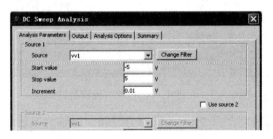

图 6.1.5　直流扫描分析设置对话框

在"Source 1"中选择输入信号,这里为"vv1",按图填写输入信号的起始值(−5 V)、停止值(+5 V)、扫描间距(0.01 V)。软件要求起始值必须小于停止值,即只能仿真输入信号由小到大变化的情况,因此通过直流扫描分析只能得到 $U_{TH}$ 和一条传输特性曲线。在

"Output"选项卡中添加输出节点,这里为节点3,设置完成后单击"Simulate"按钮,仿真结果如图6.1.6所示。

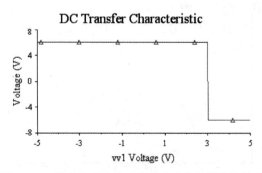

图6.1.6　输入信号由小到大电路直流扫描分析结果

由图可知,当输入信号很小时,输出电压为高电平6 V,且阈值电压为3 V,当输入信号大于3 V后,输出电压跳变为-6 V,该仿真结果与分析结果基本吻合。

设置输入信号频率为1 kHz,峰值为8 V,将示波器A通道连接输入信号,B通道连接输出信号,打开仿真开关,将示波器的显示方式切换到B/A($Y$轴显示B通道信号,$X$轴显示A通道信号)可得到电路的传输特性曲线,如图6.1.7所示。由图可知,电路的阈值电压分别约为3 V和-3 V,该仿真值与估算结果基本吻合。

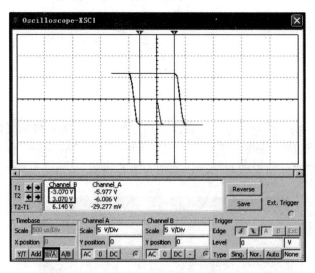

图6.1.7　迟滞电压比较器的传输特性曲线

将示波器显示方式切换到Y/T方式(横轴为时间,纵轴为电压信号),可显示输入信号波形与输出信号波形,如图6.1.8所示,当输入信号由大到小变化时,输出信号为低电平,门限电压为-3 V,当输入信号减小到-3 V时,输出信号跳变为高电平;输入信号减小到最小值后开始增大,此时门限电压为+3 V,当信号增大到+3 V时,输出信号跳变为低电平。

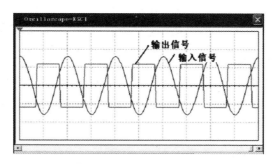

图 6.1.8　迟滞电压比较器输入信号与输出信号波形

# 6.2　正弦波振荡电路

正弦波振荡电路是在没有外加输入信号的条件下，依靠电路自激产生正弦波输出信号的电路，正弦波振荡电路广泛应用于遥控、通信、测量、信号源等方面。正弦波振荡电路由放大电路、选频网络、正反馈网络、稳幅环节四部分组成。放大电路保证电路从起振到平衡的过程中，电路有一定幅值的输出量；正反馈网络保证放大电路的输入信号等于反馈信号；选频网络用于确定电路的振荡频率；稳幅环节使输出信号的幅值保持稳定。根据选频网络的不同可以将正弦波振荡电路分为 RC 正弦波振荡电路、LC 正弦波振荡电路、石英晶体振荡电路。RC 正弦波振荡电路产生信号的频率为 1 Hz～1 MHz；LC 正弦波振荡电路产生信号的频率在 1 MHz 以上；石英晶体振荡电路用于对频率稳定性要求较高的场合。本节以 RC 正弦波振荡电路为例仿真分析正弦波信号产生的原理。

RC 正弦波发生电路知识点结构如下所示：

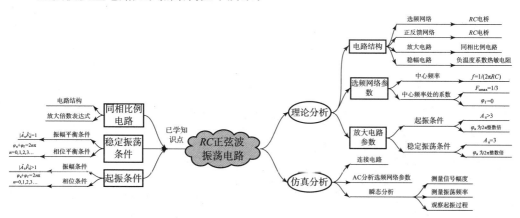

## 6.2.1　RC 正弦波振荡电路理论分析

若电路能稳定振荡，要求电路满足振幅平衡条件和相位平衡条件。

其中振幅平衡条件为：

$$|\dot{A}_u \dot{F}_u| = 1 \tag{6.2.1}$$

相位平衡条件为：

$$\varphi_a + \varphi_f = 2n\pi \quad (n = 0, 1, 2, 3, \cdots) \tag{6.2.2}$$

为了使输出信号能够有一个从小到大直至平衡的过程,电路起振条件为

$$|\dot{A}_u \dot{F}_u| > 1, \; \varphi_a + \varphi_f = 2n\pi \quad (n = 0, 1, 2, 3, \cdots) \tag{6.2.3}$$

正弦波振荡电路原理图如图 6.2.1 所示,其中 2 个电阻 $R$ 和 2 个电容 $C$ 构成选频网络和正反馈网络,集成运放、$R_1$、$R_f$ 构成同相比例放大电路,负温度系数的热敏电阻 $R_f$ 构成稳幅电路。

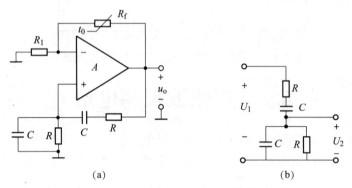

图 6.2.1　正弦波振荡电路及选频网络电路图
(a) 正弦波振荡电路; (b) 选频网络电路

选频网络的传递系数:

$$\dot{F}_u = \frac{\dot{U}_2}{\dot{U}_1} = \frac{Z_2}{Z_1 + Z_2} = \frac{R/(1 + j2\pi fRC)}{R + 1/(j2\pi fC) + [R/(1 + j2\pi fRC)]}$$

$$= \frac{1}{3 + j\left(\dfrac{f}{f_0} - \dfrac{f_0}{f}\right)} \tag{6.2.4}$$

其中,$Z_1 = R + 1/(j\omega C)$,$Z_2 = R // [1/(j\omega C)]$,$f_0 = \dfrac{1}{2\pi RC}$。

传递系数的幅频特性为:

$$|\dot{F}_u| = \frac{1}{\sqrt{3^2 + \left(\dfrac{f}{f_0} - \dfrac{f_0}{f}\right)^2}} \tag{6.2.5}$$

传递函数的相频特性为:

$$\varphi_f = -\arctan \frac{1}{3}\left(\frac{f}{f_0} - \frac{f_0}{f}\right) \tag{6.2.6}$$

上式表明当 $f = f_0$ 时,

$$F_{u\max} = \frac{1}{3}, \; \phi_f = 0° \tag{6.2.7}$$

即当信号频率为中心频率 $f_0$ 时,选频网络的传递系数达到最大值,而且此时选频网络的相变为 0°,这两个条件对放大电路放大倍数的估算很重要。

图 6.2.1 电路中,当信号频率为中心频率 $f_0$ 时,选频网络的相移为 0°,而同相比例放大电路的输入信号与输出信号极性相同,信号经过同相比例电路产生的相移为 $2\pi$ 的整数倍,

因此振荡电路总的相移：

$$\phi = \phi_a + \phi_f = 2n\pi \quad (6.2.8)$$

振荡电路满足相位平衡条件，振荡电路可能起振。

若要求图 6.2.1 电路能够起振，电路必须满足起振条件，则：

$$|A_u F_u| > 1 \quad (6.2.9)$$

$$A_f = 1 + \frac{R_f}{R_1} > 3，即：R_f > 2R_1$$

当电路达到稳定平衡状态时：

$$A_u = 3 \quad (6.2.10)$$

产生信号频率为：

$$f = f_0 = \frac{1}{2\pi RC} \quad (6.2.11)$$

电路稳幅过程为：当输出信号幅度增加时，流过 $R_f$ 的电流增大，温度升高，$R_f$ 的阻值减小，导致放大电路的放大倍数等于 3，满足稳定振荡条件，输出信号幅度保持稳定；若输出信号幅度减小，则流过 $R_f$ 的电流减小，电阻温度降低，电阻阻值增大，导致放大电路的放大倍数大于 3，输出信号幅度增大，直到达到稳定值。

## 6.2.2 RC 正弦波振荡电路仿真与分析

### 一、RC 串并联选频网络

RC 串并联选频网络如图 6.6.2 所示，可估算出该选频网络的中心频率为：

$$f_0 = \frac{1}{2\pi RC} = \frac{1}{2\pi \times 1 \times 10^4 \times 1 \times 10^{-8}} = 1.59 \text{（kHz）} \quad (6.2.12)$$

当 $f = f_0$ 时，$|F_u|$ 达到最大值 1/3。

对电路进行 "AC Analysis"（交流分析），参数设置如图 6.2.3 所示，在 "Output" 选项卡中添加输出节点，这里为节点 2。

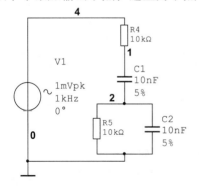

图 6.2.2　RC 串并联选频网络

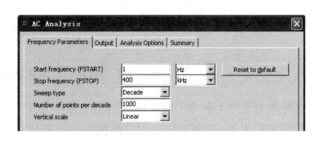

图 6.2.3　交流参数设置对话框

设置完成后单击 "Simulate" 按钮，RC 串并联选频网络的幅频特性曲线及游标读数如图 6.2.4 所示，中心频率 $x_1 = 1.61$ kHz 时，传递系数 $y_1$ 达到最大值 0.333，该仿真结果与估算结果基本吻合。

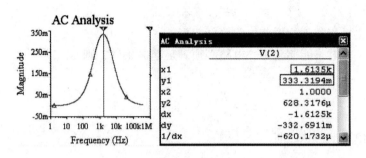

图 6.2.4　RC 串并联选频网络幅频特性曲线及游标读数

## 二、RC 正弦波振荡电路

### 1. 参数估算

自稳幅 RC 正弦波振荡电路如图 6.2.5 所示，$R_5$、$R_4$、$C_1$、$C_2$ 构成选频网络和正反馈网络；运放 741、$R_1$、滑动变阻器 $R_3$、$D_1$、$R_2$、$D_2$ 构成放大电路，设滑动变阻器接入电路的电阻为 $R_W$；$D_1$、$D_2$、$R_2$ 构成稳幅环节，设 $D_1$、$D_2$、$R_2$ 等效电阻为 $R$。

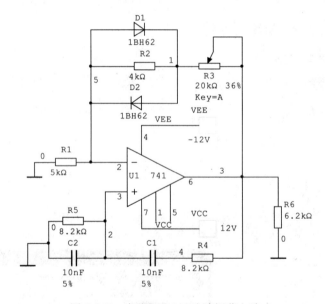

图 6.2.5　自稳幅 RC 正弦波振荡电路

信号频率为中心频率 $f_0$ 时，选频网络的相移为 0°，而同相比例放大电路的输入信号与输出信号的相移为 $2\pi$ 的整数倍，因此振荡电路总的相移为 $2\pi$ 的整数倍，满足相位平衡条件，电路可能起振。

可估算出该选频网络的中心频率为：

$$f_0 = \frac{1}{2\pi RC} = \frac{1}{2\pi \times 8.2 \times 10^3 \times 1 \times 10^{-8}} = 1.94 \text{（kHz）} \tag{6.2.13}$$

二极管 $D_1$、$D_2$ 起稳幅作用，可改善输出波形，使输出稳定。在电路刚起振时，输出电压很小，二极管处于截止状态，二极管处于截止时电阻很大，$D_1$、$D_2$、$R_2$ 等效电阻为 $R \approx R_2$，此时放大电路的电压放大倍数为：

$$A_u = 1 + \frac{R_2 + R_W}{R_2} > 3 \qquad (6.2.14)$$

因此电路可以起振。

若输出电压 $u_o$ 幅值较大时，当 $u_o$ 为正半周时 $D_2$ 导通、$D_1$ 截止，当 $u_o$ 为负半周时 $D_1$ 导通、$D_2$ 截止，即输出电压幅值较大时总有一个二极管导通，由于二极管的导通电阻较小，$D_1$、$D_2$、$R_2$ 等效电阻为 $R < R_2$，放大电路的电压放大倍数减小，最后等于3，振荡进入动态平衡状态，输出电压趋于稳定。

滑动变阻器 $R_3$ 的作用为调节输出电压的幅度，$R_3$ 接入电路的阻值有一定要求：

若要求电路起振，则 $R_2 + R_W > 2R_1$，即：$R_W > 2R_1 - R_2 = 6 \text{ k}\Omega$。

对于图 6.2.5 电路，滑动变阻器的百分比大于30%时，电路才可能起振。

若要求电路稳定振荡，则：$R_W < 2R_1 = 10 \text{ k}\Omega$。

对于图 6.2.5 电路，滑动变阻器的百分比应小于50%时，电路才可能稳定振荡。

当电路稳定振荡时，要求输出信号的幅值处于一定范围之内，输出信号幅度 $U_{om}$ 一定要小于电源电压，若输出信号幅度大于电源电压，可导致输出信号发生截止和饱和失真。

当电路稳定振荡时，放大电路电压放大倍数一定等于3，$D_1$、$D_2$、$R_2$ 等效电阻 $R$ 为：

$$R = 2R_1 - R_W \qquad (6.2.15)$$

当电路稳定振荡时，可估算出输出信号的幅度。二极管 $D_1$、$D_2$ 总有一个处于导通状态，设二极管导通电压为 $U_D$，则：

$$U_{om} = \frac{3R_1}{2R_1 - R_W} U_D \qquad (6.2.16)$$

由上式可知，调节 $R_W$ 的值可以改变输出信号的峰值，且 $R_W$ 越大，输出电压的峰值越高，$R_W$ 越小输出信号的峰值越小。为了使输出电压不失真，$R_W$ 有一个上限值。经测试 741 输出电压信号的最大值为 11.1 V，二极管完全导通时导通电压约为 0.42 V（$U_D$ 是随着输出电压的大小而变化的，输出电压小则 $U_D$ 也会变小），可估算出 $R_W$ 的上限值为

$$R_{W\max} = \frac{U_{om} \times 2R_1 - 3R_1 \times U_D}{U_{om}} = \frac{11.1 \times 10 - 15 \times 0.42}{11.1} \approx 9.43 \text{ （k}\Omega) \qquad (6.2.17)$$

对于图 6.2.5 电路，滑动变阻器的百分比应小于47%，电路输出信号才不会失真。由上述分析可知若要求电路能够稳定振荡且输出信号不失真，则滑动变阻器的调节范围为 30%~47%。

2. 电路仿真与分析

利用示波器 A 通道观察输出信号波形，调节滑动变阻器百分比，当百分比小于37%时没有产生输出信号，当百分比增加到37%时，逐渐产生输出信号，最后达到稳定状态，示波器波形如图 6.2.6 所示，该波形显示电路起振过程，输出信号由小到大最后稳定输出。

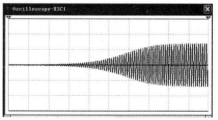

图 6.2.6 滑动变阻器百分比为37%时电路起振过程

当电路稳定振荡时，如果减小滑动变阻器的阻值，将百分比调至小于37%，则电路的输出信号幅值将逐渐减小，最后停振，停振过程如图6.2.7所示。

利用"Transient Analysis"（瞬态分析）仿真方法可快速得到电路起振波形，参数设置如图6.2.8所示，在"Output"选项卡中添加输出节点，这里为节点3。瞬态分析结果及游标读数如图6.2.9所示，由图可知，当滑动变阻器阻值为37%时电路起振时间较长，大约为117 ms，输出信号幅值约为633 mV。

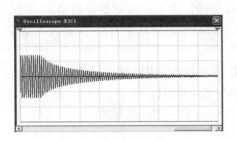

图6.2.7　滑动变阻器百分比小于37%时电路停振

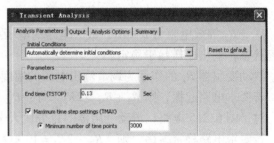

图6.2.8　瞬态分析参数设置

调节滑动变阻器百分比为46%，对电路进行瞬态分析，仿真停止时间设置为0.015 s，分析结果如图6.2.10所示，由图可知电路起振时间约为12.5 ms，输出信号幅值约为9.7 V，可见滑动变阻器百分比增加时电路起振时间减小，输出信号幅值增大。

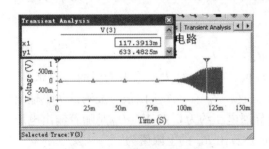

图6.2.9　滑动变阻器百分比为37%时电路起振过程

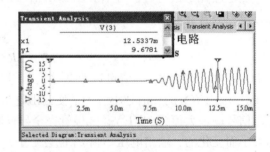

图6.2.10　滑动变阻器百分比为46%时瞬态分析结果

将图6.2.10的瞬态分析图形局部放大，利用游标1和游标2测量输出信号的周期，如图6.2.11所示，由图可知输出信号的频率为：

$$f = \frac{1}{T} = \frac{1}{x_2 - x_1} = \frac{1}{14.09 - 13.57} \approx 1.92 \text{（kHz）} \tag{6.2.18}$$

该仿真结果与估算结果基本吻合。

调节滑动变阻器百分比为48%，对电路进行瞬态分析，仿真停止时间设置为0.015 s，分析结果如图6.2.12所示，由图可知输出信号发生失真，输出信号幅值最大为11.1 V，可见滑动变阻器百分比过大时，输出信号产生失真。

第 6 章 信号发生电路    219

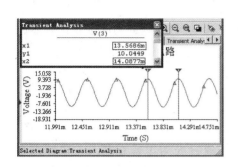

图 6.2.11 测量输出信号的周期

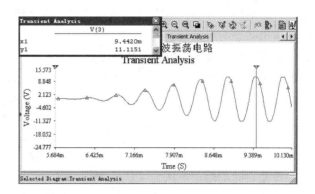

图 6.2.12 滑动变阻器百分比为 48% 时瞬态分析结果

**总结：**
（1）自稳幅 RC 正弦波振荡电路起振时间与滑动变阻器阻值有关系，滑动变阻器阻值越大，起振时间越短，反之，起振时间越长。
（2）自稳幅 RC 正弦波振荡电路输出电压幅值与 $R_W$ 的阻值有关系，阻值越大输出信号幅值越大。
（3）为了保证 RC 正弦波振荡电路可以稳定振荡，要求滑动变阻器的阻值处于一个范围之内。若阻值太小电路不起振，阻值太大，输出信号会产生失真。
（4）RC 正弦波振荡电路输出信号频率由选频网络决定，改变选频网络中电阻值和电容值可以得到不同频率的输出信号。

## 6.3 非正弦波发生电路

在信号发生电路中除了正弦波外，还有方波、锯齿波、阶梯波、三角波等。本节以方波为例讲解非正弦波发生电路的机理。

方波发生电路知识点结构如下所示：

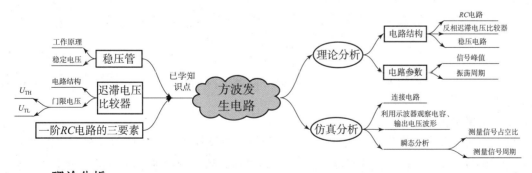

### 一、理论分析

方波发生电路是其他非正弦波发生电路的基础。方波发生电路输出电压只有两种值：高电平、低电平，因此电压比较器是方波发生电路的核心，由于电路要产生振荡，电路中必须引入正反馈。原理电路如图 6.3.1 所示，$R_f$ 和 $C$ 组成 RC 电路，运放、$R_2$、$R_1$、稳压管组成反相迟滞电压比较器，电容 $C$ 的电压信号作为迟滞比较器的输入信号，通过 $RC$ 的充、放电实现输出状态的自动转换。

迟滞电压比较器的输出电压为 $\pm U_Z$（忽略稳压管的导通电压），因此迟滞电压比较器的阈值电压为：

$$U_{TH} = +\frac{R_2 U_Z}{R_1 + R_2} \tag{6.3.1}$$

$$U_{TL} = -\frac{R_2 U_Z}{R_1 + R_2} \tag{6.3.2}$$

设某一时刻输出电压为 $+U_Z$，则 $u_+ = U_{TH}$，输出电压通过 $R_f$ 对电容充电，$u_-$ 电压由小到大变化，当 $u_- > u_+$ 时，输出电压发生跳变，从 $+U_Z$ 跳变为 $-U_Z$，此时 $u_+ = U_{TL}$；然后电容再通过 $R_f$ 放电，当 $u_- < u_+$ 时，输出电压发生跳变，从 $-U_Z$ 跳变为 $+U_Z$，如此反复，电路就产生输出电压。

电容充放电波形如图 6.3.2 所示，方波周期等于 $T = T_1 + T_2$，$T_1$ 对应放电时间，$T_2$ 对应充电时间，且 $T_1 = T_2$。

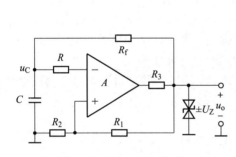

图 6.3.1 方波发生电路

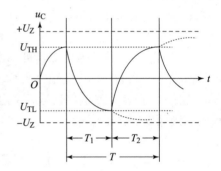

图 6.3.2 电容充放电波形图

可以计算电容放电时间 $T_1$，由一阶 $RC$ 电路的三要素可列方程

$$u(t) = u(\infty) + [u(0_+) - u(\infty)] e^{-\frac{T_1}{R_f C}} \tag{6.3.3}$$

其中，$u(t)$ 为 $T_1$ 时刻的电容电压，$u(t) = U_{TL}$；$u(\infty)$ 为时间趋于无穷大时的电容电压，$u(\infty) = -U_Z$；$u(0_+)$ 为初始时刻电容电压，$u(0_+) = U_{TH}$，带入上式可得：

$$T = 2T_1 = 2R_f C \ln\left(1 + \frac{2R_2}{R_1}\right) \tag{6.3.4}$$

由上分析可知，调整 $C$、$R_1$、$R_2$、$R_f$ 的值可改变电路的振荡频率，调整 $U_Z$ 可改变电路输出电压的幅值。

**二、电路仿真与分析**

以占空比可调方波发生电路为例进行仿真分析，电路如图 6.3.3 所示，利用二极管 $D_3$、$D_4$ 的单向导电性使电流流过不同的路径，通过调节 $R_W$ 的百分比使输出信号的占空比可调，设滑动变阻器和 $D_3$ 串联的部分电阻为 $R_{W1}$，滑动变阻器和 $D_4$ 串联的部分电阻为 $R_{W2}$。

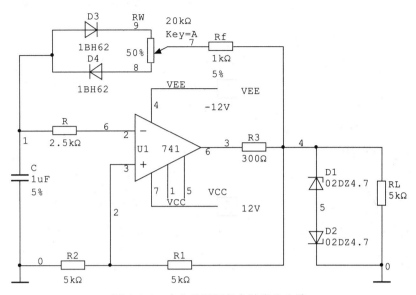

图 6.3.3　占空比可调的方波发生电路

调节滑动变阻器的百分比为 30%，则 $R_{W2} = 20 \times 30\% = 6$ kΩ，$R_{W1} = 20 \times 70\% = 14$ kΩ，电路参数估算如下：

$u_o = +U_Z$ 时，输出电压经过 $R_f$、$R_{W2}$、$D_4$ 对电容充电，忽略二极管的导通电阻，时间常数为：

$$\tau_1 = (R_f + R_{W2}) \cdot C = 7 \text{ kΩ} \times 1 \text{ μF} = 7 \text{ ms} \tag{6.3.5}$$

电容充电时间为：

$$T_1 = \tau_1 \ln\left(1 + \frac{2R_2}{R_1}\right) = 7 \times \ln 3 \text{ ms} \approx 7.7 \text{ ms} \tag{6.3.6}$$

$u_o = -U_Z$ 时，电容经过 $R_f$、$R_{W1}$、$D_3$ 放电，忽略二极管的导通电阻，时间常数为：

$$\tau_2 = (R_f + R_{W1}) \cdot C = 14 \text{ kΩ} \times 1 \text{ μF} = 14 \text{ ms} \tag{6.3.7}$$

电容放电时间为：

$$T_2 = \tau_2 \ln\left(1 + \frac{2R_2}{R_1}\right) = 14 \times \ln 3 \text{ ms} \approx 15.4 \text{ ms} \tag{6.3.8}$$

总周期 $T = T_1 + T_2 = 23.1$ ms，占空比为 $T_1/T = 7.7/23.1 \approx 33.3\%$，若考虑二极管的导通电阻则总周期要略微增加；电路输出电压幅度为 ±6 V。

对电路进行瞬态分析，其中仿真时间设置为 0.3 s，在 "Output" 选项卡中添加要观察信号的节点，这里为 1 节点和 4 节点，仿真结果如图 6.3.4 所示，利用游标 1 和游标 2 测量高电平时间和低电平时间，结果如图 6.3.5 所示。由图可知，电路经过一段时间振荡后输出稳定的方波，方波高电平时间 $T_1 = 216.06$ ms − 207.54 ms = 8.52 ms，低电平时间 $T_2 = 260.11$ ms − 242.55 ms = 17.56 ms，方波总周期 $T = T_1 + T_2 = 8.52$ ms + 17.56 ms = 26.08 ms，占空比为 $T_1/T = 8.52/26.08 \approx 33\%$；输出电压为 ±6 V，该结果与估算结果基本吻合。

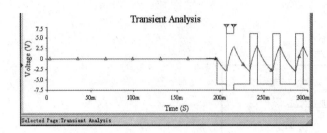
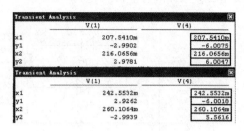

图 6.3.4 方波发生电路瞬态分析结果　　　　图 6.3.5 游标读数

调节滑动变阻器的百分比为 50%，则 $R_{W2} = R_{W1} = 10 \text{ k}\Omega$，电路参数估算如下：

方波周期

$$T = 2(R_f + R_{W1})C \ln\left(1 + \frac{2R_2}{R_1}\right) = 2 \times 11 \times \ln 3 \text{ ms} \approx 24.2 \text{ ms} \quad (6.3.9)$$

利用示波器 A 通道观察电容电压波形，B 通道观察输出电压波形，结果如图 6.3.6 所示，由图可知输出波形高电平时间等于低电平时间，占空比为 50%，方波周期为 26.3 ms，该结果与估算结果基本吻合。

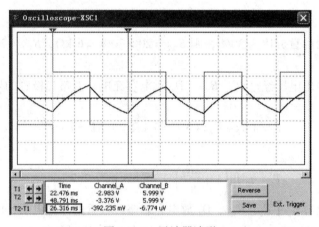

图 6.3.6 示波器波形

由上分析可知方波发生电路中改变 $R_W$ 的百分比只能改变占空比，不能改变方波的周期；当滑动变阻器的百分比不同时，方波的周期略有不同，主要是由于变阻器百分比不同流过二极管的电流不同，二极管的导通电阻略有不同造成的；由于在估算中忽略了二极管的导通电阻，所以仿真结果与估算结果有一定的误差。

# 第 7 章

# 直流稳压电源

在电子电路及设备中，一般都需要稳定的直流电源提供电能。对直流电源有以下要求：输出的电压幅值稳定、平滑，变换效率高，带负载能力强，温度稳定性能好。本章以单相小功率电源为例进行介绍。

## 7.1 整流与滤波电路

单相小功率电源主要将 50 Hz、有效值为 220 V 的单相交流电转换为幅值稳定、输出电流较小的直流电压。单相交流电一般经过电源变压器、整流电路、滤波电路、稳压电路后转换为稳定的直流电压，其原理图和各电路的输出波形如图 7.1.1 所示。

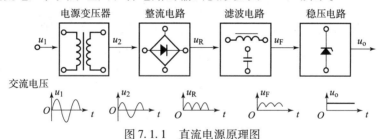

图 7.1.1 直流电源原理图

其中整流电路是将工频交流电转为具有交流成分的脉动直流电；滤波电路是将脉动直流中的交流成分滤除，减少交流成分，增加直流成分；稳压电路是对滤波后的直流电压用负反馈技术进一步稳定直流电压。

### 7.1.1 单相桥式整流电路理论分析

实际电路中常用单相桥式整流电路，利用该电路可以实现全波整流，该电路主要由 4 个二极管组成，电路如图 7.1.2 所示。

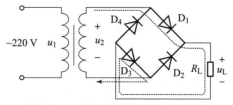

图 7.1.2 单相桥式整流电路原理图

**1. 电路工作原理**

当 $u_2$ 为正半周时，电流流向如图 7.1.2 所示，此时 $D_1$ 和 $D_3$ 导通，$D_2$ 和 $D_4$ 截止，负载 $R_L$ 上的电压为变压器副边电压，输出电压波形如图 7.1.3 所示。

当 $u_2$ 为负半周时，$D_2$ 和 $D_4$ 导通，$D_1$ 和 $D_3$ 截止，负载 $R_L$ 上的电压为变压器副边电压，输出电压波形如图 7.1.4 所示。

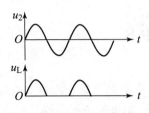

图 7.1.3 当 $u_2$ 为正半周时输出波形

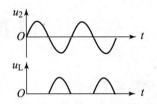

图 7.1.4 当 $u_2$ 为负半周时输出波形

在 $u_2$ 整个周期中由于 $D_1$、$D_2$、$D_3$、$D_4$ 的交替导通作用，使得负载 $R_L$ 在 $u_2$ 的整个周期内都有电流流过，而且方向不变，输出电压波形如图 7.1.5 所示。

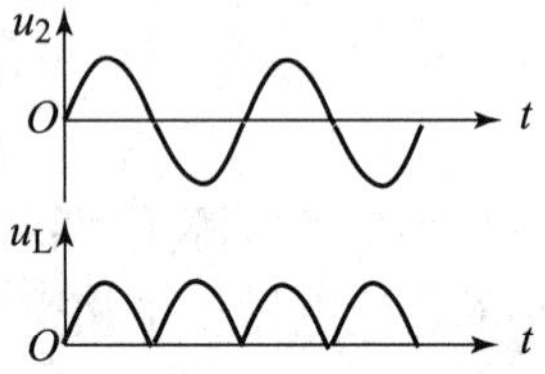

图 7.1.5 当 $u_2$ 为整个周期时输出波形

**2. 电路主要参数**

设 $u_2 = \sqrt{2}U_2 \sin \omega t$，则 $u_o = |\sqrt{2}U_2 \sin \omega t|$。

输出电压平均值：

$$U_O = \frac{1}{\pi}\int_0^\pi u_o \mathrm{d}(\omega t) = \frac{1}{\pi}\int_0^\pi \sqrt{2}U_2 \sin \omega t \mathrm{d}(\omega t) = 0.9U_2 \tag{7.1.1}$$

输出电流平均值：

$$I_O = U_O/R_L = 0.9U_2/R_L \tag{7.1.2}$$

流过二极管的平均电流：

$$I_D = I_O/2 \tag{7.1.3}$$

二极管承受的最大反向电压：

$$U_{Dmax} = \sqrt{2}U_2 \tag{7.1.4}$$

脉动系数：

$$S_1 = \frac{U_{LAC}}{U_O} \approx \frac{U_{LAC1}}{U_O} \tag{7.1.5}$$

其中，$U_{LAC1}$ 为基波峰值，$U_O$ 为输出电压平均值。

用傅氏级数对桥式整流的输出 $u_O$ 分解后得：

$$u_O = \sqrt{2}U_2\left(\frac{2}{\pi} - \frac{4}{3\pi}\cos 2\omega t - \frac{4}{15\pi}\cos 4\omega t - \frac{4}{35\pi}\cos 6\omega t - \cdots\right) \tag{7.1.6}$$

其中，$\frac{4}{3\pi}\cos 2\omega t$ 为基波项。

故电路的脉动系数为：

$$S_1 = \frac{U_{LAC1}}{U_O} = \frac{\frac{4\sqrt{2}U_2}{3\pi}}{\frac{2\sqrt{2}U_2}{\pi}} = \frac{2}{3} = 0.67 \tag{7.1.7}$$

因此经过单相桥式全波整流电路整流以后，输出电压的脉动系数明显减小。

## 7.1.2 滤波电路理论分析

电容滤波电路是最简单的滤波电路，在整流电路的输出端并联一个电容就可以构成电容滤波电路，下面以全波整流和电容滤波电路为例进行分析，其电路如图7.1.6所示。滤波电容容量较大，一般采用电解电容，要注意电容的正负极。电容滤波电路利用电容的充、放电，使输出电压趋于平滑。

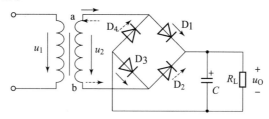

图7.1.6 电容滤波电路原理图

1．原理分析

若信号为正半周，二极管 $D_1$、$D_3$ 导通，电压 $u_2$ 给电容器 $C$ 充电。此时 $C$ 相当于并联在 $u_2$ 上，所以输出波形同 $u_2$ 相同，是正弦形。当 $u_2$ 到达90°时，$u_2$ 开始下降，在刚过90°时，正弦曲线下降的速率很慢，所以刚过90°时二极管仍然导通。在超过90°后的某个点，正弦曲线下降的速率越来越快，当超过指数曲线起始放电速率时，二极管关断，电容 $C$ 就要以指数规律向负载 $R_L$ 放电。所以，在 $t_1$ 到 $t_2$ 时刻，二极管导电，$C$ 充电，$u_C = u_L$ 按正弦规律变化；$t_2$ 到 $t_3$ 时刻二极管关断，$u_C = u_L$ 按指数曲线下降，放电时间常数为 $R_L C$。电容滤波过程如图7.1.7所示。

当放电时间常数 $R_L C$ 增加时，$t_1$ 点要右移，$t_2$ 点要左移，二极管关断时间加长，导通角减小；反之，$R_L C$ 减少时，导通

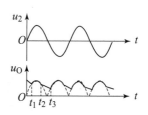

图7.1.7 电容滤波输入输出波形

角增加。显然，当 $R_L$ 很小时，电容滤波的效果不好，反之，当 $R_L$ 很大，即 $I_L$ 很小时，尽管 $C$ 较小，$R_L C$ 仍然很大，电容滤波的效果也很好，所以电容滤波适合输出电流较小的场合。

2．电容滤波的特点

（1）输出电压的平均值和 $R_L C$ 的值有关系。

滤波后输出电压的平均值为：

$$U_O = \sqrt{2}U_2\left(1 - \frac{T}{4R_L C}\right) \tag{7.1.8}$$

当 $R_L = \infty$ 即开路时，$U_O = U_{max} = \sqrt{2}U_2$；当电容开路时，$U_O = U_{min} = 0.9U_2$。可见，$R_LC$ 越大，电容放电越缓慢，$U_O$ 越大，通常取 $U_O = 1.2U_2$。为获得良好的滤波效果，一般取 $R_LC \geqslant (3 \sim 5)\dfrac{T}{2}$，$T$ 为输入电压的周期。

（2）流过二极管的瞬时电流很大。

$R_LC$ 越大，$U_O$ 越大，负载电路的平均值越大，整流二极管导通时间越短，通过整流管的电流峰值越大，所以必须选用较大容量的整流二极管，通常应选择整流二极管最大整流平均电流 $I_F$ 大于负载电流的 2~3 倍。

（3）二极管承受的最大反向电压：二极管承受的最大反向电压 $U_{Dmax} = \sqrt{2}U_2$。

## 7.1.3 整流滤波电路仿真与分析

**一、整流电路仿真与分析**

单相桥式整流电路如图 7.1.8 所示，交流电源经过变压器后到达整流电路 MDA2501。利用示波器观察节点 6 和节点 1 的波形，由于整流是将交流信号变为含有交流成分的直流信号，故示波器要选择交直流"DC"挡，为了观察波形方便，将 6 节点波形垂直向下移动 2 个单位长度，结果如图 7.1.9 所示。

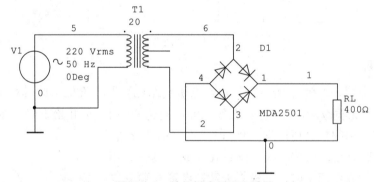

图 7.1.8 单相桥式整流电路

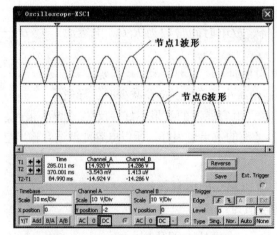

图 7.1.9 半波整流与全波整流波形

由图可见，节点 6 的波形为半波整流波形，因为当信号源电压为正时，$D_1$ 和 $D_3$ 导通，因此只有电源的正半周可以通过 $D_1$ 和 $D_3$，6 节点只显示正弦波的正半周。节点 1 为全波整流波形，当交流信号通过负载时由于 $D_1$、$D_2$、$D_3$、$D_4$ 的交替导通作用，使得负载 $R_L$ 在信号的整个周期内都有电流流过，而且方向不变。全波整流后输出信号的峰值为 14.3 V。可计算出输出电压平均值为：

$$U_O = 0.9 U_2 = 0.9 \times 14.3/\sqrt{2} \approx 9.1 \text{ (V)} \tag{7.1.9}$$

$$I_O = U_O/R_L = 9.1/400 = 0.023 \text{ (A)} \tag{7.1.10}$$

## 二、电容滤波电路仿真与分析

电容滤波电路如图 7.1.10 所示，输入信号电压为 220 V、50 Hz，变压器为 10∶1。电源信号经过变压器和全波整流后到达电容滤波电路，下面分几步对电路进行研究。

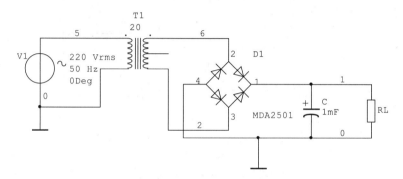

图 7.1.10　电容滤波电路图

（1）电路开路。电路开路时 $R_L C = \infty$，按照前面的分析，输出端的电压 $U_O = U_{max} = \sqrt{2} U_2$。利用示波器观察输出端的波形，结果如图 7.1.11 所示，输出电压为 14.2 V，基本等于变压器副线圈输出信号的峰值。

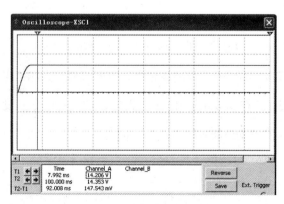

图 7.1.11　电路开路时示波器波形

（2）负载 $R_L = 40\ \Omega$。对电路进行参数扫描分析，参数扫描分析设置对话框如图 7.1.12 所示，令电容从 100 μF 变化到 1 mF，观察滤波电路的输出电压波形，结果如图 7.1.13 所示。

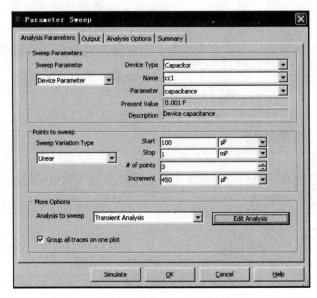

图 7.1.12　参数扫描分析设置对话框

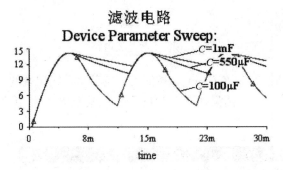

图 7.1.13　滤波电容取不同容值时输出电压波形

由图可知，电容容值越小输出电压波动性越大，电容容值越大输出电压波动性却越小；当 $C=1$ mF 时，滤波效果较好。在滤波电路中一般取 $R_{\text{L}}C \geqslant (3\sim5)\dfrac{T}{2}$。设 $R_{\text{L}}C = 4\dfrac{T}{2} = 0.04$ s，则 $C=1$ mF 时，输出电压的平均值及输出电流平均值为：

$$U_{\text{O}} = 1.2U_2 = 1.2 \times 14.3/\sqrt{2} = 12.1 \text{ (V)}$$
$$I_{\text{O}} = U_{\text{O}}/R_{\text{L}} = 12.1/40 = 0.3 \text{ (A)} \tag{7.1.11}$$

（3）保持其他元件不变，改变滤波电容，利用参数扫描分析流过二极管的电流。令滤波电容由 200 μF 增加到 1 mF 时，比较流过二极管的电流，参数扫描分析设置对话框如图 7.1.14 所示，在"More Option"中选择"Transient Analysis"，仿真时间为 0.08 s。在"Output"选项卡中添加输出参数，即二极管电流，方法如下，单击"Add device/More parameter"按钮，弹出对话框，添加二极管电流参数，如图 7.1.15 所示。

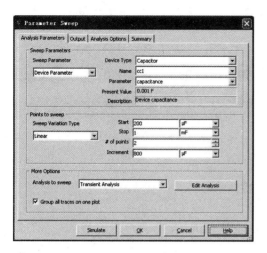

图 7.1.14 参数扫描设置对话框

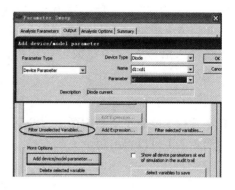

图 7.1.15 添加二极管的电流参数

设置完成后单击"Filter Unselected Variables"按钮，在弹出的对话框中选择"Display Submodules"，即显示子模块，如图 7.1.16 所示，即可在参数扫描设置窗口中出现二极管电流参数，将其添加到输出窗口中，单击"Simulate"按钮，结果如图 7.1.17 所示。

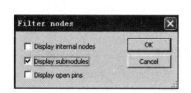

图 7.1.16 选择显示子模块

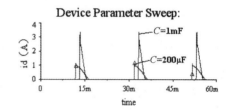

图 7.1.17 参数扫描分析流过二极管的电流

由图可见，流过二极管的电流为脉冲电流，当滤波电容为 1 mF 时，流过二极管的最大瞬态电流约为 3 A，当滤波电容为 200 μF 时，流过二极管的最大瞬态电流约为 1.1 A。可见滤波电容容值越大，二极管导通的时间越短，流过二极管的瞬态电流值越高；滤波电容值越小，二极管导通的时间越长，流过二极管的瞬态电流值越小。因此选择整流二极管时，应选用较大容量的整流二极管，通常应选择整流二极管最大整流平均电流 $I_F$ 大于负载电流的 2~3 倍。

## 7.2 三端集成直流稳压电源

虽然整流滤波电路可以将交流信号变换成较为平滑的直流电压信号，但是输出信号的平均值会随着输入信号的波动而发生波动；另一方面，由于整流滤波电路内阻始终存在，当负载发生变化时输出电压平均值也会发生变化。因此，整流滤波电路输出信号会随着输入信号的波动而波动，随着负载的变化而变化，为了获得稳定性更好的直流电压，一定要采取稳压措施。

任何稳压电路一般都从两方面讨论其稳压特性：①假设输入信号（电网电压）发生波

动，讨论其输出电压是否稳定；②假设负载发生变化，研究其输出电压是否稳定。

## 7.2.1 稳压管稳压电路

稳压管稳压电路是一种最简单的直流稳压电源，由稳压二极管和限流电阻组成。电路原理图如图 7.2.1 所示，$U_I$ 为滤波电路输入信号，$U_O$ 为滤波电路输出信号，$R$ 为限流电阻，$D_Z$ 是稳压管，$R_L$ 为输出负载。

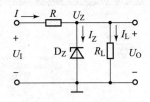

图 7.2.1　稳压管稳压电路原理图

**1. 稳压原理**

稳压管稳压电路主要利用稳压管的反向击穿特性。

由图 7.2.1 可以得出两个关系式：

$$U_O = U_Z = U_I - U_R = U_I - IR \tag{7.2.1}$$

$$I = I_L + I_Z \tag{7.2.2}$$

当电网电压发生波动时（假设增大），电路稳压过程如图 7.2.2 所示。

当负载发生变化时（负载减小，输出电流增加），电路稳压过程如图 7.2.3 所示。

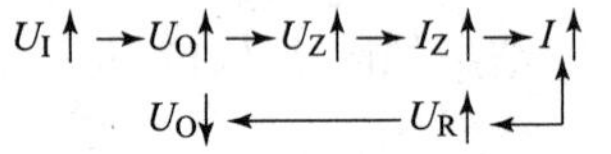

图 7.2.2　电压增大时稳压过程 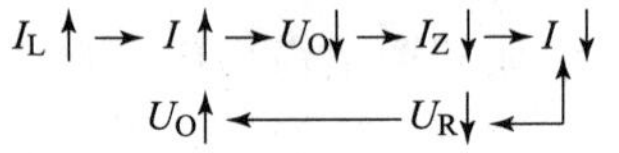　　　　图 7.2.3　负载减小时稳压过程

**2. 电路相关参数**

选择稳压管型号时一般要看其稳定电压 $U_Z$，最大工作电流 $I_{ZM}$，动态电阻 $r_Z$。一般选择：$U_Z = U_O$，$I_{ZM} = (1.5 \sim 3)I_{Omax}$，其中，$r_Z < R_o$，$R_o$ 为所要求的输出电阻。

输入电压一般选择 $U_I = (2 \sim 3)U_O$，具体参数可以根据实际电路进行计算获得。

**3. 限流电阻 $R$ 的计算**

稳压二极管在使用时，一定要串入限流电阻，不能使它的功耗超过规定值，否则会造成损坏。

（1）当输入电压最小，负载电流最大时，流过稳压二极管的电流最小。此时 $I_Z$ 不应小于 $I_{Zmin}$，由此可计算出稳压电阻的最大值，实际选用的稳压电阻应小于最大值。即：

$$R_{max} = \frac{U_{Imin} - U_Z}{I_{Zmin} + I_{Lmax}} \tag{7.2.3}$$

（2）当输入电压最大，负载电流最小时，流过稳压二极管的电流最大。此时 $I_Z$ 不应超过 $I_{Zmax}$，由此可计算出稳压电阻的最小值。即：

$$R_{min} = \frac{U_{Imax} - U_Z}{I_{Zmax} + I_{Lmin}} \tag{7.2.4}$$

因此，限流电阻的大小有一个范围，即：

$$R_{max} < R < R_{min} \tag{7.2.5}$$

## 7.2.2 三端集成稳压器

常用的稳压器还有线性串联型稳压源、线性三端集成稳压器等。

三端集成稳压器分成可调式稳压器和固定式稳压器,固定式稳压器常见的有 78 系列和 79 系列,如 7805、7809、7912 等,可调式稳压器常见的有 LM317、LM117 等。本小节以 LM317 为例介绍可调式三端集成直流稳压电源设计。

LM317 是美国国家半导体公司的三端可调正稳压器集成电路,它的使用非常简单,仅需两个外接电阻来设置输出电压。此外它的线性调整率和负载调整率也比标准的固定稳压器好。LM117/LM317 内置有过载保护、安全区保护等多种保护电路,其特点如下:

(1) 输入与输出端最高压差:40 V;
(2) 输入与输出端最小工作压差:3 V;
(3) 输出电压范围:1.25~37 V 范围内连续可调(其实只要保证前一项条件,其输出范围的上限是可以扩展的);
(4) 最大输出电流:1.5 A(LM317TTO-220 封装);
(5) 输出最小负载电流:5 mA;
(6) 基准电压 $U_{REF}$:1.25 V;
(7) 工作温度范围:0 ℃ ~ 70 ℃;
(8) LM317TTO-220 封装引脚排列如图 7.2.4 所示,分别为输入管脚、输出管脚、调整管脚。

LM317 标准应用电路如图 7.2.5 所示,在 LM317 外部外接一些简单的元件就可以构成可调式三端直流稳压电源,各外接元件作用如下。

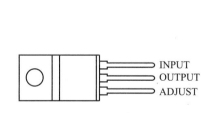

图 7.2.4　LM317 引脚

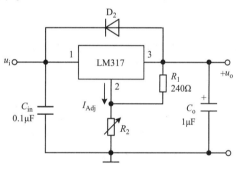

图 7.2.5　LM317 标准应用电路

$C_{in}$ 用于消除输入长接线的电感效应,防止自激,抑制交流电源的高频脉冲干扰,当稳压器离滤波电路有一定距离时,$C_{in}$ 是必需的,其容量较小,一般小于 1 μF;$C_o$ 用于改善负载的瞬态响应,消除高频噪声,可取小于 1 μF 的电容,为了使输出有较大的脉冲电流,也可以并联一个容量较大的电容,容量为几微法到几十微法之间。

$D_2$ 用于保护 LM317。由于输出端有大容量的电容,一旦输入端断开,电容将从稳压器输出端向输入端放电,容易损坏 LM317,因此在 LM317 的输入端和输出端之间跨接一个二极管,起保护 LM317 的作用。

$R_1$ 为泄放电阻。LM317 输出端与调整端之间的电压很稳定,其值为 1.25 V,由 LM317 的参数表知 LM317 的最小负载电流为 5 mA,故可计算出泄放电阻 $R_1$ 的最大值为:

$$R_{1\max} = 1.25 \text{ V}/5 \text{ mA} = 250 \text{ }\Omega \tag{7.2.6}$$

实际情况中 $R_1$ 的取值可略小于 250 Ω,一般取 240 Ω。

调整 $R_2$ 的大小可使稳压电源输出不同的电压,此电路中:

$$U_O = 1.25 \text{ V} \cdot \left(1 + \frac{R_2}{R_1}\right) + I_{Adj} \cdot R_2 \tag{7.2.7}$$

$I_{Adj}$ 应控制在 100 μA 之内,在电路中一般这一项可以忽略不计。

增大 $R_2$ 可以增大输出电压,但是会产生较大的纹波电压。为了减小 $R_2$ 上的纹波电压,可以在 $R_2$ 上并联一个 10 μF 的电容,可以减小纹波电压。引入电容后,一旦输出短路,电容将向 LM317 调整端放电,可导致 LM317 内部的调整管发射结反偏,为了保护 LM317,增加二极管 $D_2$,提供放电回路。

## 7.2.3　可调式三端集成直流稳压电源参数估算

利用 LM317 设计直流稳压电源,要求采用 220 V 作为电源,输出电压范围为 2.5~25 V,最大输出电流为 1 A。

### 一、变压器部分的设计

功率电源变压器可以将 220 V 交流电压 $u_1$ 变换为整流电路所需要的交流电压 $u_2$。变压器的效率为:

$$\eta = \frac{P_2}{P_1} \tag{7.2.8}$$

其中,$P_2$ 是变压器副线圈的功率,$P_1$ 是变压器主线圈的功率。若要确定主线圈功率,就必须确定副线圈功率和效率。

LM317 输出电压与输入电压的差值的最小值为 3 V,输出电压与输入电压的差值的最大值为 40 V,因此 LM317 输入电压的范围为:

$$U_{Omax} + (U_I - U_O)_{min} \leq U_I \leq U_{Omin} + (U_I - U_O)_{max} \tag{7.2.9}$$

即:

$$\begin{aligned} 25 \text{ V} + 3 \text{ V} &\leq U_I \leq 2.5 \text{ V} + 40 \text{ V} \\ 28 \text{ V} &\leq U_I \leq 42.5 \text{ V} \end{aligned} \tag{7.2.10}$$

变压器副线圈电压有效值的取值范围为:

$$U_2 \geq \frac{U_{Imin}}{1.2} = \frac{28}{1.2} \text{V} \approx 23.3 \text{ V} \tag{7.2.11}$$

变压器副线圈的电流应大于稳压电路输出电流,即:

$$I_2 \geq I_{Omin} = 1 \text{ A} \tag{7.2.12}$$

变压器副线圈输出的最小功率为:

$$P_{2min} = U_2 \times I_2 = 23.3 \text{ W} \tag{7.2.13}$$

为了保证直流稳压电源能输出稳定电压,变压器副线圈的功率应大于 23.3 W。对于副线圈功率为 10~30 W 的变压器,变压器的效率为 0.7,因此可确定变压器主线圈的功率为:

$$P_1 \geq \frac{P_2}{\eta} = 33 \text{ W} \tag{7.2.14}$$

为留出余地,这里选择功率为 50 W 的变压器。

### 二、整流滤波电路的设计

整流滤波电路中主要选择合适的整流二极管与滤波电容。整流滤波电路中二极管承受的最大反向电压：

$$U_{D\max} = \sqrt{2}U_2 = \sqrt{2} \times 25.5 \text{ V} \approx 36 \text{ V} \tag{7.2.14}$$

因此，二极管的 $U_{RM} > 36$ V。

滤波电路中流过二极管的电流为脉冲电流，因此整流二极管最大整流平均电流 $I_F$ 大于负载电流的 2～3 倍，即：$I_F > 3$ A。

由上分析可知，可以选择耐压值在 36 V 以上，最大整流电流在 3 A 以上的整流二极管。

为获得良好的滤波效果，一般取 $R_L C \geq (3 \sim 5)\dfrac{T}{2}$，$T$ 为输入电压的周期，则：

$$C \approx \frac{1}{R_L}(3 \sim 5)\frac{T}{2} = \frac{1}{25} \times (3 \sim 5) \times \frac{20 \times 10^{-3}}{2} = 1\,200 \sim 2\,000 \text{ （}\mu\text{F）} \tag{7.2.15}$$

滤波电容上承受的最大电压为 36 V，选择滤波电容时耐压值要大于 36 V。由上分析可知，考虑电网电压的波动，可以选择耐压值为 50 V，容量为 2 200 μF 的滤波电容。

三、稳压电路的设计

稳压电路中 LM317 外围元件可按照图 7.2.5 进行选择，这里不再重复。

## 7.2.4 可调式三端集成直流稳压电源仿真与分析

可调式三端集成稳压电源电路如图 7.2.6 所示。

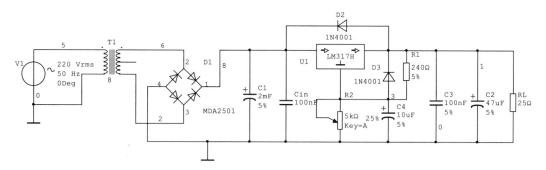

图 7.2.6 可调式三端集成稳压电源电路

1. 输出电压测量

调整滑动变阻器 $R_2$ 的百分比，分别为 0%、10%、20%、30%、40%，利用万用表测量电路的输出电压，将输出电压的估算值及测量值填入表 7.2.1 中进行比较。可见，电路估算结果与测量结果基本吻合。

表 7.2.1 改变变阻器的百分比后所测得的输出电压值

| 项　　目 | 0% | 10% | 20% | 30% | 40% |
| --- | --- | --- | --- | --- | --- |
| 输出电压估算值/V | 1.25 | 3.85 | 6.46 | 9.06 | 11.67 |
| 输出电压测量值/V | 1.25 | 3.9 | 6.54 | 9.18 | 11.82 |

2. 测量稳压系数及电压调整率

对于任何稳压电路，可用稳压系数 $S_r$ 和输出电阻 $R_o$ 来描述稳压电路的稳压性能。$S_r$ 定

义为负载一定时稳压电路输出电压相对变化量与输入电压相对变化量之比,即:

$$S_\mathrm{r} = \left.\frac{\Delta U_\mathrm{O}/U_\mathrm{O}}{\Delta U_\mathrm{I}/U_\mathrm{I}}\right|_{R_\mathrm{L}=\text{常数}} = \left.\frac{U_\mathrm{I}}{U_\mathrm{O}}\frac{\Delta U_\mathrm{O}}{\Delta U_\mathrm{I}}\right|_{R_\mathrm{L}=\text{常数}} \qquad (7.2.16)$$

由式(7.2.16)可知 $S_\mathrm{r}$ 表明电网电压波动的影响,其值越小,电网电压变化时输出电压的变化越小,式中 $U_\mathrm{I}$ 为整流滤波后的直流电压,$U_\mathrm{I}$ 与电网电压基本成正比。

工程上,常用输入电压波动±10%的条件下引起输出电压相对的变化量来表征电路的稳压性能,称为电压调整率 $S_\mathrm{V}$。

$$S_\mathrm{V} = \frac{\Delta U_\mathrm{O}/U_\mathrm{O}}{\Delta U_\mathrm{I}} \times 100\% \qquad (7.2.17)$$

改变输入电源的电压分别为 198 V、220 V、242 V(即输入电压波动±10%),利用万用表测量滤波电容两端电压,利用万用表测量稳压电路输出电压,在以上三种情况下,均测量仿真时间为 1.5 s 时的电压值(若仿真时间太短,输出信号还不稳定),将测量值填入表7.2.2 中。

表 7.2.2 电路的电压调整率和稳压系数

| 负载/Ω | 输入电压/V | 输出电压/V | 电压调整率/[%·(mV)⁻¹] | 稳压系数 |
|---|---|---|---|---|
| 25 | 32.605 | 11.650 | | |
| 25 | 36.544 | 11.653 | 6.5 | 0.002 39 |
| 25 | 40.489 | 11.656 | | |

3. 测量电流调整率

对于稳压电路,电流调整率 $S_\mathrm{I}$ 定义为在输入电压不变的条件下,输出电流由 0 变化到最大额定值时,输出电压的相对变化量,即:

$$S_\mathrm{I} = \left.\frac{\Delta U_\mathrm{O}}{U_\mathrm{O}}\right|_{U_\mathrm{I}=\text{常数}} \qquad (7.2.18)$$

由式(7.2.18)可知 $S_\mathrm{I}$ 表明负载变化对输出电压的影响,其值越小,说明电路稳压性能越好。

滑动变阻器百分比为 40%,改变负载的阻值分别为 12 Ω、25 Ω、45 Ω,利用瞬态分析测量输出电压和输出电流,仿真时间为 0~2 s。在以上三种情况下,均测量仿真时间为 1.5 s 时的电压值(若仿真时间太短,输出信号还不稳定),将测量值填入表7.2.3 中。

表 7.2.3 电路的电流调整率

| 电源输入电压/V | 负载/Ω | 输出电压/V | 电流调整率/[%·(mV)⁻¹] | 输出电流/A |
|---|---|---|---|---|
| 220 | 12 | 11.804 5 | 0.000 499 | 0.983 |
| 220 | 25 | 11.810 4 | | 0.472 4 |
| 220 | 45 | 11.812 7 | 0.000 195 | 0.262 |

4. 电容 $C_4$ 改善 $R_2$ 纹波

电路中 $C_4$ 的作用是改善 $R_2$ 阻值变化时产生的纹波，使输出电压能平稳变化。

断开 $C_4$ 电容，令 $R_2$ 由 0% 逐渐增大，每次变化 5%，利用示波器观察输出电压波形，结果如图 7.2.7 所示，由图可知当 $R_2$ 逐渐增大时，输出电压波形发生突变。

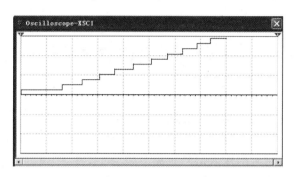

图 7.2.7　$C_4$ 断开条件下增大 $R_2$ 过程中输出电压波形

连接 $C_4$ 电容，令 $R_2$ 由 0% 逐渐增大，每次变化 5%，利用示波器观察输出电压波形，结果如图 7.2.8 所示，由图可知当 $R_2$ 逐渐增大时，输出电压波形缓慢增大。

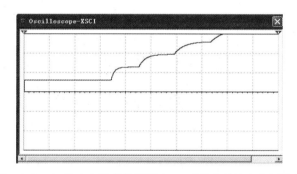

图 7.2.8　$C_4$ 连入电路条件下增大 $R_2$ 过程中的输出电压波形

# 第 8 章

# 组合逻辑电路

组合逻辑电路由各种逻辑门构成，其逻辑功能可以由一组逻辑函数确定。组合电路在任何时刻的输出信号为稳定值，仅仅与该时刻的输入信号有关，而与该时刻以前的输入信号无关。组合逻辑电路的一般框图如图 8.1.1 所示。

图 8.1.1　组合逻辑电路框图

组合逻辑电路的特点：

（1）理想情况下，若不计组合逻辑电路中各级逻辑门的延迟时间，则认为输出信号会随输入信号的变化而立即变化。

（2）组合逻辑电路没有记忆或存储功能，即不含记忆元件。

（3）组合逻辑电路的输入与输出之间无反馈延迟通路。

## 8.1　全加器电路仿真分析

在数字系统中，数字信号的算术运算主要有加、减、乘、除这四种类型，每种类型的运算最终均可由加法运算完成，所以加法运算最为基础，加法器是算术运算的基本单元电路。

### 8.1.1　电路设计分析

1．半加器

两个一位二进制数相加，若只考虑两个加数本身而不考虑低位的进位，称为半加，实现半加运算的电路叫作半加器。半加器有两个输入端 $A$ 和 $B$，分别为加数和被加数，两个输出端 $S$ 和 $C$，分别为本位和向高位的进位，半加器真值表如表 8.1.1 所示。

表 8.1.1　半加器真值表

| $A$ | $B$ | $C$ | $S$ |
|---|---|---|---|
| 0 | 0 | 0 | 0 |
| 0 | 1 | 0 | 1 |
| 1 | 0 | 0 | 1 |
| 1 | 1 | 1 | 0 |

由真值表可以写出半加器的输出逻辑表达式：

$$S = A \oplus B \qquad C = AB$$

2. 全加器

多位数相加时，除最低位外其余各位必须考虑低位的进位，所以仅用半加是不能解决问题的，还需要全加，全加是求被加数、加数与低位向本位的进位之和及本位向高位的进位，实现全加运算的逻辑电路叫作全加器。全加器有三个输入端 $A_i$、$B_i$ 和 $C_{i-1}$，分别表示被加数、加数和低位向本位的进位，两个输出端 $S_i$ 和 $C_i$，分别为本位的和及向高位的进位，全加器真值表如表 8.1.2 所示。

表 8.1.2　全加器真值表

| $A_i$ | $B_i$ | $C_{i-1}$ | $C_i$ | $S_i$ |
| --- | --- | --- | --- | --- |
| 0 | 0 | 0 | 0 | 0 |
| 0 | 0 | 1 | 0 | 1 |
| 0 | 1 | 0 | 0 | 1 |
| 0 | 1 | 1 | 1 | 0 |
| 1 | 0 | 0 | 0 | 1 |
| 1 | 0 | 1 | 1 | 0 |
| 1 | 1 | 0 | 1 | 0 |
| 1 | 1 | 1 | 1 | 1 |

由真值表可以写出逻辑表达式：

$$\begin{aligned} S_i &= \overline{A_i}\,\overline{B_i}C_{i-1} + \overline{A_i}B_i\overline{C_{i-1}} + A_i\,\overline{B_i}\,\overline{C_{i-1}} + A_i B_i C_{i-1} \\ &= A_i \oplus B_i \oplus C_{i-1} \end{aligned} \qquad (8.1.1)$$

$$\begin{aligned} C_i &= \overline{A_i}B_i C_{i-1} + A_i\,\overline{B_i}C_{i-1} + A_i B_i \overline{C_{i-1}} + A_i B_i C_{i-1} \\ &= \overline{\overline{(A_i \oplus B_i)\ C_{i-1}} \cdot \overline{A_i B_i}} \end{aligned} \qquad (8.1.2)$$

## 8.1.2　元器件选取及电路组成

1. 元器件选取

1）电源、地的选取

根据全加器的逻辑表达式，在 Multisim10 软件中绘制仿真电路。单击元器件栏的"Source"图标，出现如图 8.1.2 所示的元器件库，在"Family"中选择"POWER_SOURC-ES"，在"Component"中选择"VCC"，单击"OK"按钮确认放置电源；同样，在"Component"中选择"GROUND"，可选取出接地。在数字电路仿真部分，执行"Option"→"Global preferences"→"Parts"→"Symbol Standard"命令，选择 ANSI 模式，主要原因是在业界数字电路元器件多用 ANSI 模式。

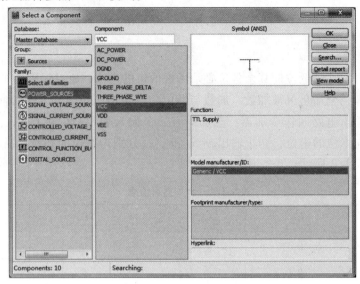

图 8.1.2　电源、地的选取

2）开关的选取

单击元器件栏的 符号，出现如图 8.1.3 所示的元器件库，在"Family"中选择"SWITCH"，在"Component"中选择"SPDT"，单击"OK"按钮确认放置开关，并可右键单击放置好的开关，根据需要对开关进行旋转；双击开关图标，弹出设置对话框，将"Label"中的"RefDes"由默认的 J1 改为 A，在"Value"选项卡中将"Key for Switch"由默认的"Space"改为"A"，如图 8.1.4 所示，以此类推进行 B、C 等其余开关的设置，在键盘上敲击开关对应的字符即可实现开关拨动。

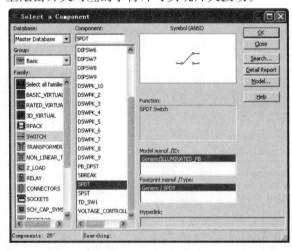

图 8.1.3　开关的选取　　　　　　　　图 8.1.4　开关的设置

3）逻辑门的选取

单击元器件栏的放置晶体管-晶体管逻辑（TTL）的图标 ，出现如图 8.1.5 所示的元器件库，在"Family"中选择"74STD"，在"Component"中选择所需的逻辑门，单击

"OK"按钮确认放置选中的逻辑门;与非门可选取 7400N,异或门可选取 7486N。

4) 指示灯的选取

单击元器件栏的放置指示器按钮 📷,出现如图 8.1.6 所示的元器件库,在"Family"中选择"PROBE",在"Component"中选择各种彩色指示灯,单击"OK"按钮确认放置选中的指示灯。

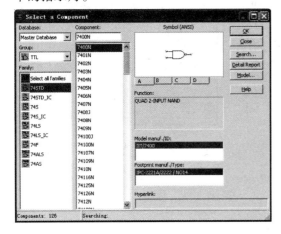

图 8.1.5　逻辑门的选取　　　　　图 8.1.6　指示灯的选取

2. 电路组成

元器件选取完成后,可按照全加器化简后的最终逻辑表达式(8.1.1)、式(8.1.2)进行连接,构成全加器仿真电路,如图 8.1.7 所示。

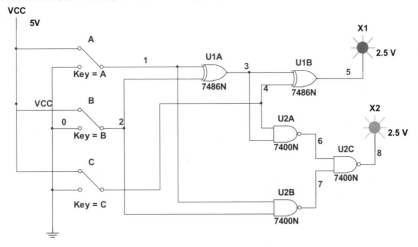

图 8.1.7　全加器仿真电路

## 8.1.3　电路仿真分析

1. 全加器功能验证

拨动开关让输入端输入数值为 0 或 1,指示灯的亮灭表示输出结果为 1 或 0,将仿真电路按照全加器真值表（见表 8.1.2）运行一遍，验证所设计的全加器电路正确与否。

2. 创建全加器子电路

1) 为输入、输出端添加节点

删除开关左侧电源、接地部分和两个输出指示灯，右键单击空白处，从弹出菜单中选择"Place Schematic"→"HB/SC"连接器，放置连接器，右键单击连接器，可按需求旋转，双击放置好的连接器，在打开的菜单中将"Label"改为"A"，然后单击"OK"按钮，如图 8.1.8 所示，将此连接器取代原来的输入开关 A 作为输入节点 A，对开关 B、C 和两个输出端（本位的和"SO"，向高位的进位"CO"）也做同样的操作，如图 8.1.9 所示。

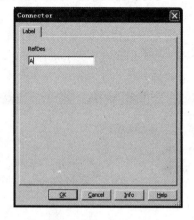

图 8.1.8　HB/SC 连接器选择

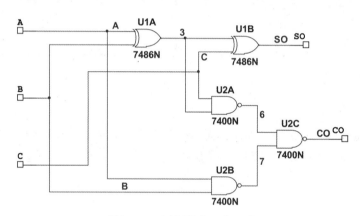

图 8.1.9　添加节点后的电路

2) 创建子电路

将添加节点后的电路全部选中，在选中的电路上单击右键，选择"Replace by Subcircuit"，在弹出的"Subcircuit Name"对话框中写出子电路名称"FullAdder"，然后单击"OK"按钮，如图 8.1.10 所示，即生成子电路模块，如图 8.1.11 所示。

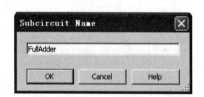

图 8.1.10　子电路名

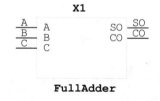

图 8.1.11　全加器子电路

3. 电路测试分析

1) 逻辑转换仪

从界面最右边的仿真仪器仪表中找到"逻辑转换仪"，单击，然后放置在电路图面板上，如图 8.1.12 所示，双击转换仪，弹出对话框，如图 8.1.13 所示，其中 A、B、C、D、E、F、G、H 依次对应转换仪从左至右的外部接入引脚，除 H 作为输出信号端以外，其余均接输入信号端，将全加器和转换仪相连接，如图 8.1.14 所示的全加器输入端 A、B、C 依次和转换仪的输入端 A、B、C 连接，用开关将全加器的进位输出端 CO 连接在转换仪的输出信号端，双击转换仪，

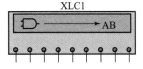

图 8.1.12　逻辑转换仪

单击"Conversions"一栏下的选项，可依次实现各项转换功能：电路图至真值表、真值表至与或式、真值表至最简与或式、与或式至真值表、与或式至电路图、与或式至与非门电路图；在电路图面板上拨动开关将本位的和 SO 连接至转换仪输出端实现上述转换。

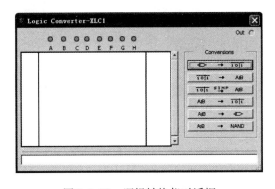

图 8.1.13　逻辑转换仪对话框

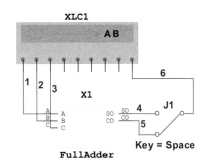

图 8.1.14　测量电路图

2）字发生器

从界面最右边的仿真仪器仪表中找到"字发生器"，单击，然后放置在电路图面板上，字发生器有从低位 0 至高位 31 共 32 个信号发生端，按高低位次序将全加器输入端连接至字发生器末三位，在全加器的两个输出端上分别连接不同颜色的指示灯，如图 8.1.15 所示。

双击转换仪，弹出对话框，可选择触发的方式及边沿，频率可调，"Display"选项可选择显示的数制类型，如选择十六进制"HEX"，则将右侧显示码按顺序设置为 0 至 7，产生全加器的所有输入变量，并对 7 右键选择"Set Final Position"，以保证循环产生信号的范围，"Controls"选项可选择信号产生的方式，循环不断、一个周期或逐步产生，演示全加器运行情况，如图 8.1.16 所示。

3）逻辑分析仪

从界面最右边的仿真仪器仪表中找到"逻辑分析仪"，单击，然后放置在电路图面板上，逻辑分析仪可显示所有接入信号的时序波形，将全加器的输入输出端均接至逻辑分析仪，如图 8.1.17 所示，以字发生器产生输入信号，双击

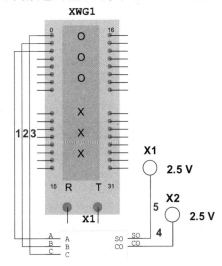

图 8.1.15　字发生器产生全加器输入信号

逻辑分析仪观察全加器的工作波形，如图8.1.18所示。

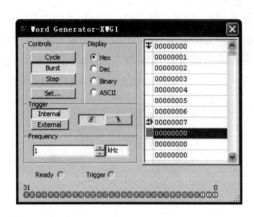

图 8.1.16　字发生器设置

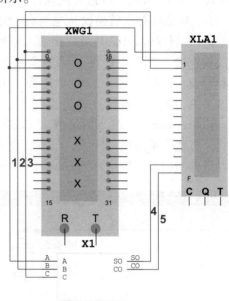

图 8.1.17　逻辑分析仪分析全加器

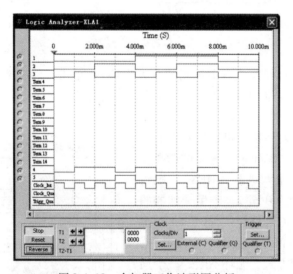

图 8.1.18　全加器工作波形图分析

有多位数字相加时，可模仿笔算组成串行进位加法器，从最低位开始运算，低位的进位输出信号作为高位的进位输入信号，由低位至高位逐级进位。以构成4位串行进位加法器为例，如图8.1.19所示，可以看出串行进位加法器虽然电路结构较为简单，但进位信号是逐级传递的，所以运算速度较慢，因此设计高速加法器时通常采用超前进位加法器。超前进位加法器的设计思想是通过设计超前进位电路提前得到每一位全加器上的进位输入信号，无须从最低位开始逐级向高位传递进位信号。

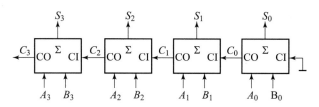

图 8.1.19　4 位串行进位加法器

## 8.1.4　通用加法器集成电路应用

实际使用中并不总是需要自己设计全加器再组合成串行进位加法器，可直接使用通用加法器集成电路，例如，4位二进制加法器 7483，其逻辑符号如图 8.1.20 所示。7483 的 TTL 电路分为两种，一种是串行进位加法器 74LS83，元器件符号如图 8.1.21 所示；另一种是速度比前者快一倍以上的超前进位加法器 74LS83A（或 7483A）。还有 74LS283，元器件符号如图 8.1.22 所示，电路结构与 7483A 相同，只是引脚布置不同。

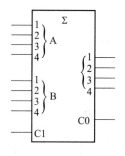

图 8.1.20　7483 逻辑符号

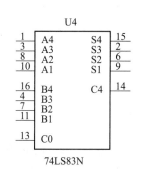

图 8.1.21　74LS83 元器件符号

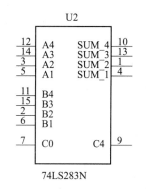

图 8.1.22　74LS283 元器件符号

以通用 4 位二进制加法器集成电路 7483，设计一个电路，将余 3 BCD 码转换为 8421BCD 码，其相应关系如表 8.1.3 所示。余 3 BCD 码 $-3$ = 8421BCD 码，即余 3 BCD 码 + $(3)_{补码}$ = 8421BCD 码，$(3)_{补码}$ = $(3)_{反码}$ + 1，以二进制码的形式表示即为 $(0011)_{补码}$ = 1100 + 1，得到：余 3 BCD 码 + 1100 + 1 = 8421BCD 码。

表 8.1.3　常用 BCD 码

| 十进制数 | 8421 码 | 5421 码 | 2421 码 | 余 3 码 |
| --- | --- | --- | --- | --- |
| 0 | 0000 | 0000 | 0000 | 0011 |
| 1 | 0001 | 0001 | 0001 | 0100 |
| 2 | 0010 | 0010 | 0010 | 0101 |

续表

| 十进制数 | 8421 码 | 5421 码 | 2421 码 | 余 3 码 |
|---|---|---|---|---|
| 3 | 0011 | 0011 | 0011 | 0110 |
| 4 | 0100 | 0100 | 0100 | 0111 |
| 5 | 0101 | 1000 | 1011 | 1000 |
| 6 | 0110 | 1001 | 1100 | 1001 |
| 7 | 0111 | 1010 | 1101 | 1010 |
| 8 | 1000 | 1011 | 1110 | 1011 |
| 9 | 1001 | 1100 | 1111 | 1100 |

1. 元器件选取

（1）字信号发生器：最右边的仪器仪表栏→"Word Generator"；

（2）4 位二进制加法器 7483："Place TTL"→"74LS"→"74LS83N"；

（3）电源 $V_{CC}$："Place Source"→"POWER_SOURCES"→"VCC"；

（4）接地："Place Source"→"POWER_SOURCES"→"GROUND"；

（5）输出指示灯："Place Indicator"→"PROBE"→"PROBE_RED"；

（6）逻辑分析仪：最右边的仪器仪表栏→"Logic Analyzer"。

2. 电路组成

电路组成如图 8.1.23 所示，字信号发生器设置产生的信号为余 3 BCD 码，如图 8.1.24 所示，输入加法器，结果以指示灯显示 8421BCD 码，并可加以逻辑分析仪查看波形，如图 8.1.25 所示。

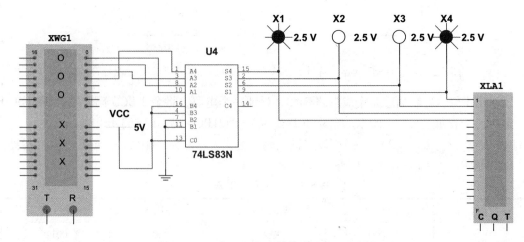

图 8.1.23 余 3 BCD 码转换为 8421BCD 码

第 8 章 组合逻辑电路

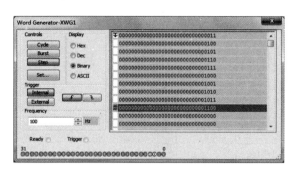

图 8.1.24 字信号发生器设置

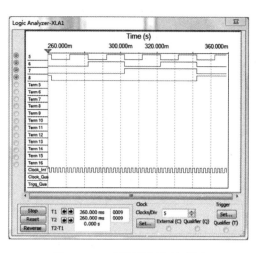

图 8.1.25 逻辑分析仪波形图

3. 电路分析

从字信号发生器截图看出输入为余 3 BCD 码 1100，输出灯显示 1001，符合其相应的 8421BCD 码，逻辑分析仪波形显示输出的整体结果符合转换出的 8421BCD 码。

## 8.2 键盘编码电路设计

### 8.2.1 编码器

编码器将信息（如数和字符等）转换成符合一定规则的二进制代码。常用的编码器有：二进制编码器、二－十进制编码器等。

1. 二进制编码器

二进制编码器是用 $n$ 位二进制代码对 $N=2^n$ 个特定信息进行编码的逻辑电路。根据输入是否互相排斥可分为两类，一类称为具有输入互相排斥的编码器，指在某一时刻，编码器的 $N$ 个输入端中仅有一个为有效电平，即编码器在某一时刻只对一个输入信号编码，而且一个输入信号对应一个 $n$ 位二进制代码，不能重复；另一类称为优先编码器，去除了输入互相排斥这一特殊约束条件，对输入信号按轻重缓急排序，当有多个信号同时输入时，只对优先权最高的一个信号进行编码。

2. 二－十进制编码器

二－十进制编码器是用 BCD 码对 $I_0 \sim I_9$ 这 10 个输入信号进行编码的逻辑电路，该电路有 10 根输入线，4 根输出线，故常称为 10 线－4 线编码器，也可分为输入信号互相排斥和优先编码两种。

3. 通用编码器集成电路

10 线－4 线优先编码器 74147 的逻辑符号及引脚图如图 8.2.1 所示。表 8.2.1 为 74147

的功能表。74147 的输入编码信号为低电平有效，输出为反码形式的 8421BCD 码，输入信号中没有 $\overline{I_0}$ 线，信号 $\overline{I_0}$ 的编码与其他各输入线均无信号输入（功能表中第 1 行）时是等效的，所以在商品电路中省去了 $\overline{I_0}$ 线。

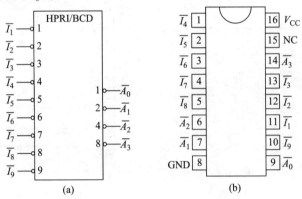

图 8.2.1 74147 逻辑符号及引脚图
（a）逻辑符号；（b）引脚图

表 8.2.1 74147 功能表

| 十进制线 | 输入 | | | | | | | | | 输出 | | | |
|---|---|---|---|---|---|---|---|---|---|---|---|---|---|
| | $\overline{I_1}$ | $\overline{I_2}$ | $\overline{I_3}$ | $\overline{I_4}$ | $\overline{I_5}$ | $\overline{I_6}$ | $\overline{I_7}$ | $\overline{I_8}$ | $\overline{I_9}$ | $\overline{Y_3}$ | $\overline{Y_2}$ | $\overline{Y_1}$ | $\overline{Y_0}$ |
| 0 | 1 | 1 | 1 | 1 | 1 | 1 | 1 | 1 | 1 | 1 | 1 | 1 | 1 |
| 9 | × | × | × | × | × | × | × | × | 0 | 0 | 1 | 1 | 0 |
| 8 | × | × | × | × | × | × | × | 0 | 1 | 0 | 1 | 1 | 1 |
| 7 | × | × | × | × | × | × | 0 | 1 | 1 | 1 | 0 | 0 | 0 |
| 6 | × | × | × | × | × | 0 | 1 | 1 | 1 | 1 | 0 | 0 | 1 |
| 5 | × | × | × | × | 0 | 1 | 1 | 1 | 1 | 1 | 0 | 1 | 0 |
| 4 | × | × | × | 0 | 1 | 1 | 1 | 1 | 1 | 1 | 0 | 1 | 1 |
| 3 | × | × | 0 | 1 | 1 | 1 | 1 | 1 | 1 | 1 | 1 | 0 | 0 |
| 2 | × | 0 | 1 | 1 | 1 | 1 | 1 | 1 | 1 | 1 | 1 | 0 | 1 |
| 1 | 0 | 1 | 1 | 1 | 1 | 1 | 1 | 1 | 1 | 1 | 1 | 1 | 0 |

## 8.2.2 译码器

译码是编码的逆过程，其作用是将一组码转换为确定信息。完成译码功能的逻辑电路称为译码器。常见的译码器有二进制译码器、二－十进制译码器和显示译码器等。

### 1. 二进制译码器

二进制译码器是将具有特定含义的一组二进制代码，按其意愿"翻译"成为对应输出信号的逻辑电路。由于 $n$ 位二进制代码可对应 $2^n$ 个特定含义，所以二进制译码器是一个具有 $n$ 根输入线和 $2^n$ 根输出线的逻辑电路，如图 8.2.2 所示。

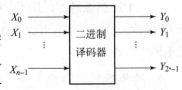

图 8.2.2 二进制译码器示意图

若 $2^n$ 个输出中只有 1 个为 1，其余全为 0，则称为高电平输出有效二进制译码器，其输出逻辑表达式为：

$$Y_i = m_i \ (m_i \text{为输入变量所对应的最小项})$$

若 $2^n$ 个输出中只有 1 个为 0，其余全为 1，则称为低电平输出有效二进制译码器，其输出逻辑表达式为：

$$\overline{Y_i} = \overline{m_i} \ (m_i \text{为输入变量所对应的最小项})$$

译码器的使能输入控制端既能使电路正常工作，也能使电路处于禁止工作状态；还可实现译码器的容量扩展。

2. 二 – 十进制译码器

二 – 十进制译码器的输入是 BCD 码，输出是 10 个高、低电平信号。因为该译码器有 4 根输入线，10 根输出线，故常称为 4 线 – 10 线译码器。

3. 显示译码器

在数字系统中，经常需要将有用信息用字符或图形的形式直观地显示出来，以便记录和查看。目前常用的数字显示器件是七段数码管。数码显示器按发光物质不同，可分为半导体显示器、荧光数字显示器、液体数字显示器和气体放电显示器等，目前工程上应用较多的是半导体数码管和液晶显示器。

半导体数码管的 7 个发光段是 7 个条状的发光二极管（LED），7 个发光二极管排列成"日"字形，如图 8.2.3（a）所示，通过不同发光段的组合，显示出 0~9 十进制数字，如图 8.2.3（b）所示。

图 8.2.3　七段数码管及显示字形
(a)"日"字形数码管；(b) 显示 0~9 字形

这种数码管的内部接法有两种：一种是将 7 个发光二极管的阳极连接在一起，称为共阳极显示器，如图 8.2.4（a）所示，使用时将公共阳极接高电平，当某段二极管的阴极为低电平时，则该段亮，若为高电平，则该段不亮；另一种是 7 个发光二极管共用一个阴极，称为共阴极显示器，如图 8.2.4（b）所示，使用时将公共阴极接低电平，当二极管阳极接高电平时，则该段亮，否则不亮。

图 8.2.4　数码管的两种接法
(a) 共阳极；(b) 共阴极

半导体数码管的工作电压比较低（1.5~3V），能直接用 TTL 或 CMOS 集成电路驱动。除电压比较低外，半导体数码管还具有体积小、寿命长、可靠性高等优点，而且响应时间短（一般不超过 0.1 μs），亮度也比较高。LED 显示器的缺点是工作电流大，每一段的工作电流在 10 mA 左右。

**4. 通用七段显示译码器集成电路**

常用的七段显示译码器集成电路种类较多，此处重点介绍 7448，七段显示译码器 7448 输出高电平有效，用以驱动共阴极显示器。图 8.2.5 为 7448 的逻辑图和引脚图，7448 的功能表如表 8.2.2 所示。

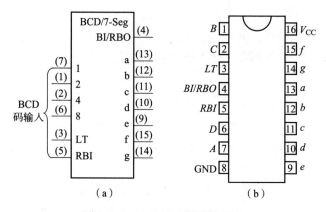

图 8.2.5　七段显示译码器 7448
（a）逻辑图；（b）引脚图

表 8.2.2　7448 功能表

| 十进制数或功能 | 输入 | | | | | | BI/RBO | 输出 | | | | | | | 字形 |
|---|---|---|---|---|---|---|---|---|---|---|---|---|---|---|---|
| | $LT$ | $RBI$ | $D$ | $C$ | $B$ | $A$ | | $a$ | $b$ | $c$ | $d$ | $e$ | $f$ | $g$ | |
| 0 | 1 | 1 | 0 | 0 | 0 | 0 | 1 | 1 | 1 | 1 | 1 | 1 | 1 | 0 | 0 |
| 1 | 1 | × | 0 | 0 | 0 | 1 | 1 | 0 | 1 | 1 | 0 | 0 | 0 | 0 | 1 |
| 2 | 1 | × | 0 | 0 | 1 | 0 | 1 | 1 | 1 | 0 | 1 | 1 | 0 | 1 | 2 |
| 3 | 1 | × | 0 | 0 | 1 | 1 | 1 | 1 | 1 | 1 | 1 | 0 | 0 | 1 | 3 |
| 4 | 1 | × | 0 | 1 | 0 | 0 | 1 | 0 | 1 | 1 | 0 | 0 | 1 | 1 | 4 |
| 5 | 1 | × | 0 | 1 | 0 | 1 | 1 | 1 | 0 | 1 | 1 | 0 | 1 | 1 | 5 |
| 6 | 1 | × | 0 | 1 | 1 | 0 | 1 | 0 | 0 | 1 | 1 | 1 | 1 | 1 | 6 |
| 7 | 1 | × | 0 | 1 | 1 | 1 | 1 | 1 | 1 | 1 | 0 | 0 | 0 | 0 | 7 |
| 8 | 1 | × | 1 | 0 | 0 | 0 | 1 | 1 | 1 | 1 | 1 | 1 | 1 | 1 | 8 |
| 9 | 1 | × | 1 | 0 | 0 | 1 | 1 | 1 | 1 | 1 | 0 | 0 | 1 | 1 | 9 |
| 10 | 1 | × | 1 | 0 | 1 | 0 | 1 | 0 | 0 | 0 | 1 | 1 | 0 | 1 | c |
| 11 | 1 | × | 1 | 0 | 1 | 1 | 1 | 0 | 0 | 1 | 1 | 0 | 0 | 1 | ⊐ |

续表

| 十进制数或功能 | 输入 | | | | | BI/RBO | 输出 | | | | | | | 字形 |
|---|---|---|---|---|---|---|---|---|---|---|---|---|---|---|
| | LT | RBI | D | C | B | A | | a | b | c | d | e | f | g | |
| 12 | 1 | × | 1 | 1 | 0 | 0 | 1 | 0 | 1 | 0 | 0 | 0 | 1 | 1 | u |
| 13 | 1 | × | 1 | 1 | 0 | 1 | 1 | 1 | 0 | 0 | 1 | 0 | 1 | 1 | ɔ |
| 14 | 1 | × | 1 | 1 | 1 | 0 | 1 | 0 | 0 | 0 | 1 | 1 | 1 | 1 | t |
| 15 | 1 | × | 1 | 1 | 1 | 1 | 1 | 0 | 0 | 0 | 0 | 0 | 0 | 0 | |
| 消隐脉冲 | × | × | × | × | × | × | 0 | 0 | 0 | 0 | 0 | 0 | 0 | 0 | |
| 消隐 | 1 | 0 | 0 | 0 | 0 | 0 | 0 | 0 | 0 | 0 | 0 | 0 | 0 | 0 | |
| 灯测试 | 0 | × | × | × | × | × | 1 | 1 | 1 | 1 | 1 | 1 | 1 | 1 | 8 |

（1）灭灯输入端 $BI/RBO$。$BI/RBO$ 是特殊控制端，有时作为输入，有时作为输出。当 $BI/RBO$ 作为输入使用且 $BI=0$ 时，无论其他输入端是什么电平，所有各段输出 $a \sim g$ 均为 0，无字形显示。

（2）试灯输入端 $LT$。当 $LT=0$ 时，$BI/RBO$ 是输出端，且 $RBO=1$，此时无论其他输入端是什么状态，各段输出 $a \sim g$ 均为 1，显示"8"的字形。该输出端常用于检查 7448 本身及显示器的好坏。

（3）动态灭零输入 $RBI$。当 $LT=1$，$RBI=0$ 且输入代码 $DCBA=0000$ 时，各段输出 $a \sim g$ 均为低电平，此时不显示与之相应的"0"字形，故称"灭零"。利用 $LT=1$ 与 $RBI=0$ 可以实现某一位的"消隐"。此时 $BI/RBO$ 是输出端，且 $RBO=0$。

（4）动态灭零输出 $RBO$。$BI/RBO$ 作为输出使用时，受控于 $LT$ 和 $RBI$。当 $LT=1$ 且 $RBI=0$，输入代码 $DCBA$ 为 0000 时，$RBO=0$；若 $LT=0$ 或 1 且 $RBI=1$ 时，则 $RBO=1$。该端主要用于显示多位数字时，多个译码器之间的连接，消去高位无意义的零。例如图 8.2.6 所示的情况。

从功能表可以看出，对输入代码 0000，正常译码条件是：$LT$ 和 $RBI$ 同时等于 1，而对其他输入代码则要求 $LT=1$，此时，译码器各段 $a \sim g$ 输出的电平由输入 BCD 码确定且满足显示字形的要求。

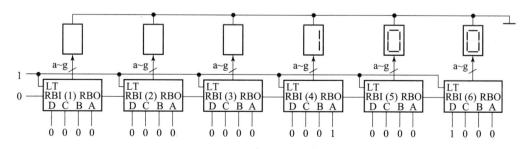

图 8.2.6 7448 实现多位数字译码显示

图 8.2.6 中 6 位显示器由 6 个译码器 7448 驱动。各片 7448 的 $LT$ 均接高电平，由于第一片的 $RBI=0$ 且 $DCBA=0000$，所以第一片满足灭零条件，无字形显示，同时输出 $RBO=$

0；第一片的 *RBO* 与第二片的 *RBI* 相连，使第二片也满足灭零条件，无显示并输出 *RBO* = 0；同理，第三片也满足灭零条件，无显示。由于第四、五、六片译码器的 *RBI* = 1，所以它们都正常译码，显示器显示 BCD 码所表示的数码字形。若第一片 7448 的输入代码不是 0000，而是任何其他 BCD 码，则该片将正常译码并驱动显示，同时使 *RBO* = 1。这样，第二片、第三片就不具备灭零的条件，所以，用这样的连接方法，可达到使高位无意义的零被"消隐"的目的。

### 8.2.3 简易键盘编码电路仿真

**1. 元器件选取**

1）七段数码管的选取

单击元器件库中的"放置指示器"，出现如图 8.2.7 所示元器件库，可选择不同显示颜色的七段数码管。需要注意的是七段数码管有共阴极和共阳极之分，共阴极在七段数码管的左上方标有 CK 标志，共阳极则标有 CA。除此之外，七段数码管的输入端有 4 线和 7 线之分，主要用于不同的控制代码输入。

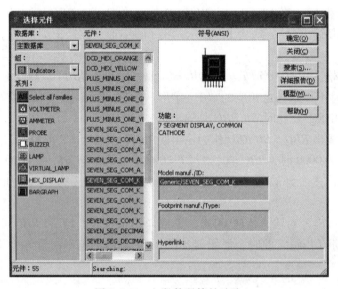

图 8.2.7　七段数码管的选取

2）其他元器件的选取

(1) 电源 $V_{CC}$："Place Source" → "POWER_SOURCES" → "VCC"。

(2) 接地："Place Source" → "POWER_SOURCES" → "GROUND"。

(3) 开关："Place Basic" → "SWITCH" → "SPTD"。

(4) 非门 7404："Place TTL" → "74LS" → "74LS04N"。

(5) 优先编码器 74147："Place TTL" → "74LS" → "74LS147N"。

(6) 显示译码器 7448："Place TTL" → "74LS" → "74LS48N"。

## 2. 电路组成

元器件选取完成后，连接完成简易键盘编码电路，如图 8.2.8 所示。

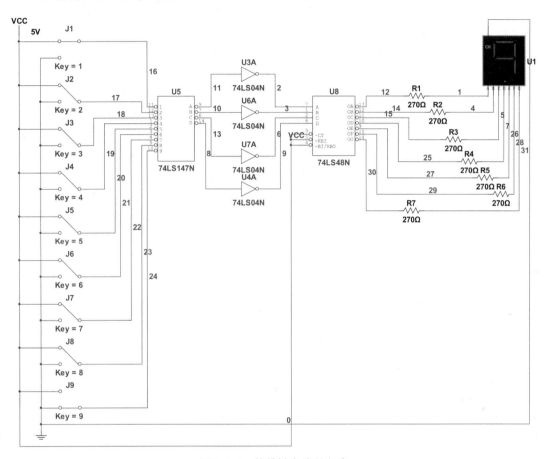

图 8.2.8 简易键盘编码电路

## 3. 仿真分析

打开仿真开关，进行逻辑功能测试，开关 1~9 对应键盘按键数字 1~9，开关接电源 $V_{CC}$ 表示输入代码为 1，接地表示输入代码为 0。

74LS147 是高位优先的编码器，输入为低电平有效，输出为二进制反码，经过非门的转换，连接至七段显示译码器 74LS48，正常显示数字时，74LS48 的控制端（LT、RBI、BI/RBO）接高电平 $V_{CC}$，输出为高电平有效，驱动共阴极显示器。

可以看到，图 8.2.8 所示电路中七段数码管显示数字"9"，为当前的键盘编码状态。

# 8.3 通用译码器集成电路

## 8.3.1 3 线 - 8 线译码器 74138

通用译码器集成电路种类很多，有 2 线 - 4 线、3 线 - 8 线、4 线 - 10 线及 4 线 -

16 线译码器等,这里以 3 线 - 8 线译码器 74138 为例进行介绍,其逻辑符号如图 8.3.1 所示。

74138 功能表如表 8.3.1 所示,74138 属于输出为低电平有效的译码器,输入端从高位至地位,依次是 $C$、$B$、$A$,有 3 个使能输入端 $G_1$、$\overline{G}_{2A}$ 和 $\overline{G}_{2B}$,当 $G_1 \overline{G}_{2A} \overline{G}_{2B} = 100$ 时,译码器正常工作,输出逻辑表达式为 $\overline{Y}_i = \overline{m_i G_1 \overline{G}_{2A} \overline{G}_{2B}}$,即 $\overline{Y}_i = \overline{m_i}$,$i = 0,1,\cdots,7$,式中 $m_i$ 为输入 $C$、$B$、$A$ 组成的最小项。

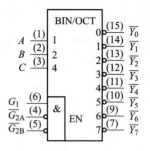

图 8.3.1 74138 逻辑符号

表 8.3.1 74138 功能表

| $G_1$ | $\overline{G}_2^*$ | $C$ | $B$ | $A$ | $\overline{Y}_0$ | $\overline{Y}_1$ | $\overline{Y}_2$ | $\overline{Y}_3$ | $\overline{Y}_4$ | $\overline{Y}_5$ | $\overline{Y}_6$ | $\overline{Y}_7$ |
|---|---|---|---|---|---|---|---|---|---|---|---|---|
| 1 | 0 | 0 | 0 | 0 | 0 | 1 | 1 | 1 | 1 | 1 | 1 | 1 |
| 1 | 0 | 0 | 0 | 1 | 1 | 0 | 1 | 1 | 1 | 1 | 1 | 1 |
| 1 | 0 | 0 | 1 | 0 | 1 | 1 | 0 | 1 | 1 | 1 | 1 | 1 |
| 1 | 0 | 0 | 1 | 1 | 1 | 1 | 1 | 0 | 1 | 1 | 1 | 1 |
| 1 | 0 | 1 | 0 | 0 | 1 | 1 | 1 | 1 | 0 | 1 | 1 | 1 |
| 1 | 0 | 1 | 0 | 1 | 1 | 1 | 1 | 1 | 1 | 0 | 1 | 1 |
| 1 | 0 | 1 | 1 | 0 | 1 | 1 | 1 | 1 | 1 | 1 | 0 | 1 |
| 1 | 0 | 1 | 1 | 1 | 1 | 1 | 1 | 1 | 1 | 1 | 1 | 0 |
| × | 1 | × | × | × | 1 | 1 | 1 | 1 | 1 | 1 | 1 | 1 |
| 0 | × | × | × | × | 1 | 1 | 1 | 1 | 1 | 1 | 1 | 1 |

注:$\overline{G}_2^* = \overline{G}_{2A} + \overline{G}_{2B}$。

74138 译码器功能演示,如图 8.3.2 所示,字信号发生器的设置如图 8.3.3 所示,当前使能端设置为正常工作条件,输入变量 $ABC$ 的二进制码为 110,即十进制数 6,输出端 $\overline{Y}_6 = 0$,灯不亮,为低电平有效的输出。

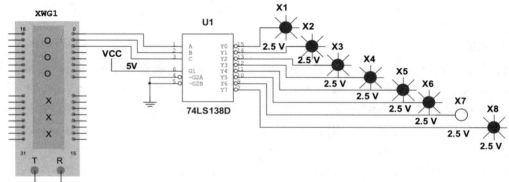

图 8.3.2 74138 译码器功能演示

3 线 - 8 线译码器 74138 实现全加器。全加器功能表如表 8.1.2 所示,输入变量为 $A_i$、$B_i$ 及 $C_{i-1}$,输出本位和 $S_i$ 与输入变量最小项的逻辑关系式为 $S_i = \sum m(1,2,4,7)$,输出向高位的进位 $C_i$ 与输入变量最小项的逻辑关系式为 $C_i = \sum m(3,5,6,7)$,将输出逻辑关系式作如下变换:

# 第 8 章 组合逻辑电路

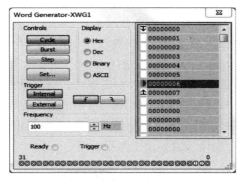

图 8.3.3 字信号发生器的设置

$$S_i = \sum m(1, 2, 4, 7) \rightarrow \overline{S_i} = \sum m(0, 3, 5, 6) = m_0 + m_3 + m_5 + m_6 \rightarrow$$
$$S_i = \overline{m_0 + m_3 + m_5 + m_6} = \overline{m_0} \cdot \overline{m_3} \cdot \overline{m_5} \cdot \overline{m_6}$$
$$C_i = \sum m(3, 5, 6, 7) \rightarrow \overline{C_i} = \sum m(0, 1, 2, 4) = m_0 + m_1 + m_2 + m_4 \rightarrow$$
$$C_i = \overline{m_0 + m_1 + m_2 + m_4} = \overline{m_0} \cdot \overline{m_1} \cdot \overline{m_2} \cdot \overline{m_4}$$

1. 元器件选取

(1) 字信号发生器：最右边元器件栏→"Word Generator"；
(2) 电源 $V_{CC}$："Place Source" → "POWER_SOURCES" → "VCC"；
(3) 接地："Place Source" → "POWER_SOURCES" → "GROUND"；
(4) 译码器 74138："Place TTL" → "74LS" → "74LS138N"；
(5) 4 输入与非门："Place TTL" → "74LS" → "74LS21N"；
(6) 指示灯："Place Indicator" → "PROBE" → "PROBE_RED"；
(7) 逻辑分析仪：最右边的仪器仪表栏→"Logic Analyzer"；

2. 电路组成

3 线-8 线译码器 74138 实现全加器功能，如图 8.3.4 所示，译码器使能端选通，正常工作，字信号发生器产生译码器输入信号端 $C$、$B$、$A$ 所有变量的取值，输出端两个 4 输入与非门分别对应全加器本位和 $S_i$ 以及向高位的进位 $C_i$，最后由逻辑分析仪分析输入输出的信号波形。

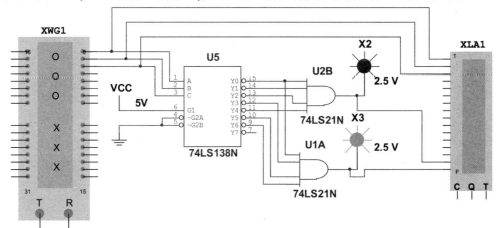

图 8.3.4 74138 构成全加器

### 3. 仿真分析

双击字信号发生器，弹出其参数设置对话框，如图 8.3.5 所示。"Controls"选择"Step"，产生的信号值步进增加；"Display"选择"Hex"，显示为十六进制数；在字信号产生的编辑区域写入 0、1、2、3、4、5、6、7，右键单击，将 0 设置为起点，7 为终点；其他的设置：内部触发，上升沿，时钟频率为 100 Hz。每单击"Step"一次，电路运行一次，字信号在 0 至 7 之间逐一增加，观察指示灯的显示，双击逻辑分析仪，观察输入输出信号波形，如图 8.3.6 所示，符合全加器的输入输出逻辑关系。

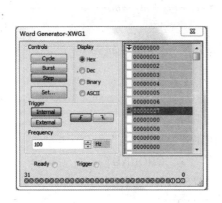
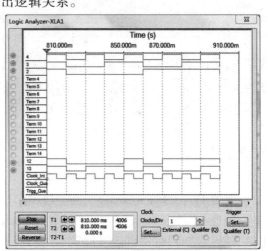

图 8.3.5　字信号发生器设置　　　　　图 8.3.6　逻辑分析仪波形图

## 8.3.2　数据分配器

数据分配器可将一个数据源输入的数据按要求送到不同的输出端上去。数据分配器的功能示意图如图 8.3.7 所示，选择信号输入码（$n$ 位地址输入码），决定输入的数据被送至 $2^n$ 个输出通道中的某一个，其作用类似多个输出的单刀多掷开关，数据分配器也可称为多路复用器。

数据分配器可用带使能控制端的二进制译码器实现。例如，3 线 - 8 线译码器 74138 可将 1 路输入数据信号 $D$ 按照 3 位地址码 $C$、$B$、$A$ 的要求送到 8 个不同的输出通道上，$G_1$ 此时作为使能端，$\overline{G}_{2B}$ 接低电平，其逻辑原理图如图 8.3.8 所示。

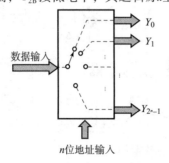
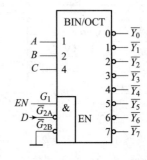

图 8.3.7　数据分配器功能示意图　　　图 8.3.8　74138 作为数据
　　　　　　　　　　　　　　　　　　　　　　　分配器的逻辑原理图

在上节分析中得到译码器74138的输出逻辑表达式为：

$$\overline{Y_i} = \overline{m_i G_1 \overline{\overline{G}_{2A}} \overline{\overline{G}_{2B}}} \qquad i = 0, 1, \cdots, 7$$

由图8.3.8所示，将上式中的变量$G_1$、$\overline{G}_{2A}$和$\overline{G}_{2B}$分别用$EN$、$D$和0代入，得到：

$$\overline{Y_i} = \overline{m_i EN \overline{D}}$$

若使能有效，即$EN=1$，当$CBA=000$时，数据$D$被送至$\overline{Y}_0$端；当$CBA=001$时，数据$D$被送至$\overline{Y}_1$端，按照地址码将输入数据送至相应端口输出。若使能无效，即$EN=0$，所有输出端口均为高电平，此时译码器已成为一个带有使能控制的1线-8线数据分配器。译码器74138作为数据分配器时的功能表如表8.3.2所示。

表8.3.2 译码器74138作为数据分配器时的功能表

| $G_1$ | $\overline{G}_{2A}$ | $C$ | $B$ | $A$ | $\overline{Y}_0$ | $\overline{Y}_1$ | $\overline{Y}_2$ | $\overline{Y}_3$ | $\overline{Y}_4$ | $\overline{Y}_5$ | $\overline{Y}_6$ | $\overline{Y}_7$ |
| --- | --- | --- | --- | --- | --- | --- | --- | --- | --- | --- | --- | --- |
| 1 | $D$ | 0 | 0 | 0 | $D$ | 1 | 1 | 1 | 1 | 1 | 1 | 1 |
| 1 | $D$ | 0 | 0 | 1 | 1 | $D$ | 1 | 1 | 1 | 1 | 1 | 1 |
| 1 | $D$ | 0 | 1 | 0 | 1 | 1 | $D$ | 1 | 1 | 1 | 1 | 1 |
| 1 | $D$ | 0 | 1 | 1 | 1 | 1 | 1 | $D$ | 1 | 1 | 1 | 1 |
| 1 | $D$ | 1 | 0 | 0 | 1 | 1 | 1 | 1 | $D$ | 1 | 1 | 1 |
| 1 | $D$ | 1 | 0 | 1 | 1 | 1 | 1 | 1 | 1 | $D$ | 1 | 1 |
| 1 | $D$ | 1 | 1 | 0 | 1 | 1 | 1 | 1 | 1 | 1 | $D$ | 1 |
| 1 | $D$ | 1 | 1 | 1 | 1 | 1 | 1 | 1 | 1 | 1 | 1 | $D$ |
| 0 | × | × | × | × | 1 | 1 | 1 | 1 | 1 | 1 | 1 | 1 |

注：$\overline{G}_{2B}=0$。

下面通过实验仿真测试译码器74138作为数据分配器使用。

1. 元器件选取

（1）电源$V_{CC}$："Place Source" → "POWER_SOURCES" → "VCC"；

（2）接地："Place Source" → "POWER_SOURCES" → "GROUND"；

（3）时钟信号源："Place Source" → "SIGNAL_VOLTAGE_SOURCES" → "CLOCK_VOLTAGE"；

（4）译码器74138："Place TTL" → "74LS" → "74LS138N"；

（5）字信号发生器：最右边元器件栏→ "Word Generator"；

（6）逻辑分析仪：最右边的仪器仪表栏→ "Logic Analyzer"。

2. 电路组成

译码器74138作为数据分配器仿真测试电路如图8.3.9所示，字信号发生器产生3位地址码给74138的数据输入端，$G_1$接高电平$V_{CC}$，$\overline{G}_{2A}$接时钟信号源，$\overline{G}_{2B}$接地，时钟信号、地址码和74138的8个输出端均连接至逻辑分析仪。

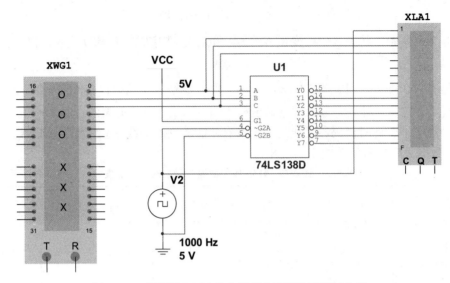

图 8.3.9　译码器 74138 作为数据分配器仿真测试电路

### 3. 仿真分析

双击字信号发生器，可在弹出的对话框中设置参数，如图 8.3.10 所示。"Controls"选择"Cycle"，产生的信号值依次循环往复；"Display"选择"Hex"，显示为十六进制数；在字信号产生的编辑区域写入 0、1、2、3、4、5、6、7，右键单击，将 0 设置为起点，7 为终点；其他的设置：内部触发，上升沿，时钟频率为 500 Hz。双击逻辑分析仪，单击 Clock 部分的"Set"按钮，弹出对话框，设置时钟频率为 10 kHz，如图 8.3.11 所示。运行电路，字信号发生器产生的地址码在 0 至 7 之间依次循环，观察时钟信号、3 位地址码信号和 8 个输出信号波形，如图 8.3.12 所示，作为外部输入数据的时钟信号，其时钟脉冲按照地址码的指示，被送至相应的输出端，符合数据分配器的功能要求。

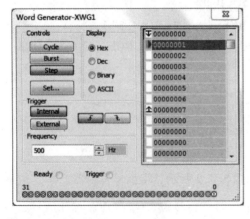

图 8.3.10　字信号发生器设置

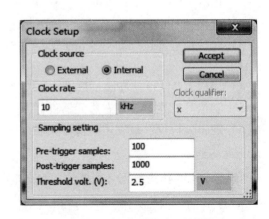

图 8.3.11　逻辑分析仪时钟设置

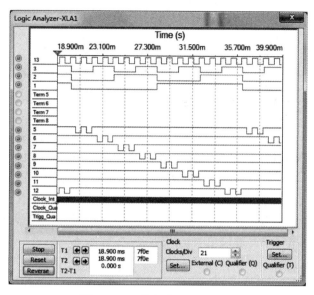

图 8.3.12　数据分配器波形图

# 8.4　数据选择器

数据选择器在多路输入数据中按选择信号的要求，选择其中一路送至输出端，它的作用相当于多个输入的单刀多掷开关，其功能示意图如图 8.4.1 所示。从图中看出，数据选择器在功能上和数据分配器相反。选择信号输入端通常也称为地址码输入端。常见的数据选择器有 2 选 1、4 选 1、8 选 1 和 16 选 1 等类型。

一个 $N$ 选 1 的数据选择器，有 $N$ 路数据输入端，1 路数据输出端和 $k$ 路地址码输入端，其中 $2^k = N$。以 4 选 1 数据选择器为例，简要说明其逻辑功能。

4 选 1 数据选择器的功能表及逻辑符号如图 8.4.2 所示，$D_0 \sim D_3$ 为数据输入端，$Y$ 为输出端，$A_1A_0$ 为地址码输入信号，由功能表得到数据选择器的逻辑表达式为

图 8.4.1　数据选择器功能示意图

| 输入 | | 输出 |
|---|---|---|
| $A_1$ | $A_0$ | $Y$ |
| 0 | 0 | $D_0$ |
| 0 | 1 | $D_1$ |
| 1 | 0 | $D_2$ |
| 1 | 1 | $D_3$ |

(a)

(b)

图 8.4.2　4 选 1 数据选择器

（a）功能表；（b）逻辑符号

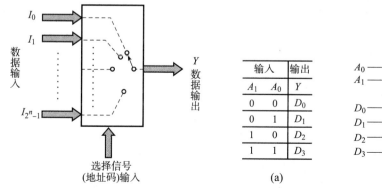

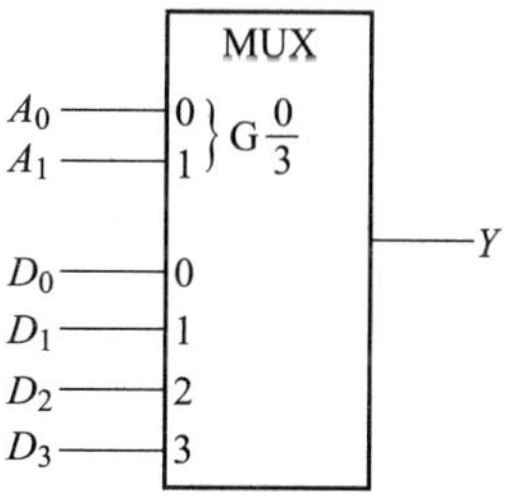

$$Y = (\bar{A}_1 \bar{A}_0)D_0 + (\bar{A}_1 A_0)D_1 + (A_1 \bar{A}_0)D_2 + (A_1 A_0)D_3 \tag{8.4.1}$$

$$= \sum_{i=0}^{3} m_i D_i \quad (m_i \text{ 是地址输入变量构成的最小项})$$

根据上述表达式的提示，可以得到 8 选 1、16 选 1 等数据选择器的逻辑表达式。

## 8.4.1 通用数据选择器集成电路

通用数据选择器商品电路型号较多，其中 74153 是一种常用的双 4 选 1 数据选择器。74153 的逻辑符号及功能表如图 8.4.3 所示，逻辑符号顶部为公共控制框，$A_1 A_0$ 为公用地址码，下方为两个相同的单元框，每单元有 4 路输入通道，一路输出通道，另有一个选通控制端 $\overline{ST}$，$\overline{ST}$ 为低电平有效，用 $EN$ 说明它的使能作用，也可称之为单元选通端。当 $\overline{ST} = 1$ 时，该单元禁止工作，或称未被选中，输出为 0。此外，$\overline{ST}$ 也可作为扩展端使用，实现片间连接。根据图 8.4.3 可写出每单元的输出表达式：

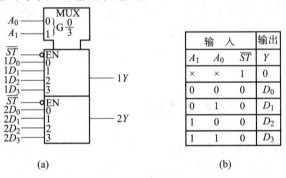

图 8.4.3　双 4 选 1 数据选择器 74153
（a）逻辑符号；（b）功能表

$$Y = (\bar{A}_1 \bar{A}_0 D_0 + \bar{A}_1 A_0 D_1 + A_1 \bar{A}_0 D_2 + A_1 A_0 D_3)ST \tag{8.4.2}$$

下面通过实验仿真测试 74153 数据选择器的功能。

1. 元器件选取

（1）接地："Place Source" → "POWER_SOURCES" → "GROUND"；

（2）时钟信号源："Place Source" → "SIGNAL_VOLTAGE_SOURCES" → "CLOCK_VOLTAGE"；

（3）数据选择器 74153："Place TTL" → "74LS" → "74LS153D"；

（4）字信号发生器：最右边元器件栏→ "Word Generator"；

（5）逻辑分析仪：最右边的仪器仪表栏→ "Logic Analyzer"。

2. 电路组成

74153 数据选择器功能仿真演示如图 8.4.4 所示。第二单元选通端接低电平，正常工作，字信号发生器产生两位地址码给 74153 的公共地址端 $B$、$A$（$B$ 为高位），将 4 个时钟信号源设置为不同频率，分别连接至第二单元的 4 路数据输入端，选取并放置好信号源后双击信号源，可在弹出对话框的 "Value" 栏中修改频率等参数，将这 4 路数据输入端、公共地址端及第二单元的输出端连接至逻辑分析仪，观察工作波形。

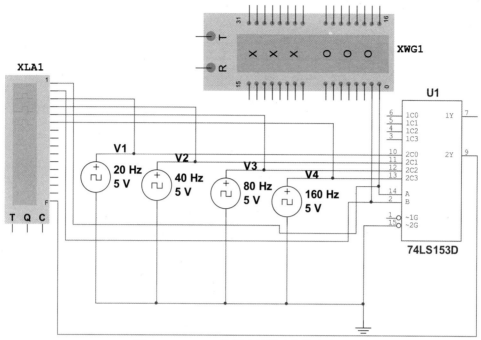

图 8.4.4　74153 数据选择器功能仿真演示

### 3. 仿真分析

双击字信号发生器，可在弹出的对话框中设置参数，如图 8.4.5 所示。"Controls"选择"Cycle"，产生的信号值依次循环往复；"Display"选择"Hex"，显示为十六进制数；在字信号产生的编辑区域写入 0、1、2、3，右键单击，将 0 设置为起点，3 为终点；其他的设置：内部触发，上升沿，时钟频率为 10 Hz。双击逻辑分析仪，单击 Clock 部分的"Set"按钮，弹出对话框，设置时钟频率为 500 Hz，如图 8.4.6 所示。运行电路，字信号发生器产生的地址码在 0 至 3 之间依次循环，观察两位地址码信号、4 路数据输入端信号和输出信号波形，如图 8.4.7 所示，4 路数据输入端分别输入了 4 个不同频率的时钟信号，按照地址码的选择，相应的输入被送至输出端，例如，$BA$ 为 00 时，输出的为"2C0"端输入的 20 Hz 时钟信号波形，符合数据选择器的功能要求。

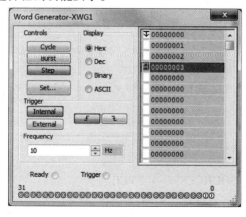

图 8.4.5　字信号发生器参数设置

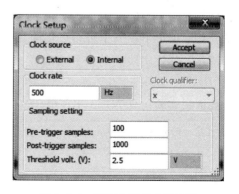

图 8.4.6　逻辑分析仪参数设置

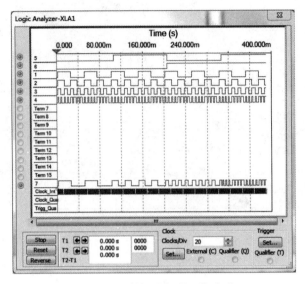

图 8.4.7 数据选择器工作波形

## 8.4.2 数据选择器实现组合逻辑函数

数据选择器以地址变量产生所有最小项,通过数据输入端信号 $D_i$ 的不同取值,选取组成逻辑函数所需的最小项。例如,采用双 4 选 1 数据选择器 74153 实现组合逻辑函数:

$$F(A,B,C) = \sum m(3,5,6,7)$$

首先得到函数 $F$ 的卡诺图,如图 8.4.8 所示,其次从函数的 3 个变量中选取 2 个作为地址变量,虽然这种选取可以是任意的,但根据卡诺图的实际情况恰当选取,可让设计简化。按照本题现有卡诺图选择 $B$、$C$ 为地址变量,按地址变量的取值组合将卡诺图划分为 4 个子卡诺图区域,如图中虚线所示。各子卡诺图对应的函数就是与其地址码对应的数据输入函数 $D_i$。由于数据输入与地址码为一一对应的关系,所以数据输入函数的化简只能在相应的子卡诺图中进行,化简合并结果如图中实线圈所示,标注实线圈的合并项时需去掉所有地址变量。最终得到各数据输入函数为: $D_0 = 0$,$D_1 = A$,$D_2 = 1$,$D_3 = A$。

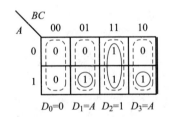

图 8.4.8 函数 $F$ 的卡诺图化简

下面通过实验仿真 74153 实现组合逻辑函数。

1. 元器件选取

(1) 电源 $V_{CC}$:"Place Source" → "POWER_SOURCES" → "VCC";

(2) 接地:"Place Source" → "POWER_SOURCES" → "GROUND";

(3) 数据选择器 74153:"Place TTL" → "74LS" → "74LS153N";

(4) 字信号发生器：最右边元器件栏→"Word Generator"。

2. 电路组成

双 4 选 1 数据选择器 74153 实现组合逻辑函数如图 8.4.9 所示。74153 的第二单元选通端接低电平，按照卡诺图的化简分析，字信号发生器产生组成函数 $F$ 的变量 $A$、$B$、$C$，分别连接在数据端及地址端上，输出端接指示灯。

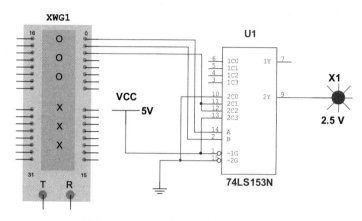

图 8.4.9　74153 实现组合逻辑函数仿真

3. 仿真分析

双击字信号发生器，在弹出的对话框中设置参数，如图 8.4.10 所示。"Controls"选择"Step"，产生的信号值步进增加；"Display"选择"Hex"，显示为十六进制数；在字信号产生的编辑区域写入 0、1、2、3、4、5、6、7，右键单击，将 0 设置为起点，7 为终点；其他的设置：内部触发，上升沿，时钟频率为 1 kHz。逐次单击"Step"，在字信号发生器产生值即函数变量 $A$、$B$、$C$ 取值为 3、5、6、7 时输出指示灯亮，实现了组合逻辑函数 $F(A,B,C)=\sum m(3,5,6,7)$。

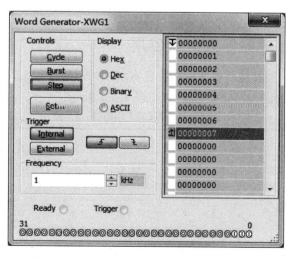

图 8.4.10　字信号发生器对 74153 的设置输入

## 8.5 数值比较器

在对数字信息的处理中,经常需要比较两个数的大小或是否相等。这一比较过程由各类数值比较器实现。

### 8.5.1 数值比较器原理

1位数值比较器是多位数值比较器的基础。1位数值比较器的真值表如表8.5.1所示。

表 8.5.1  1 位数值比较器的真值表

| A | B | $Y_{(A>B)}$ | $Y_{(A<B)}$ | $Y_{(A=B)}$ |
|---|---|---|---|---|
| 0 | 0 | 0 | 0 | 1 |
| 0 | 1 | 0 | 1 | 0 |
| 1 | 0 | 1 | 0 | 0 |
| 1 | 1 | 0 | 0 | 1 |

由真值表可以写出各输出逻辑表达式:

$$Y_{(A>B)} = A\overline{B},\ Y_{(A<B)} = \overline{A}B,\ Y_{(A=B)} = A\odot B$$

由表达式可得逻辑图,如图8.5.1所示。对于多位数值比较器,同理比较两个多位数 $A$ 和 $B$,应从最高位开始,逐位进行比较。

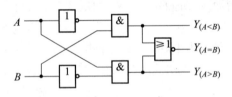

图 8.5.1  位数值比较器逻辑图

### 8.5.2 通用数值比较器集成电路应用

在实际使用中无须自己设计数值比较器,已有现成的通用数值比较器电路可供使用。以4位数值比较器74LS85为例,74LS85功能表如表8.5.2所示。

表 8.5.2  74LS85 功能表

| 比较输入 | | | | 级联输入 | | | 输出 | | |
|---|---|---|---|---|---|---|---|---|---|
| $A_3B_3$ | $A_2B_2$ | $A_1B_1$ | $A_0B_0$ | $I_{(A>B)}$ | $I_{(A<B)}$ | $I_{(A=B)}$ | $Y_{(A>B)}$ | $Y_{(A<B)}$ | $Y_{(A=B)}$ |
| $A_3>B_3$ | × | × | × | × | × | × | 1 | 0 | 0 |
| $A_3<B_3$ | × | × | × | × | × | × | 0 | 1 | 0 |
| $A_3=B_3$ | $A_2>B_2$ | × | × | × | × | × | 1 | 0 | 0 |

续表

| 比较输入 | | | | 级联输入 | | | 输出 | | |
|---|---|---|---|---|---|---|---|---|---|
| $A_3B_3$ | $A_2B_2$ | $A_1B_1$ | $A_0B_0$ | $I_{(A>B)}$ | $I_{(A<B)}$ | $I_{(A=B)}$ | $Y_{(A>B)}$ | $Y_{(A<B)}$ | $Y_{(A=B)}$ |
| $A_3=B_3$ | $A_2<B_2$ | × | × | × | × | × | 0 | 1 | 0 |
| $A_3=B_3$ | $A_2=B_2$ | $A_1>B_1$ | × | × | × | × | 1 | 0 | 0 |
| $A_3=B_3$ | $A_2=B_2$ | $A_1<B_1$ | × | × | × | × | 0 | 1 | 0 |
| $A_3=B_3$ | $A_2=B_2$ | $A_1=B_1$ | $A_0>B_0$ | × | × | × | 1 | 0 | 0 |
| $A_3=B_3$ | $A_2=B_2$ | $A_1=B_1$ | $A_0<B_0$ | × | × | × | 0 | 1 | 0 |
| $A_3=B_3$ | $A_2=B_2$ | $A_1=B_1$ | $A_0=B_0$ | 1 | 0 | 0 | 1 | 0 | 0 |
| $A_3=B_3$ | $A_2=B_2$ | $A_1=B_1$ | $A_0=B_0$ | 0 | 1 | 0 | 0 | 1 | 0 |
| $A_3=B_3$ | $A_2=B_2$ | $A_1=B_1$ | $A_0=B_0$ | × | × | 1 | 0 | 0 | 1 |
| $A_3=B_3$ | $A_2=B_2$ | $A_1=B_1$ | $A_0=B_0$ | 1 | 1 | 0 | 0 | 0 | 0 |
| $A_3=B_3$ | $A_2=B_2$ | $A_1=B_1$ | $A_0=B_0$ | 0 | 0 | 0 | 1 | 1 | 0 |

表 8.5.2 中,输入变量 $A_3A_2A_1A_0$ 和 $B_3B_2B_1B_0$ 为两个进行比较的 4 位二进制数,$I_{(A>B)}$,$I_{(A<B)}$ 和 $I_{(A=B)}$ 为级联输入端,当进行比较的数位在 4 位以上时,级联输入端可以和低位比较器的输出端相连,实现比较器位数的扩展,当进行比较的数位在 4 位以内时,应单片使用 74LS85,并将 $I_{(A=B)}$ 端接高电平。

下面介绍采用 4 位数值比较器 74LS85 比较两个 5 位二进制数 $A=11111$ 和 $B=10000$ 大小的电路设计。

1. 元器件选取

①电源 $V_{CC}$:"Place Source"→"POWER_SOURCES"→"VCC";
②比较器 74LS85D:"Place TTL"→"74LS"→"74LS85D";
③红色指示灯:"Place Indicator"→"PROBE"→"PROBE_RED"。

2. 电路组成

4 位数值比较器 74LS85 比较 $A=11111$ 和 $B=10000$ 大小的电路如图 8.5.2 所示。$U_1$ 的输出接指示灯,显示最终比较结果,$U_1$ 的数值输入端接待比较数 $A$、$B$ 的高 4 位,$U_1$ 的级联端输入来自低 4 位的比较结果即 $U_2$ 的输出,$U_2$ 已是本次比较最低位的结果,没有更低位需要比较,所以 $U_2$ 级联输入的 $A=B$ 接高电平。

3. 仿真分析

从指示灯亮灯情况看出有待比较的两数为 $A>B$,符合实际情况。

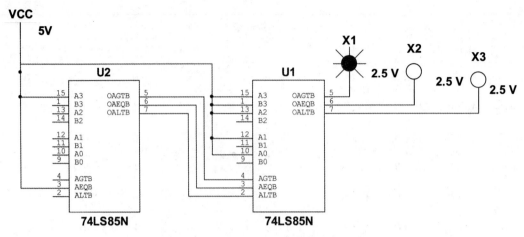

图 8.5.2　74LS85 实现 5 位数值比较电路

# 第 9 章

# 时序逻辑电路

数字逻辑电路按逻辑功能和电路组成特点可分为组合逻辑电路和时序逻辑电路两大类。

前一章讨论的组合逻辑电路在任何时刻的输出信号仅仅取决于此时电路的输入信号,与这之前的输入信号无关,因为组合逻辑电路无存储电路,所以无记忆功能。

时序逻辑电路具有记忆功能,其电路结构模型如图 9.1.1 所示,包括了组合电路和存储电路两个部分,存储电路由存储器件组成,存储一位二值信号的器件被称为存储单元电路,因此,时序逻辑电路在任何时刻的输出信号不仅与此时的输入信号有关,而且与这之前的电路状态有关。

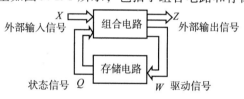

图 9.1.1 时序逻辑电路结构模型

在时序逻辑电路中,根据存储单元状态的改变是否在统一的时钟脉冲控制下同时发生,分为同步时序逻辑电路和异步时序逻辑电路。

## 9.1 触发器仿真分析

触发器是构成存储电路的常用器件,利用时钟信号限制存储单元状态的改变时间,触发器有 RS 触发器、D 触发器、JK 触发器、T 触发器和 T′触发器,边沿型触发器的新状态仅由时钟脉冲有效边沿到达前一瞬间以及到达后极短的一段时间内输入信号决定,抗干扰性能较好。

下面主要介绍 D 触发器。

1. D 触发器的基本特性

D 触发器常被称为跟随器,在合适的时钟脉冲作用下,将呈现在激励输入端的单路数据 D 输出。D 触发器的特性方程为

$$Q^{n+1} = D$$

D 触发器逻辑符号如图 9.1.2 所示,$D$ 为信号输入端,图中符号框内的"＞"表示触发器在时钟脉冲的上升沿(正边沿)触发,D 触发器的特性表如表 9.1.1 所示,D 触发器的状态转换图如图 9.1.3 所示。

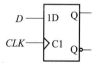

图 9.1.2 D 触发器逻辑符号(正边沿触发)

表 9.1.1　D 触发器特性表

| $D$ | $Q^n$ | $Q^{n+1}$ |
|---|---|---|
| 0 | 0 | 0 |
| 0 | 1 | 0 |
| 1 | 0 | 1 |
| 1 | 1 | 1 |

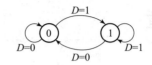

图 9.1.3　D 触发器状态转换图

### 2. 集成边沿 D 触发器 74LS74 介绍

74LS74 芯片内集成了两个相同的 D 触发器，各自带有独立的异步清零端和异步置数端，低电平有效，都属于上升沿有效的 D 触发器，其逻辑符号和引脚分布图如图 9.1.4 所示，功能表如表 9.1.2 所示，表中"↑"表示时钟上升沿触发。

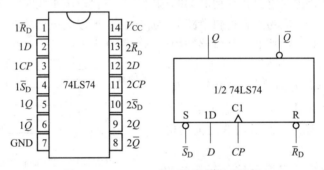

图 9.1.4　74LS74 的逻辑符号及引脚图

表 9.1.2　74LS74 功能表

| $CLK$ | $\overline{S}_D$ | $\overline{R}_D$ | $D$ | $Q^n$ | $Q^{n+1}$ |
|---|---|---|---|---|---|
| × | 0 | 1 | × | × | 1 |
| × | 1 | 0 | × | × | 0 |
| ↑ | 1 | 1 | 0 | 0 | 0 |
| ↑ | 1 | 1 | 0 | 1 | 0 |
| ↑ | 1 | 1 | 1 | 0 | 1 |
| ↑ | 1 | 1 | 1 | 1 | 1 |

### 3. D 触发器设计同步时序逻辑电路

采用 D 触发器设计两位循环码电路，电路输出规律为 00，01，11，10，…，两位循环码状态表如表 9.1.3 所示，在状态转换表的基础上，根据 D 触发器特性表（见表 9.1.1），列出在不同状态下两个 D 触发器所对应的驱动信号，如表 9.1.4 所示。得到驱动方程 $D_1 = Q_0^n$，$D_0 = \overline{Q_1^n}$，构成逻辑图，如图 9.1.5 所示。

表 9.1.3 两位循环码状态表

| $Q_1^n$ | $Q_0^n$ | $Q_1^{n+1}$ | $Q_0^{n+1}$ |
|---|---|---|---|
| 0 | 0 | 0 | 1 |
| 0 | 1 | 1 | 1 |
| 1 | 1 | 1 | 0 |
| 1 | 0 | 0 | 0 |

表 9.1.4 两位循环码驱动表

| $Q_1^n$ | $Q_0^n$ | $Q_1^{n+1}$ | $Q_0^{n+1}$ | $D_1$ | $D_0$ |
|---|---|---|---|---|---|
| 0 | 0 | 0 | 1 | 0 | 1 |
| 0 | 1 | 1 | 1 | 1 | 1 |
| 1 | 1 | 1 | 0 | 1 | 0 |
| 1 | 0 | 0 | 0 | 0 | 0 |

4. 选取元器件设计仿真电路

（1）接地："Place Source"→"POWER_SOURCES"→"GROUND"；

（2）电源："Place Source"→"POWER_SOURCES"→"VCC"；

（3）信号源："Place Source"→"SIGNAL_VOLTAGE_SOURCES"→"CLOCK_VOLTAGE"；

（4）集成边沿 D 触发器 74LS74："Place TTL"→"74LS"→"74LS74N"；

（5）指示灯："Place Indicator"→"PROBE"→"PROBE_RED"；

（6）逻辑分析仪：最右边的仪器仪表栏→"Logic Analyzer"。

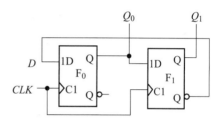

图 9.1.5 D 触发器构成两位循环码电路

5. 电路构成及结果分析

按照图 9.1.5 所示逻辑图，设计仿真电路如图 9.1.6 所示，使集成边沿 D 触发器 74LS74 的异步清零端和异步置数端接高电平，处于无效状态，电路在时钟脉冲作用下正常工作，以指示灯显示结果，从逻辑分析仪的波形（如图 9.1.7 所示）显示看出输出状态符合两位循环码电路的设计要求。

## 9.2 任意进制计数器的仿真分析

计数器是一种能统计输入脉冲个数的时序电路，是数字逻辑电路中非常重要的组成部分，它不仅具有计数功能，还可以用于定时、分频、产生序列脉冲等功能。

目前常用计数器的种类繁多，按计数进制分类，可分为二进制计数器、十进制计数器和任意进制计数器；按计数器中各触发器状态的改变是否同步分类，可分为同步计数器和异步计数器，按计数增减分类，可分为加法计数器、减法计数器和加/减法计数器。

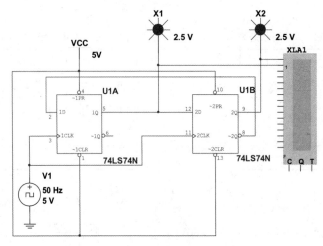

图 9.1.6　两位循环码仿真电路

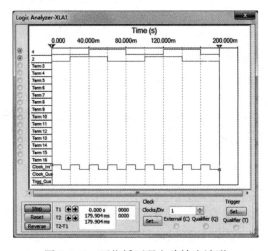

图 9.1.7　两位循环码电路输出波形

## 9.2.1　通用同步计数器集成电路介绍

集成同步计数器的产品型号较多，例如，4 位同步二进制加法计数器 74161、74163，十进制加法计数器 74160 等。集成计数器功耗低，功能灵活，体积小，且一般的计数器还具有一些其他功能，使计数器的应用范围变得更为广泛。本章主要介绍 74163 和 74160。

**1. 集成计数器 74163 功能介绍**

74163 属于集成 4 位同步二进制加法计数器，具有清零、置数、计数和禁止计数（保持）这四种功能，其引脚图、ANSI/IEEE（美国国家标准化组织/电气和电子工程师协会）标准规定的逻辑符号和该逻辑符号的传统画法如图 9.2.1 所示。图中 $\overline{CLR}$ 是同步清零控制端，$\overline{LD}$ 是预置数控制端，$D_0 \sim D_3$ 是预置数据输入端，$ENP$ 和 $ENT$ 是计数使能（控制）端，$RCO$（$RCO = ENT \cdot Q_0 \cdot Q_1 \cdot Q_2 \cdot Q_3$）是进位输出端，它的设置为多片集成计数器的级联提供了方便。

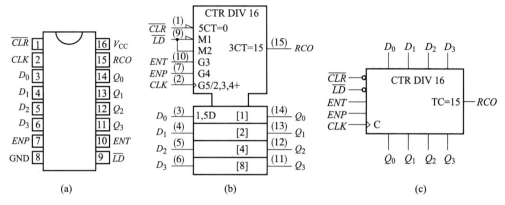

图 9.2.1 74163 引脚图和逻辑符号
(a) 引脚图；(b) ANSI/IEEE 标准逻辑符号；(c) 逻辑符号传统画法

74163 的功能表如表 9.2.1 所示，由表可知 74163 具有以下功能：

(1) 同步清零。$\overline{CLR}=0$ 时，无论其他输入的状态如何，当时钟脉冲 $CLK$ 上升沿到来后，计数器的输出将被清零。由于清零和 $CLK$ 上升沿同步，故称为同步清零。

表 9.2.1　74163 功能表

| $CLK$ | $\overline{CLR}$ | $\overline{LD}$ | $ENP$ | $ENT$ | 功能 |
|---|---|---|---|---|---|
| ↑ | 0 | × | × | × | 同步清零 |
| ↑ | 1 | 0 | × | × | 同步置数 |
| × | 1 | 1 | 0 | 1 | 保持（包括 $RCO$ 的状态） |
| × | 1 | 1 | × | 0 | 保持（$RCO=0$） |
| ↑ | 1 | 1 | 1 | 1 | 同步计数 |

(2) 同步并行置数。在 $\overline{CLR}=1$ 的条件下，当 $\overline{LD}=0$ 且有 $CLK$ 上升沿作用时，$D_0 \sim D_3$ 输入端的数据将分别被 $Q_0 \sim Q_3$ 所接收。

表 9.2.2　74163 计数状态表

| $Q_3^n$ | $Q_2^n$ | $Q_1^n$ | $Q_0^n$ | $Q_3^{n+1}$ | $Q_2^{n+1}$ | $Q_1^{n+1}$ | $Q_0^{n+1}$ | $RCO$ |
|---|---|---|---|---|---|---|---|---|
| 0 | 0 | 0 | 0 | 0 | 0 | 0 | 1 | 0 |
| 0 | 0 | 0 | 1 | 0 | 0 | 1 | 0 | 0 |
| 0 | 0 | 1 | 0 | 0 | 0 | 1 | 1 | 0 |
| 0 | 0 | 1 | 1 | 0 | 1 | 0 | 0 | 0 |
| 0 | 1 | 0 | 0 | 0 | 1 | 0 | 1 | 0 |
| 0 | 1 | 0 | 1 | 0 | 1 | 1 | 0 | 0 |
| 0 | 1 | 1 | 0 | 0 | 1 | 1 | 1 | 0 |

续表

| $Q_3^n$ | $Q_2^n$ | $Q_1^n$ | $Q_0^n$ | $Q_3^{n+1}$ | $Q_2^{n+1}$ | $Q_1^{n+1}$ | $Q_0^{n+1}$ | $RCO$ |
|---|---|---|---|---|---|---|---|---|
| 0 | 1 | 1 | 1 | 1 | 0 | 0 | 0 | 0 |
| 1 | 0 | 0 | 0 | 1 | 0 | 0 | 1 | 0 |
| 1 | 0 | 0 | 1 | 1 | 0 | 1 | 0 | 0 |
| 1 | 0 | 1 | 0 | 1 | 0 | 1 | 1 | 0 |
| 1 | 0 | 1 | 1 | 1 | 1 | 0 | 0 | 0 |
| 1 | 1 | 0 | 0 | 1 | 1 | 0 | 1 | 0 |
| 1 | 1 | 0 | 1 | 1 | 1 | 1 | 0 | 0 |
| 1 | 1 | 1 | 0 | 1 | 1 | 1 | 1 | 0 |
| 1 | 1 | 1 | 1 | 0 | 0 | 0 | 0 | 1 |

（3）保持。在$\overline{CLR} = \overline{LD} = 1$ 的条件下，当 $ENP \cdot ENT = 0$，即两个使能端中有 0 时，不管有无 $CLK$ 脉冲作用，计数器都将保持原状态不变（禁止计数）。需要注意的是，当 $ENP = 0$，$ENT = 1$ 时，进位输出 $RCO$（$RCO = ENT \cdot Q_0 \cdot Q_1 \cdot Q_2 \cdot Q_3$）也保持不变；而当 $ENT = 0$ 时，不管状态如何，进位输出 $RCO = 0$。

（4）计数。当 $\overline{CLR} = \overline{LD} = ENP = ENT = 1$ 时，74163 处于计数状态，其状态表如表 9.2.2 所示。

2. 集成计数器 74160 功能介绍

74160 属于集成 4 位同步十进制加法计数器，即 BCD 码计数器，具有清零、置数、计数和禁止计数（保持）这四种功能，其引脚图、ANSI/IEEE 标准规定的逻辑符号和该逻辑符号的传统画法如图 9.2.2 所示。图中 $CLR$ 是异步清零控制端，$LD$ 是预置数控制端，$D_0 \sim D_3$ 是预置数据输入端，$ENP$ 和 $ENT$ 是计数使能（控制）端，$RCO$（$RCO = ENT \cdot Q_0 \cdot Q_3$）是进位输出端，它的设置为多片集成计数器的级联提供了方便。

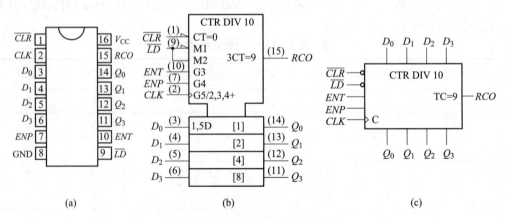

图 9.2.2　74160 引脚图和逻辑符号

（a）引脚图；（b）ANSI/IEEE 标准逻辑符号；（c）逻辑符号传统画法

表 9.2.3 为 74160 的功能表。分析功能表可发现，74160 和 74163 在功能上非常相似，同样具有置数、保持和计数功能，与 74163 的区别主要有以下两点：

**表 9.2.3　74160 功能表**

| CLK | $\overline{CLR}$ | $\overline{LD}$ | ENP | ENT | 功能 |
|---|---|---|---|---|---|
| × | 0 | × | × | × | 异步清零 |
| ↑ | 1 | 0 | × | × | 同步置数 |
| × | 1 | 1 | 0 | 1 | 保持（包括 RCO 的状态） |
| × | 1 | 1 | × | 0 | 保持（RCO = 0） |
| ↑ | 1 | 1 | 1 | 1 | 同步计数 |

(1) 异步清零。只要 $\overline{CLR}=0$，不管其他输入状态如何（包括时钟脉冲 CLK），计数器将立即清零，这种清零方式称为异步清零。而 74163 为同步清零。

(2) BCD 码计数。74160 正常计数时，按 8421BCD 码加法计数规律计数，因此当 $Q_3Q_2Q_1Q_0=1$，且 ENT=1 时，进位输出 RCO=1。而 74163 为 4 位二进制加法计数器。

## 9.2.2　利用集成计数器构成任意进制计数器

虽然集成计数器产品种类很多，但还不可能做到任意进制计数器均有其相应的产品，实际应用中，利用一片或几片已有的中规模集成计数器，经过外电路的不同连接，就可以方便地构成任意进制计数器。任意进制计数器的设计原则：若一片集成计数器为 $N$ 进制，需要构成的计数器为 $M$ 进制，当 $N \geqslant M$ 时，只需用此一片集成计数器即可；当 $N < M$ 时，则需要多片 $N$ 进制的集成计数器才可构成 $M$ 进制计数器。

用集成计数器构成任意进制计数器，常用的方法有反馈复位法（清零法）、反馈置位法（置数法）和级联法。下面将举例介绍这三种方法构成任意进制计数器。

1. 反馈复位法（清零法）

用清零法构成任意进制计数器，就是将计数器的输出状态反馈到计数器的清零端，使计数器进入此状态之后立即清零，从 0 开始进行新一轮计数，从而实现 $M$ 进制计数。清零状态的选择与芯片的清零方式有关，设产生清零信号的状态称为反馈识别码 $Ma$：当芯片为异步清零方式时，可用状态 $M$ 作为反馈识别码，即 $Ma=M$，通过组合逻辑设计输出清零信号，使芯片瞬间清零，其有效循环状态共 $M$ 个，构成了 $M$ 进制计数器；当芯片为同步清零方式时，可用 $Ma=M-1$ 作为识别码，也需通过组合逻辑设计输出清零信号，使芯片在时钟脉冲到来时清零，同样构成了 $M$ 进制计数器。

以异步清零的十进制加法计数器 74160 实现模 6 计数器为例，实际有效的计数状态为 0 至 5，利用 6 作为清零产生信号，其状态图及逻辑图分别如图 9.2.3 (a)、(b) 所示。

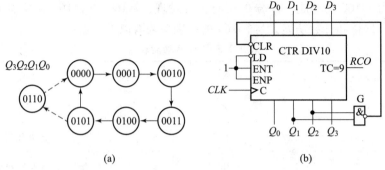

图 9.2.3　74160 清零法实现模 6 计数器
(a) 状态图；(b) 逻辑电路图

(1) 元器件选取：

①接地："Place Source" → "POWER_SOURCES" → "GROUND"；

②电源："Place Source" → "POWER_SOURCES" → "VCC"；

③信号源："Place Source" → "SIGNAL_VOLTAGE_SOURCES" → "CLOCK_VOLTAGE"；

④集成异步清零十进制加法计数器 74LS160D："Place TTL" → "74LS" → "74LS160D"；

⑤二输入与非门 74LS00D："Place TTL" → "74LS" → "74LS00D"；

⑥七段数码管显示器："Place Indicator" → "HEX_DISPLAY" → "DCD_HEX"。

(2) 电路构成及分析。

如图 9.2.4 所示，当计数器计到 6 时，对应的输出 $Q_D Q_C Q_B Q_A$ 为 0110，$Q_C$、$Q_B$ 的 1、1 信号经与非门输出至清零端，由于 74LS160 为异步清零，故计数器立即清零，数字 6 不会得到显示，电路的实际显示状态为 0、1、2、3、4、5、0、1、…，共 6 种状态。

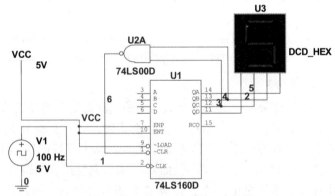

图 9.2.4　74160 实现模 6 计数器

**2. 反馈置位法（置数法）**

用置数法构成任意进制计数器，就是将计数器的输出状态反馈到计数器的置数端，使计数器在此状态之后直接到被置的数再重新开始计数，从而实现 $M$ 进制计数器。

以二进制加法计数器 74163 实现模 10 计数器为例，计数状态为 0 至 9，利用 9 作为置数产生信号，0 为被置的数，其状态图及逻辑图分别如图 9.2.5 (a)、(b) 所示。

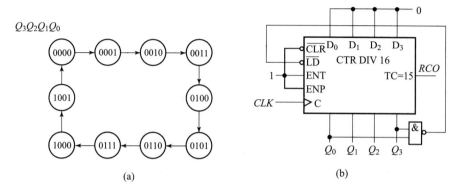

图 9.2.5　74163 置数法实现模 10 计数器
（a）状态图；（b）逻辑电路图

（1）元器件选取：

①接地："Place Source" → "POWER_SOURCES" → "GROUND"；

②电源："Place Source" → "POWER_SOURCES" → "VCC"；

③信号源："Place Source" → "SIGNAL_VOLTAGE_SOURCES" → "CLOCK_VOLTAGE"；

④集成二进制加法计数器 74LS163D："Place TTL" → "74LS" → "74LS163D"；

⑤二输入与非门 74LS00D："Place TTL" → "74LS" → "74LS00D"；

⑥七段数码管显示器："Place Indicator" → "HEX_DISPLAY" → "DCD_HEX"。

（2）电路构成及分析。

如图 9.2.6 所示，当计数器计到 9 时，对应的输出 $Q_DQ_CQ_BQ_A$ 为 1001，$Q_D$、$Q_A$ 的 1、1 信号经与非门输出至置数端，由于置数是同步的，9 会得到显示，直到下个时钟脉冲到来才会发生置数，将目前 DCBA 的 0000 置出到电路输出端 $Q_DQ_CQ_BQ_A$，电路的实际显示状态为 0、1、2、3、4、5、6、7、8、9、0、1、…，共 10 种状态。

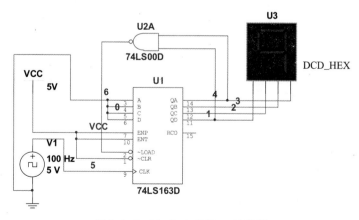

图 9.2.6　74163 实现模 10 计数器

## 3. 级联法

当芯片本身的计数状态小于需要实现的计数状态时,需要两片以上的集成计数器才能连接成所需的任意进制计数器,这时需要采用级联法。

下面以十进制加法计数器74LS160实现模60计数器为例。

(1) 元器件选取:

①接地:"Place Source" → "POWER_SOURCES" → "GROUND";

②电源:"Place Source" → "POWER_SOURCES" → "VCC";

③信号源:"Place Source" → "SIGNAL_VOLTAGE_SOURCES" → "CLOCK_VOLTAGE";

④集成异步清零十进制加法计数器74LS160D:"Place TTL" → "74LS" → "74LS160D";

⑤二输入与非门74LS00D:"Place TTL" → "74LS" → "74LS00D";

⑥二输入与门74LS08D:"Place TTL" → "74LS" → "74LS08D";

⑦七段数码管显示器:"Place Indicator" → "HEX_DISPLAY" → "DCD_HEX"。

(2) 电路构成及分析。

如图9.2.7所示,由于74LS160为模10计数器,而需要实现的为模60计数器,所以要用两片74LS160,一片为模10计数器(个位),芯片标号为$U_2$,输出端$Q_D Q_C Q_B Q_A$接数码管$U_4$;另一片为模6计数器(十位),芯片标号为$U_3$,输出端$Q_D Q_C Q_B Q_A$接数码管$U_5$;个位的进位输出端接高位的使能端,实现逢十进一。当计数器计到59,在下一个时钟脉冲到来时,个位对应的输出会自然进入0状态,十位经置数进入0状态,即00,再进入新一轮计数00~59,实现了模60计数器。

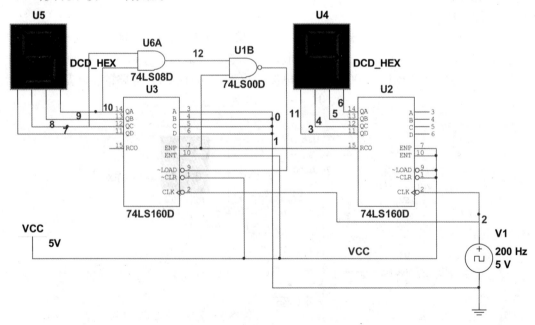

图9.2.7 74160实现模60计数器

# 9.3　计数型序列信号发生器设计

在数字信号的传输和数字系统的测试中，有时需要用到一组特定的串行数字信号，通常把这种串行数字信号叫作序列信号。序列信号是把一组0、1数码按一定规则顺序排列的串行信号，可以做同步信号、地址码、数据等，也可以做控制信号。产生序列信号的电路称为序列信号发生器。序列信号发生器的构成方法有多种，一种比较简单直观的方法是由计数器和组合逻辑电路构成计数型序列信号发生器，计数器的计数状态控制产生的信号长度，即序列信号的长度等于计数器的模值，计数器的输出作为组合逻辑电路的输入信号，通常采用门电路、数据选择器或译码器等设计组合逻辑电路控制序列信号的顺序。

## 9.3.1　利用计数器设计计数型序列信号发生器

采用4位二进制同步计数器74163设计1010010111计数型序列信号发生器。首先，计算序列信号的长度，信号长度为10；设计模10计数器，可以设计计数的有效循环状态为0～9；采用置数法，置数端 $D_3D_2D_1D_0=0000$，置数信号端 $\overline{LD}=\overline{Q_3\cdot Q_0}$，清零端及使能端均接高电平。其次，设计组合逻辑电路，使序列信号按要求输出，即一个计数状态对应一位序列信号码，如图9.3.1所示，采用卡诺图化简法，得到组合逻辑函数的输出 $F$，如图9.3.2所示，$F=Q_3+Q_2Q_0+\overline{Q_2}\cdot\overline{Q_0}$，由反演律得到 $F=Q_3+Q_2Q_0+\overline{Q_2+Q_0}$；由此可得到计数器搭配门电路设计的总逻辑图，如图9.3.3所示。

| 计数状态 | 0 | 1 | 2 | 3 | 4 | 5 | 6 | 7 | 8 | 9 |
|---|---|---|---|---|---|---|---|---|---|---|
| | ↓ | ↓ | ↓ | ↓ | ↓ | ↓ | ↓ | ↓ | ↓ | ↓ |
| 序列信号 | 1 | 0 | 1 | 0 | 0 | 1 | 0 | 1 | 1 | 1 |

图9.3.1　序列信号与计数状态对应图

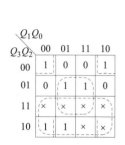

图9.3.2　组合电路部分卡诺图化简

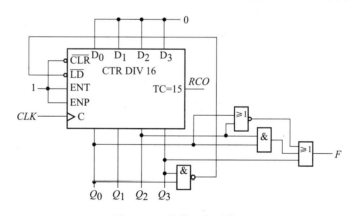

图9.3.3　计数型序列信号发生器总体逻辑图

1. 元器件选取

（1）接地："Place Source" → "POWER_SOURCES" → "GROUND"；

（2）电源："Place Source" → "POWER_SOURCES" → "VCC"；

（3）信号源："Place Source" → "SIGNAL_VOLTAGE_SOURCES" → "CLOCK_VOLTAGE"；

(4) 集成同步4位二进制加法计数器74LS163N："Place TTL" → "74LS" → "74LS163N"；

(5) 二输入与非门74LS00D："Place TTL" → "74LS" → "74LS00D"；

(6) 二输入与门74LS08D："Place TTL" → "74LS" → "74LS08D"；

(7) 二输入或非门74LS02N："Place TTL" → "74LS" → "74LS02N"；

(8) 二输入或门74LS32N："Place TTL" → "74LS" → "74LS32N"；

(9) 七段数码管显示器："Place Indicator" → "HEX_DISPLAY" → "DCD_HEX"；

(10) 指示灯："Place Indicator" → "PROBE" → "PROBE_RED"；

(11) 逻辑分析仪：最右边的仪器仪表栏→ "Logic Analyzer"。

2. 电路组成

仿真电路图如图9.3.4所示。

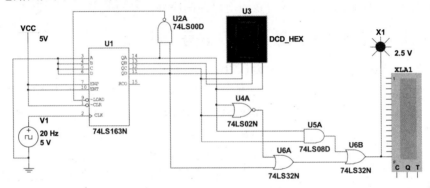

图9.3.4 计数型序列信号发生器仿真电路图

3. 仿真分析

运行电路，数码管的数值显示从0至9，指示灯有规律地亮、灭，二者符合计数状态与序列信号的对应关系，双击逻辑分析仪，观察输出波形，如图9.3.5所示，输出为1010010111，符合序列信号发生器的信号产生要求。

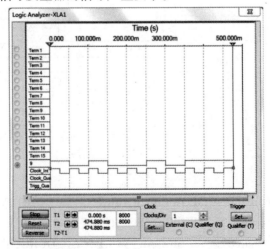

图9.3.5 计数型序列信号发生器波形图

本题的组合逻辑设计部分还可采用数据选择器实现,例如,以 4 选 1 数据选择器实现,选取 $Q_3$、$Q_2$ 为地址码,将卡诺图按地址码分区重新化简,如图 9.3.6 所示,得到 $D_0 = \overline{Q_0}$,$D_1 = Q_0$,$D_2 = 1$,$D_3 = 0$;74163 搭配数据选择器实现序列信号发生器逻辑图,如图 9.3.7 所示,元器件的选取可参照图 9.3.4 的选取步骤,其中 74LS04N 为非门,74LS153N 为双 4 选 1 数据选择器,仿真电路图如图 9.3.8 所示,仿真结果与图 9.3.5 所示波形相同,产生的序列信号为 1010010111。

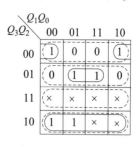

图 9.3.6　MUX 实现的卡诺图化简

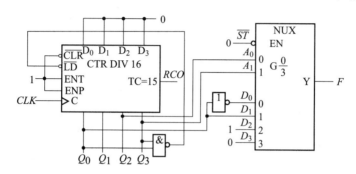

图 9.3.7　计数器配合 MUX 实现序列信号发生器逻辑图

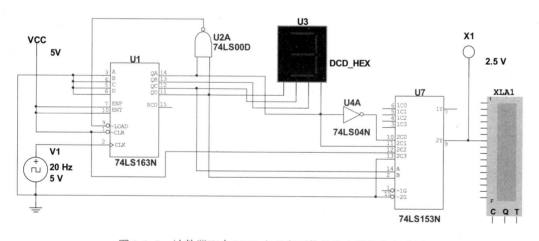

图 9.3.8　计数器配合 MUX 实现序列信号发生器仿真电路图

## 9.3.2　简易十进制数字信号发生器设计

在计数型序列信号发生器的设计基础上,可以进一步设计十进制数字信号发生器,例如,需按顺序产生信号 31415926,首先计算信号长度为 8,以 74163 做模 8 计数器,只需要使 74163 正常工作在计数状态,取计数输出端的低三位 $Q_2$、$Q_1$、$Q_0$,即得到模 8 计数器,将所需产生的十进制数信号转换为二进制数的形式,并与计数状态一一对应,如表 9.3.1 所示,得到四路输出 $F_3$、$F_2$、$F_1$、$F_0$。

表 9.3.1 计数状态与显示数的对应关系表

| $Q_2$ | $Q_1$ | $Q_0$ | $F_3$ | $F_2$ | $F_1$ | $F_0$ |
|---|---|---|---|---|---|---|
| 0 | 0 | 0 | 0 | 0 | 1 | 1 |
| 0 | 0 | 1 | 0 | 0 | 0 | 1 |
| 0 | 1 | 0 | 0 | 1 | 0 | 0 |
| 0 | 1 | 1 | 0 | 0 | 0 | 1 |
| 1 | 0 | 0 | 0 | 1 | 0 | 1 |
| 1 | 0 | 1 | 1 | 0 | 0 | 1 |
| 1 | 1 | 0 | 0 | 0 | 1 | 0 |
| 1 | 1 | 1 | 0 | 1 | 1 | 0 |

$$F_3 = m_5 = \overline{\overline{m_5}}$$

$$F_2 = \sum m(2, 4, 7) = \overline{\overline{m_2 + m_4 + m_7}} = \overline{\overline{m_2} \cdot \overline{m_4} \cdot \overline{m_7}}$$

$$F_1 = \sum m(0, 6, 7) = \overline{\overline{m_0 + m_6 + m_7}} = \overline{\overline{m_0} \cdot \overline{m_6} \cdot \overline{m_7}}$$

$$F_0 = \sum m(0, 1, 3, 4, 5) = \overline{\overline{m_2 + m_6 + m_7}} = \overline{\overline{m_2} \cdot \overline{m_6} \cdot \overline{m_7}}$$

1. 元器件选取

(1) 接地:"Place Source" → "POWER_SOURCES" → "GROUND";

(2) 电源:"Place Source" → "POWER_SOURCES" → "VCC";

(3) 信号源:"Place Source" → "SIGNAL_VOLTAGE_SOURCES" → "CLOCK_VOLTAGE";

(4) 集成同步 4 位二进制加法计数器 74LS163N:"Place TTL" → "74LS" → "74LS163N";

(5) 三输入与非门 74LS10N:"Place TTL" → "74LS" → "74LS10N";

(6) 非门 74LS04N:"Place TTL" → "74LS" → "74LS04N";

(7) 三输入与门 74LS11N:"Place TTL" → "74LS" → "74LS11N";

(8) 3 线 -8 线译码器 74LS138N:"Place TTL" → "74LS" → "74LS138N";

(9) 七段数码管显示器:"Place Indicator" → "HEX_DISPLAY" → "DCD_HEX"。

2. 电路组成

74163 构成模 8 计数器,四路输出 $F_3$、$F_2$、$F_1$、$F_0$ 由 74138 搭配逻辑门电路实现,接到四输入七段数码管显示器,仿真电路图如图 9.3.9 所示。

3. 仿真分析

运行仿真电路,数码管的数值显示依次为 31415926,符合十进制数字信号发生器的设计要求。

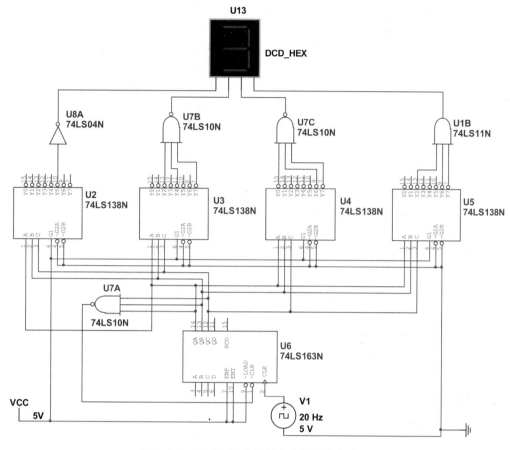

图 9.3.9　十进制数字信号发生器仿真电路图

## 9.4　寄存器和移位寄存器

寄存器是用于暂时存放二进制数码的时序逻辑器件。

移位寄存器（简称移存器）不仅具有存放代码的功能，还具有移位功能。移位，就是寄存器中存放的代码能够在移位脉冲（即时钟脉冲）作用下依次向左或向右移动。按移位方向，移位寄存器可分为单向移位寄存器和双向移位寄存器；按输入/输出方式，移位寄存器可分为串行输入–串行输出、串行输入–并行输出、并行输入–串行输出、并行输入–并行输出四种寄存器。

### 9.4.1　多功能双向移位寄存器 74194

中规模集成 4 位双向移位寄存器 74194，不仅具有移位功能，还有并行置数、保持、异步清零功能，是一种功能较强、使用广泛的中规模集成移存器，其逻辑符号及引脚图如图 9.4.1 所示，功能表如表 9.4.1 所示。

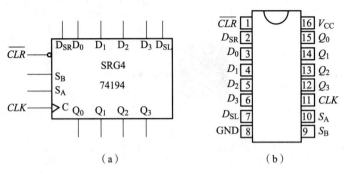

图 9.4.1 74194 逻辑符号和引脚图

（a）逻辑符号；（b）引脚图

表 9.4.1 74194 功能表

| $\overline{CLR}$ | $S_A$ | $S_B$ | $CLK$ | 功能 |
|---|---|---|---|---|
| 0 | × | × | × | 清零 |
| 1 | 0 | 0 | ↑ | 保持 |
| 1 | 0 | 1 | ↑ | 右移 |
| 1 | 1 | 0 | ↑ | 左移 |
| 1 | 1 | 1 | ↑ | 并行置数 |

### 9.4.2 移存型序列信号发生器设计

序列信号发生器除了计数型以外，还有移存型，由移位寄存器辅以组合电路构成。移存型序列信号发生器的基本工作原理：将移位寄存器和外围组合电路构成一个移存型计数器，使该计数器的模和所要产生的序列信号长度相等，并使移位寄存器的串行输入信号 $F$（即组合电路的输出信号）和所要产生的序列信号一致。

例如，设计一个能产生序列信号 11010000 的移存型序列信号发生器。由于信号长度为 8，因此可考虑用 3 位移位寄存器，若选用 74194，并在左移工作模式时，仅需用其中的三位，即 $Q_1$、$Q_2$、$Q_3$，将序列信号 3 位一组进行划分，如图 9.4.2 所示，可以发现，$S_4$、$S_5$ 两个状态都是 000，由于此时采用左移工作模式，$Q_3$ 为串行信号输入端（即组合电路输出端），$S_4$ 状态时需要组合电路输出 0 以进入 $S_5$ 状态，$S_5$ 状态时需要组合电路输出 1 以进入 $S_6$ 状态，这是无法实现的。因此，用 3 位移位寄存器和组合电路是不能产生这个序列信号的，所以采用 4 位移位寄存器并将序列信号 11010000 按 4 位划分状态，得到新的状态图，如图 9.4.3 所示，进一步得到状态转换图（见图 9.4.4），关注每次通过左移之后 $Q_3$ 所需移入的信号，即可画出求反馈函数 $F$（即 $D_{SL}$）的卡诺图，如图 9.4.5 所示，化简卡诺图得：

$$F = \overline{Q_2} \cdot \overline{Q_1} \cdot \overline{Q_0} + Q_2 \cdot Q_1$$

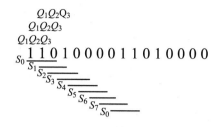

图9.4.2　3位一组状态划分示意图

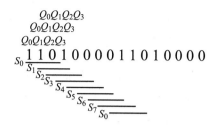

图9.4.3　4位一组状态划分示意图

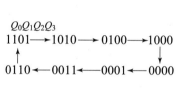

图9.4.4　状态转换图

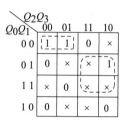

图9.4.5　反馈函数卡诺图

1．元器件选取

（1）接地："Place Source"→"POWER_SOURCES"→"GROUND"；

（2）电源："Place Source"→"POWER_SOURCES"→"VCC"；

（3）信号源："Place Source"→"SIGNAL_VOLTAGE_SOURCES"→"CLOCK_VOLTAGE"；

（4）集成4位双向移位寄存器74LS194N："Place TTL"→"74LS"→"74LS194N"；

（5）三输入或非门74LS27N："Place TTL"→"74LS"→"74LS27N"；

（6）二输入或门74LS32N："Place TTL"→"74LS"→"74LS32N"；

（7）二输入与门74LS08D："Place TTL"→"74LS"→"74LS08D"；

（8）指示灯："Place Indicator"→"PROBE"→"PROBE_RED"；

（9）逻辑分析仪：最右边的仪器仪表栏→"Logic Analyzer"。

2．电路组成

使74194工作在左移状态（即$S_A=1$，$S_B=0$），按照反馈函数$F$的逻辑表达式构成组合逻辑部分，组合逻辑部分的输出连接至左移输入端，形成移存型序列信号发生器，仿真电路如图9.4.6所示。

3．仿真分析

图9.4.6中，74194四个输出端接指示灯，观察运行结果（左移，$Q_D$至$Q_A$的移动方向），采用逻辑分析仪分析左移端输入波形，波形如图9.4.7所示，符合要求产生的信号11010000。

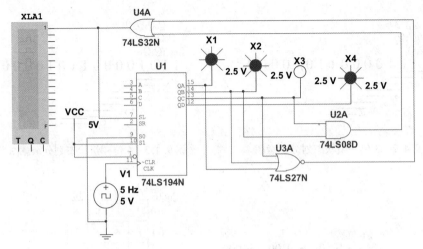

图 9.4.6　74194 辅以逻辑门电路实现移存型序列信号发生器

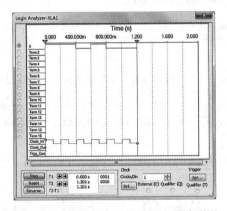

图 9.4.7　移存型序列信号发生器波形图

# 第 10 章

# 555 集成定时电路的仿真分析

在数字电路或系统中,常常需要用到各种脉冲信号,如触发器的时钟信号、计数器的计数脉冲信号等。获得脉冲信号的途径一般有两种:一种是通过整形电路将已有的周期信号变换为符合要求的脉冲信号;另一种是利用脉冲信号产生器直接产生。产生和处理这些脉冲信号的电路有施密特触发电路、单稳态触发电路和多谐振荡器等。

本章重点介绍 555 集成定时电路的仿真分析方法,并以此为基础构成上述两种电路。

## 10.1 555 集成定时器

555 集成定时器是一种多用途的数字 - 模拟集成混合电路,只需外加少量的阻容元件,即可构成施密特触发电路、单稳态触发电路、多谐振荡器,使用灵活方便,因而广泛用于信号的产生、变换、控制与检测。

目前生产的定时器有双极型和 CMOS 两种类型,它们的功能和外部引脚的排列完全相同,所有双极型产品型号最后的 3 位数字都是 555 或 556(集成度更高),所有 CMOS 产品型号最后的 4 位数字都是 7555 或 7556(集成度更高)。

通常双极型定时器具有较大的驱动能力,而 CMOS 定时器具有低功耗、输入阻抗高等优点。555 定时器工作的电源电压范围很宽,并可承受较大的负载电流。双极型 555 定时器的电源电压范围为 5~16 V,最大负载电流达 200 mA;CMOS 型 7555 定时器的电源电压范围为 3~18 V,最大负载电流在 4 mA 以下。

### 10.1.1 555 定时器的电路结构

国产双极型 555 定时器的电路结构图和引脚排列图如图 10.1.1 所示,由以下五个部分组成。

(1) 三个阻值均为 5 kΩ 的电阻串联构成分压器,为电压比较器提供参考电压。

(2) 两个相同的高增益运放构成的电压比较器 $C_1$ 和 $C_2$,当比较器同相输入端大于反相输入端时,比较器输出为 1,反之,输出为 0。

(3) 两个与非门 $G_1$ 和 $G_2$ 构成的 RS 锁存器,低电平触发。

(4) 三极管 $VT_D$ 构成放电开关,由 RS 锁存器的 $\overline{Q}$ 端控制。

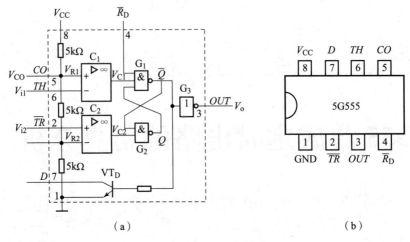

图 10.1.1　555 定时器
(a) 电路结构图；(b) 引脚排列图

(5) 反相器 $G_3$ 构成输出缓冲器，可提高定时器的带负载能力，并隔离负载对定时器的影响。

## 10.1.2　555 定时器的工作原理

如图 10.1.1 (a) 所示，当 $CO$ 端不外加控制电压时（不可悬空，可通过 $0.01~\mu F$ 的小电容接地，旁路高频干扰），比较器 $C_1$ 的同相输入端和比较器 $C_2$ 的反相输入端比较电压分别为 $\frac{2}{3}V_{CC}$ 和 $\frac{1}{3}V_{CC}$。

(1) 当 $\overline{R_D}=0$ 时，无论其他输入为何值，$\overline{Q}$ 均为 1，输出 $V_o=0$，放电三极管 $VT_D$ 导通。

(2) 当 $\overline{R_D}=1$ 时，且 $V_{i1}>\frac{2}{3}V_{CC}$，$V_{i2}>\frac{1}{3}V_{CC}$ 时，比较器 $C_1$ 输出低电平，$C_2$ 输出高电平，$\overline{Q}=1$，输出 $V_o=0$，放电三极管 $VT_D$ 导通。

(3) 当 $\overline{R_D}=1$ 时，且 $V_{i1}<\frac{2}{3}V_{CC}$，$V_{i2}<\frac{1}{3}V_{CC}$ 时，比较器 $C_1$ 输出高电平，$C_2$ 输出低电平，$\overline{Q}=0$，输出 $V_o=1$，放电三极管 $VT_D$ 截止。

(4) 当 $\overline{R_D}=1$ 时，且 $V_{i1}<\frac{2}{3}V_{CC}$，$V_{i2}>\frac{1}{3}V_{CC}$ 时，两个比较器均输出高电平，$\overline{Q}$ 的状态保持不变，输出 $V_o$ 和放电三极管 $VT_D$ 的状态也保持不变。

由以上分析可知，555 定时器正常工作时 $\overline{R_D}=1$，由于只要 $V_{i1}$ 输入端为高电平$\left(>\frac{2}{3}V_{CC}\right)$时，定时器输出低电平，所以将该端称为高电平触发端（$TH$）；同样，只要 $V_{i2}$ 输入端为低电平$\left(<\frac{1}{3}V_{CC}\right)$时，定时器输出高电平，所以将该端称为低电平触发端（$\overline{TR}$）。

综上所述，555 定时器的功能表如表 10.1.1 所示。

表 10.1.1　555 定时器功能表

| $\overline{R}_D$ | $V_{i1}$ (TH) | $V_{i2}$ ($\overline{TR}$) | $V_o$ (OUT) | $VT_D$ (放电管) |
|---|---|---|---|---|
| 0 | × | × | 0 | 导通 |
| 1 | $>\frac{2}{3}V_{CC}$ | $>\frac{1}{3}V_{CC}$ | 0 | 导通 |
| 1 | $<\frac{2}{3}V_{CC}$ | $<\frac{1}{3}V_{CC}$ | 1 | 截止 |
| 1 | $<\frac{2}{3}V_{CC}$ | $>\frac{1}{3}V_{CC}$ | 不变 | 不变 |

如果在 CO 端外加控制电压时（$0 \sim V_{CC}$），比较器的参考电压将发生变化，电路相应的阈值、触发电平也将随之变化，进而影响电路的工作状态。

## 10.2　555 集成定时器构成单稳态触发电路的仿真分析

单稳态电路具有以下特点：①它有一个稳定状态和一个暂稳态；②在外界触发脉冲作用下，能从稳定状态翻转到暂稳态；③暂稳态维持一段时间后，将自动返回稳定状态。暂稳态的持续时间与触发脉冲无关，仅取决于电路本身的参数。

单稳态触发电路常用于脉冲整形（将不规则波形转换成等宽、等幅的脉冲）、定时（产生一定宽度的脉冲）以及延时（将输入信号延迟一定的时间之后输出）等。

### 10.2.1　单稳态触发电路设计分析

1. 555 定时器构成单稳态电路的组成及其工作原理

用 555 定时器构成的单稳态触发电路及其工作波形如图 10.2.1 所示。该电路为负脉冲触发的单稳态触发电路，其工作原理如下。

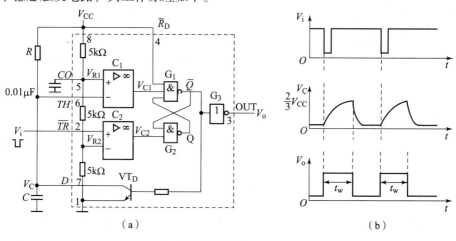

图 10.2.1　555 定时器构成的单稳态触发电路及其工作波形
（a）电路图；（b）工作波形

（1）稳态。当电路无触发脉冲时，$V_i$ 保持高电平，电路工作在稳定状态，即输出电压 $V_o$ 保持低电平，555 定时器内放电三极管 $VT_D$ 饱和导通，引脚 7 接地，电容电压 $V_C$ 为 0 V。

（2）暂稳态。当 $V_i$ 下降沿到达时，555 触发输入端（2 脚）由高电平变为低电平，电路被触发，由低电平跳变为高电平，电路由稳态转入暂稳态。

（3）暂稳态持续时间。在暂稳态期间，555 定时器内放电三极管 $VT_D$ 截止，$V_{CC}$ 经 $R$ 向 $C$ 充电，时间常数 $\tau_1 = RC$，电容电压 $V_C$ 由 0 V 开始增大，在上升到阈值电压 $\frac{2}{3}V_{CC}$ 之前，电路将保持暂稳态不变。

（4）自动返回稳定状态。当 $V_C$ 上升至阈值电压 $\frac{2}{3}V_{CC}$ 时，输出电压 $V_o$ 由高电平跳变为低电平，555 定时器内放电三极管 $VT_D$ 由截止转为饱和导通，引脚 7 接地，电容 $C$ 经放电三极管对地迅速放电，电容电压 $V_C$ 由 $\frac{2}{3}V_{CC}$ 迅速降至 0 V（放电三极管的饱和压降），电路由暂稳态重新转入稳态。

（5）恢复过程。当暂稳态结束后，电容 $C$ 通过饱和导通的三极管 $VT_D$ 放电，时间常数 $\tau_2 = R_{CES}C$。式中，$R_{CES}$ 是 $VT_D$ 的饱和导通电阻，其阻值非常小，因此 $\tau_2$ 值也非常小。经过 $3\tau_2 \sim 5\tau_2$ 后，电容 $C$ 放电完毕，恢复过程结束。

恢复过程结束后，电路返回稳态，单稳态触发电路又可以接收新的触发信号。

2. 主要参数估算

（1）输出脉冲宽度 $t_W$。

输出脉冲宽度 $t_W$ 即为暂稳态持续时间，也就是定时电容 $C$ 的充电时间。

$$t_W \approx 1.1RC \tag{10.2.1}$$

上式说明，单稳态触发电路输出脉冲宽度 $t_W$ 仅取决于定时元件 $R$、$C$ 的取值，与输入触发信号和电源电压无关，调节 $R$、$C$ 的取值，即可调节 $t_W$。

（2）恢复时间 $t_{re}$。

一般取 $t_{re} = 3\tau_2 \sim 5\tau_2$，即认为经过 3～5 倍的时间常数电容就放电完毕。

（3）最高工作频率 $f_{max}$。

若输入触发信号 $V_i$ 是周期为 $T$ 的连续脉冲时，为保证单稳态触发电路能正常工作，应满足下列条件：

$$T > t_W + t_{re} \tag{10.2.2}$$

即 $V_i$ 周期的最小值为

$$T_{min} = t_W + t_{re} \tag{10.2.3}$$

因此，单稳态触发电路的最高工作频率为

$$f_{max} = \frac{1}{T_{min}} = \frac{1}{t_W + t_{re}} \tag{10.2.4}$$

需要注意的是，在图 10.2.1 所示电路中输入触发信号 $V_i$ 的脉冲宽度（低电平的保持时间）必须小于电路输出 $V_o$ 的脉冲宽度（暂稳态维持时间 $t_W$），否则电路将不能正常工作。因为当单稳态触发电路被触发进入暂稳态后，如果 $V_i$ 的低电平一直保持不变，那么 555 定时器的输出电压将一直保持高电平不变。

## 10.2.2 单稳态触发电路的元器件选取及电路仿真分析

1. 元器件选取

仿真电路所用元器件及选取途径如下。

（1）电源 $V_{CC}$："Place Source"→"POWER_SOURCES"→"VCC"；
（2）接地："Place Source"→"POWER_SOURCES"→"GROUND"；
（3）输入信号源 $V_i$：右侧虚拟仪器栏→"Function Generator"；放置好图标后，双击修改参数，选择矩形波，频率为 100 Hz，占空比为 90%，幅值为 5 $V_{PP}$；
（4）电阻："Place Basic"→"RESISTOR"，选取一个 5 kΩ 的电阻；
（5）电容："Place Basic"→"CAPACITOR"，选取 1 μF 和 0.01 μF；
（6）555 定时器："Place Mixed"→"TIMER"→"LM555CM"；
（7）示波器：右侧虚拟仪器栏→"4 Channel Oscilloscope"。

2. 电路组成

仿真电路如图 10.2.2 所示。图中 LM555CM 上标注的各端口含义如下：

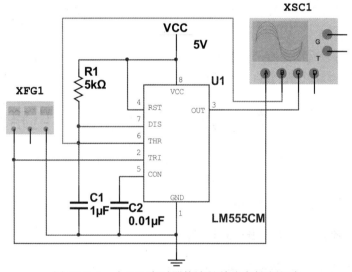

图 10.2.2 由 555 定时器构成的单稳态触发电路

$V_{CC}$：电源端；GND：接地端；RST：复位端；DIS：放电端；THR：高电平触发端；TRI：低电平触发端；CON：控制电压输入端；OUT：输出端。

以 555 定时器的 TRI 端作为触发信号的输入端；电阻 $R_1$ 和 $C_1$ 组成充放电电路，电压源 $V_{CC}$ 经电阻 $R_1$ 给电容 $C_1$ 充电，电容 $C_1$ 经内部的放电管对地放电，这样构成了单稳态触发电路。

3. 仿真分析

电路的输入信号采用正弦信号输入，输出波形用 4 通道示波器 XSC1 检测。示波器的 A、B、C 通道分别检测输入信号 $V_i$、电容 $C_1$ 及输出 $V_o$ 的电压波形。双击示波器得到单稳态触发电路的仿真结果，如图 10.2.3 所示。

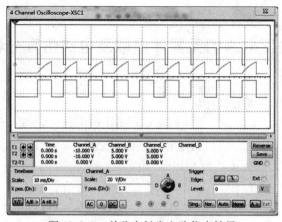

图 10.2.3 单稳态触发电路仿真结果

从仿真波形可以看出，仿真开始输出 $V_o$ 为低电平，稳态；随着输入信号 $V_i$ 的下降，当降低至 555 定时器的下限触发点（$\frac{1}{3}V_{CC}$）时，输出 $V_o$ 由低电平翻转为高电平，电容 $C_1$ 开始充电，进入暂稳态，暂稳态的持续时间由电容的充电时间决定，当电容电压上升到 555 定时器的上限触发点（$\frac{2}{3}V_{CC}$）时，输出由高电平翻转为低电平，由暂稳态回到稳态。接着等待下一次输入信号的触发。

由以上分析，可以看出单稳态电路的特点，电路从稳态进入暂稳态需要外界的触发信号，而暂稳态持续一段时间后会自动回到稳态，无须外界触发。

## 10.3 555 集成定时器构成多谐振荡器的电路仿真分析

多谐振荡器是一种自激振荡器，在接通电源后，无须外加触发信号，便可自行产生矩形脉冲。由于矩形波中包含有丰富的高次谐波分量，所以又称为多谐振荡器，多谐振荡器没有稳定状态，只有两个暂稳态，常用作脉冲信号源。

### 10.3.1 多谐振荡器电路设计分析

1. 用 555 定时器构成的多谐振荡器电路

多谐振荡器电路的原理图及波形如图 10.3.1 所示。

2. 振荡频率的估算

（1）电容充电时间 $T_1$：

电容充电时，时间常数 $\tau_1 = (R_1 + R_2)C$，起始值 $V_C(0^+) = \frac{1}{3}V_{CC}$，终止值 $V_C(\infty) = V_{CC}$，转换值 $V_C(T_1) = \frac{2}{3}V_{CC}$。$T_1$ 为从 $\frac{1}{3}V_{CC}$ 充电到 $\frac{2}{3}V_{CC}$ 所需的时间。

$$T_1 = 0.7(R_1 + R_2)C$$

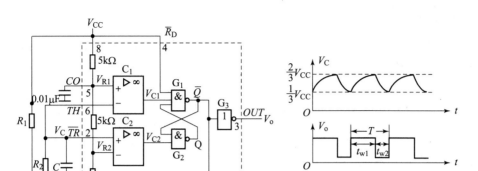

图 10.3.1 555 定时器构成的多谐振荡器电路及其工作波形
(a) 电路图；(b) 工作波形

(2) 电容放电时间 $T_2$：

电容放电时，时间常数 $\tau_2 = R_2 C$，起始值 $V_C(0^+) = \frac{2}{3} V_{CC}$，终止值 $V_C(\infty) = 0$，转换值 $V_C(T_2) = \frac{1}{3} V_{CC}$。$T_2$ 为从 $\frac{2}{3} V_{CC}$ 放电到 $\frac{1}{3} V_{CC}$ 所需的时间。

$$T_2 = 0.7 R_2 C$$

(3) 电路振荡周期 $T$：

$$T = T_1 + T_2 = 0.7(R_1 + 2R_2)C$$

(4) 电路振荡频率：

$$f = \frac{1}{T} \approx \frac{1.43}{(R_1 + 2R_2)C}$$

(5) 输出波形占空比 $q$：

正脉宽与脉冲周期之比称为占空比，用 $q$ 表示，即 $q = T_1/T$。

$$q = \frac{T_1}{T} = \frac{0.7(R_1 + R_2)C}{0.7(R_1 + 2R_2)C} = \frac{R_1 + R_2}{R_1 + 2R_2}$$

## 10.3.2 多谐振荡器电路的元器件选取及电路仿真分析

### 1. 元器件选取

仿真电路所用元器件及选取途径如下。
(1) 电源 $V_{CC}$："Place Source" → "POWER_SOURCES" → "VCC"。
(2) 接地："Place Source" → "POWER_SOURCES" → "GROUND"。
(3) 电阻："Place Basic" → "RESISTOR"，选取 10 kΩ 和 20 kΩ。
(4) 电容："Place Basic" → "CAPACITOR"，选取 1 μF 和 0.01 μF。
(6) 555 定时器："Place Mixed" → "TIMER" → "LM555CM"。
(7) 示波器：右侧虚拟仪器栏 → "Oscilloscope"。

## 2. 电路组成

将各个元器件放置在工作窗口中并连接成如图 10.3.2 所示仿真电路。图中由 555 定时器和外接元件 $R_1$、$R_2$、$C_1$、$C_2$ 构成多谐振荡器，引脚 2 与引脚 6 直接相连。

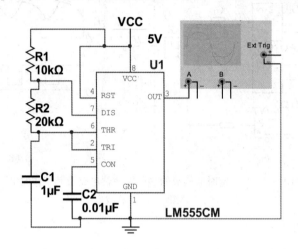

图 10.3.2　555 定时器构成多谐振荡器电路

## 3. 仿真分析

打开仿真开关，双击示波器，波形如图 10.3.3 所示，电路没有稳态，仅存在两个暂稳态，电路也无须外加触发信号，利用电源 $V_{CC}$ 通过 $R_1$、$R_2$ 向 $C_1$ 充电，$C_1$ 通过 $R_2$、内部放电管放电，电容 $C_1$ 在 $\frac{1}{3}V_{CC}$ 和 $\frac{2}{3}V_{CC}$ 之间充电和放电。

555 电路要求 $R_1$、$R_2$ 均应大于或等于 1 kΩ，但 $R_1+R_2$ 应小于或等于 3.3 MΩ。外部元器件的稳定性决定了多谐振荡器的稳定性。555 定时器配以少量的元器件即可获得较高精度的振荡频率和具有较强的功率输出能力，因此这种形式的振荡器应用很广。

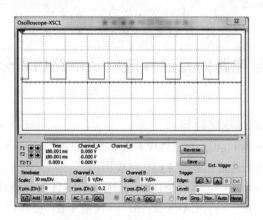

图 10.3.3　多谐振荡器仿真波形

# 第 11 章

# 简易数字频率计仿真设计

本章主要介绍电子电路设计的一般方法。希望通过这部分的学习来深刻领会进行电子电路系统设计、制作与调试的思路、流程、技巧和方法。

电路系统一般包括输入电路、控制转换电路、输出电路和电源电路等部分。任何复杂的电子电路系统都可以逐步划分成不同层次、相对独立的子系统。通过对子系统的输入输出关系、时序等的分析,最后可以选用合适的单元电路来实现,将各子系统组合起来,便完成了整个大系统的设计。

电子电路系统设计的一般方法与步骤如下。

1. 消化理解课题

必须充分了解设计要求,明确被设计系统的全部功能、要求及技术指标。熟悉被处理信号与被控制转换对象的各种参数和特点。

2. 确定总体设计方案

根据系统总体功能画出系统的原理框图,将系统分解。确定连接不同方框间各种信号的相互关系与时序关系。方框图应能简洁、清晰地表示设计方案的原理。

3. 绘制单元电路并对单元电路进行仿真

选择合适的电器元件,用电子仿真软件绘出各单元的电路图,然后利用电子软件中的电路仿真功能对设计的电路进行仿真测试,从而确定设计的电路是否正确。

当电路中采用了 TTL、CMOS、运放、分立元件等多种器件时,如果采用不同的电源供电,则要注意不同电路之间电平的正确转换,并应绘制出电平转换电路。

4. 分析电路

设计的单元电路可能不存在问题,但组合起来后系统可能不能正常进行工作,因此,充分分析各单元电路,特别是对控制信号要从输入输出关系、正负极性、时序等几个方面进行深入考虑,确保不存在冲突。在深入分析的基础上对原设计电路不断修改,从而获得最佳设计方案。

5. 完成整体设计

在各单元完成的基础上,再用电子仿真软件对整个电路进行仿真,验证设计。

需要说明的是,由于电子仿真元器件模型的典型化(理想化)及真实元器件参数的离散性、电路连线或印制板形成的分布参数,电子装配工艺等方面的原因,工程上,设计完成的电路必须经过实体安装、调试、测试验证后才能投产,形成产品。

简易数字频率计是直接用十进制数字来显示被测信号频率的一种测量装置。它不仅可以测量正弦波、方波、三角波和尖脉冲信号的频率,而且还可以测量他们的周期。经过改装,在电路中增加传感器,还可以做成数字脉搏计、电子秤、计价器等。因此,数字频率计在测量物理量方面应用广泛。

## 11.1 功能要求

(1) 输入信号:正弦波、三角波和方波;
　　频率:1 Hz ~ 10 kHz;
　　幅度:峰-峰值 0.3 ~ 5 V;
(2) 频率计通带:100 Hz ~ 2 kHz;
(3) 量程范围:0 ~ 99;
(4) 闸门时间:1 s;
(5) 采样周期:≥2 s;
(6) 实现自动测频、自动清零、数据显示和保持功能。

## 11.2 测频原理

周期性信号在单位时间内重复出现的次数,称为周期信号的频率。

频率计又称为频率计数器,是一种专门对信号频率进行测量的电子测量仪器,不论频率计技术指标如何定义,其基本工作原理都类似,频率测量原理如图 11.2.1 所示。

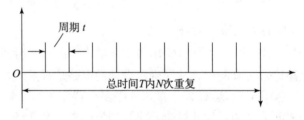

图 11.2.1　频率测量基本原理图

若在一定的时间间隔 $T$ 内计得这个周期性信号的重复次数为 $N_0$ 时,则被测信号的频率 $f$ 为:

$$f = \frac{N_0}{T} \tag{11.2.1}$$

式中,$f$ 为频率,单位为 Hz。$N_0$ 为计数器计数值;$T$ 为计数器计数定时时间。

一般的数字式频率计主要由五个部分构成:输入电路、信号处理电路、闸门电路,计数显示电路和控制电路。数字式频率计的测频方法一般采用同标准信号进行对比测频和采用频率的定义方法进行测量。

**1. 对比测频法**

对比测量原理框图如图 11.2.2 所示。在一个频率测量的周期过程中，被测频率信号 $f_x$ 在输入电路中经过放大、滤波和整形，形成特定的被测脉冲，经过闸门 A，再通过计数器 A 计数，得到待测信号的个数 $N_x$。标准信号通过时基（或者晶振）电路产生，经过闸门 B，再通过计数器 B 计数，得到标准频率的信号个数 $N_0$。闸门 A 和闸门 B 通过输入信号触发产生的控制电路产生相同的控制闸门 T，使得两个计数器的计数时间相同，通过公式：

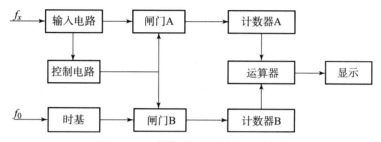

图 11.2.2  频率对比测量原理方框图

$$f_x = \frac{N_x}{T} \tag{11.2.2}$$

$$f_0 = \frac{N_0}{T} \tag{11.2.3}$$

将式（11.2.2）和式（11.2.3）进行对比可得：

$$f_x = \frac{N_x}{N_0} f_0 \tag{11.2.4}$$

从而可以得到待测信号的频率 $f_x$。

对比测频方法的特点：测量精度高，在输入待测信号同步的情况下，误差来源于计数器多计一个或者少计一个标准频率个数。标准信号的频率越高，硬件电路的速度越快，系统的误差越小，但是硬件电路相对比较复杂。

周期测量原理框图如图 11.2.3 所示。

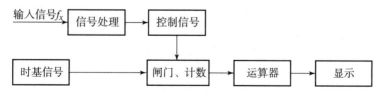

图 11.2.3  周期测量方法

周期测量采用待测信号的高电平或者低电平通过控制电路的切换，控制闸门的闸门时间，经过计数器得到标准信号的个数 $N_0$，然后通过脉冲宽度测量计算：

$$T = \frac{N_0}{f_0} \tag{11.2.5}$$

式中，$T$ 为被测脉冲宽度，单位为 s；$f_0$ 为时标频率；$N_0$ 为计数器计数值。当计数闸门在待测高电平有效时,此时得到的就是待测信号的高电平宽度。当计数闸门在待测信号低电平有效时,此时得到的就是待测信号的低电平宽度。将高电平宽度和低电平宽度相加,从而得到待测信号的周期。

2. 定义法测频

定义法测频原理框图如图11.2.4所示。定义法测频采用时基信号触发控制信号产生1 s的标准时间,控制闸门打开,通过计数器计数处理好的待测信号,得到待测信号的频率$f_x$。

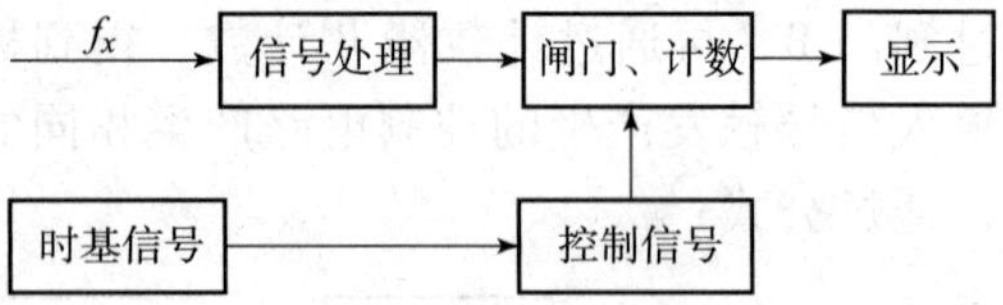

$$f_x = \frac{N_x}{t} \qquad (11.2.6)$$

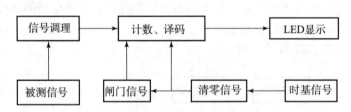

图11.2.4 定义法测频原理

式中,$f_x$为待测频率;$N_x$为计数个数;$t$为时间。此处因为$t$为1 s,所以$N_x$即为待测信号的频率。本章内容将以定义测频的方法进行阐述。

## 11.3 总体方案设计

简易数字频率计由振荡器、分频器、放大滤波整形电路、控制电路、计数译码显示电路等部分组成。由振荡器的振荡电路产生一标准频率信号,经分频器分频得到控制脉冲。控制脉冲经过控制器中的逻辑电路分别产生选通脉冲、锁存信号和清零信号。待测信号经过限幅、运放的放大、滤波电路的滤波、施密特整形之后,输出一个与待测信号同频率的矩形脉冲信号,该信号在闸门开通的情况下,产生计数信号。时基信号通过逻辑电路产生选通信号、锁存信号和清零复位信号控制计数、锁存和清零三个状态,然后通过数码显示器件显示。其中的控制脉冲采用555时基振荡电路产生,待测信号用函数信号发生器产生。数字式频率计主要由输入信号调理电路、闸门电路、计数、译码、显示、清零、时基和逻辑控制电路等组成。简易数字频率计的原理框图如图11.3.1所示。

图11.3.1 简易数字式频率计的原理框图

通过分析功能要求,根据简易数字式频率计的方框图,结合数字与模拟电路知识可得到电路原理框图如图11.3.2所示。

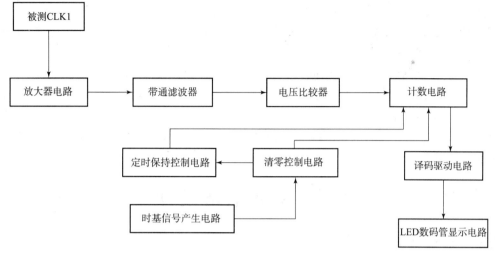

图 11.3.2　简易频率计电路原理图

## 11.4　系统工作原理

如图 11.3.2 所示，本设计主要包括三大模块：前端采集处理模块、逻辑计数控制模块和显示模块。前端采集处理模块包含：可调电压放大电路、有源带通滤波电路、比较整形电路。逻辑计数控制模块包含：555 时基振荡电路、单稳态触发电路、计数控制电路。显示模块包含：译码驱动电路、显示电路。

（1）输入信号通过可调放大器电路放大，有源带通滤波器滤波选频，电压比较器整形后，给计数器计数，进行测频。

（2）由 NE555 产生采样周期大于 2 s 的时基信号，作为频率计的主要工作时序，在该信号的一个周期的时间内，频率计可以完成清零、计数、保持和显示计数结果，在下一周期时重复上述过程，完成自动测频的功能。简易数字频率计工作控制逻辑波形示意图如图 11.4.1 所示。

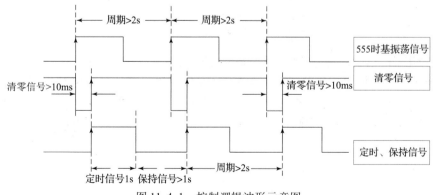

图 11.4.1　控制逻辑波形示意图

（3）NE555 时基信号发生器产生的周期信号的上升沿，触发由 74LS123 芯片电路构成的单稳态发生器 1，产生对计数器清零的脉冲信号，使计数器在计数工作前归零，该脉冲信号的宽度一般约 14 ms，由该单稳态电路的 $RC$ 参数值决定。

（4）计数器清零后，需要产生一个精准的闸门控制信号，时间为 1 s，此时计数器开始计数。电路中采用清零脉冲信号的上升沿，触发另一个单稳态电路 2，从而产生一个标准的 1 s 闸门信号。在该闸门信号持续时间内，计数器可以计数，频率计完成对被测信号的测频。根据电路的准确性，闸门信号的宽度应控制为 1 s 左右，最好是标准的 1 s 时间，由单稳态电路 2 的 $RC$ 参数值决定。

（5）二级十进制计数器电路由两个 74LS160 组成，译码驱动与显示电路由 74LS47 和七段共阳数码管组成。

## 11.5 单元电路设计

### 11.5.1 放大电路

由于集成电路运放通常都具有极高的差模电压增益，欲使其稳定工作于线性状态下，必须加入深度负反馈，否则它必将工作于非线性状态。

图 11.5.1（a）所示是在集成运放中引入了电压负反馈的电路，图 11.5.1（b）则是其理想化后的闭环电压传输特性。由此可见，假设 $A_f=2$，输入电压 $u_i$ 不超出 $-5\sim +5\ \mathrm{V}$ 的范围，则运放将稳定工作于线性区 $AOB$ 内，当 $u_i$ 超出线性范围时，集成运放将进入饱和状态，输出保持为最大值不变（其大小决定于电源电压）。对于这一点，有时容易忽视甚至误解，以为在集成运放中加入负反馈后，其输出就会随输入而无限增加，这点必须加以注意。

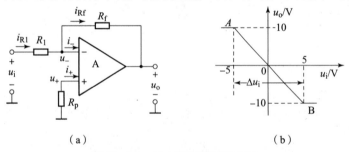

图 11.5.1　引入负反馈运算电路
（a）引入电压负反馈的集成运放电路；（b）闭环电压传输特性

对于理想化了的运放，当它工作于线性状态下时具有两个突出的特点。其一是"虚断"，即 $i_+ = i_- = 0$；其二是"虚短"，即 $u_+ = u_-$（在反相输入同相接地电路中因 $u_+ = 0$，故"虚短"又可引伸为"虚地"）。不管电路结构形式如何复杂，均可根据这两个特点推导出输出与输入之间的函数关系。例如在图 11.5.1（a）中，由于 $i_+ = i_-$（$i_- = 0$），$u_- = 0$（虚地），故有

$$u_o = -\frac{R_f}{R_1} \times u_i \tag{11.5.1}$$

这就是反相放大器的闭环电压传输特性。其中

$$A_f = -\frac{R_f}{R_1} \tag{11.5.2}$$

称为闭环电压放大倍数。

实际运放与理想运放之间总存在一定的差异，故在实际使用中常采用一些措施以减小它的误差，提高其运算精度。经常采用的一个措施是加入平衡电阻 $R_P$，以保证实际运放的反相与同相输入端对地的等效电阻相等，从而使其处于对称与平衡工作状态，减小由输入偏置电流引入的误差。其次是防自激，运放在使用中有时会产生自激，此时即使 $u_i = 0$，也会产生一定的交流输出，使运放无法正常工作。消除自激的办法是在电源端加接去耦电容或增设电源滤波电路，同时应尽可能减小线路、元件间的分布电容，对于具有补偿引脚的集成运放器件，还可接入适当的补偿电容。

针对本课题的技术要求，输入的电压在 0.3～5 V 之间可调，采用的放大电路也应该是增益可调节的放大电路，电路可以通过反向比例放大电路和同向比例放大电路两种电路结构进行设计。

## 11.5.2 反相比例放大电路

1. 电路原理

由运算放大器组成的反相比例放大电路如图 11.5.2 所示。

根据集成运算放大器的基本原理，反相比例放大电路的闭环特性为：

闭环电压增益

$$A_{uf} = -\frac{R_f}{R_1} \quad (11.5.3)$$

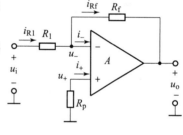

图 11.5.2 反相比例放大器

输入电阻

$$R_{if} = R_1 \quad (11.5.4)$$

输出电阻

$$R_{of} = \frac{R_o}{1 + KA_{uo}} \approx 0 \quad (11.5.5)$$

其中，$A_{uo}$ 为运放的开环电压增益，$K = \frac{R_1}{R_1 + R_f}$。

环路带宽

$$BW_f = BW_o \cdot A_{uo} \cdot \frac{R_1}{R_f} \quad (11.5.6)$$

其中，$BW_o$ 为运放的开环带宽。

最佳反馈电阻

$$R_f = \sqrt{\frac{R_{id} \cdot R_o}{2K}} = \sqrt{\frac{R_{id} \cdot R_o (1 - A_{uf})}{2}} \quad (11.5.7)$$

式中，$R_{id}$ 为运放的差模输入电阻；$R_o$ 为运放的输出电阻。

平衡电阻

$$R_p = R_1 // R_f \quad (11.5.8)$$

从以上公式可以看出，由运算放大器组成的反相输入比例放大电路具有以下特性：

（1）在深度负反馈的情况下工作时，电路的放大倍数仅由外接电阻 $R_1$ 和 $R_f$ 的值决定。

（2）由于同相端接地，故反相端的电位为"虚地"，因此，对前级信号源来说，其负载不是运放本身的输入电阻，而是电路的闭环输入电阻 $R_i$。由于 $R_{if} = R_1$，因此反相比例放大电路只适用于信号源对负载电阻要求不高的场合（一般为小于 500 kΩ）。

（3）在深度负反馈的情况下，运放的输出电阻很小。

2. 仿真验证

在 Multisim10 电路窗口中创建如图 11.5.2 所示的电路。运算放大器采用 OP07，其在元件库的位置是：place/Component \ Analog \ Opamp \ Op07AH。

通过理论分析可知：

$$U_o = -\frac{R_3}{R_2}U_i = -\frac{4}{1}U_i = -4U_i \quad (11.5.9)$$

通过函数信号发生器 XFG1，给如图 11.5.3 所示的电路输入峰值为 300 mV、频率为 1 kHz 的正弦波信号，如图 11.5.4 所示。单击仿真开关 $\boxed{\text{O I}}$，进行仿真分析，此时电路的输入、输出波形在示波器 XSC1 显示的波形如图 11.5.5 所示。

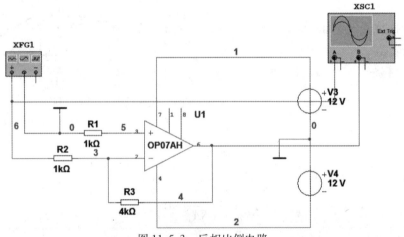

图 11.5.3 反相比例电路

由仿真结果可以看出，由于运算放大器的非理想性，使得输出信号波形与输入信号波形之间存在一定的相位差，但是相位差较小，理论分析和仿真分析基本相同。同时从电路的结构分析，可以看出当电阻 $R_3$ 大于 $R_2$ 时，电路功能为比例放大，当 $R_3$ 等于 $R_2$ 时为反相跟随器，当 $R_3$ 小于 $R_2$ 时，电路为比例缩放电路。

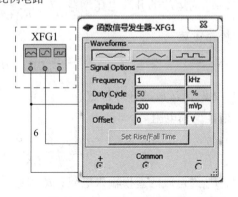

图 11.5.4 输入信号设置值

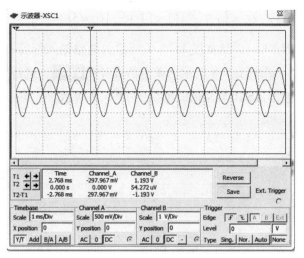

图 11.5.5　反向比例电路仿真结果

## 11.5.3　同相比例放大电路

**1. 电路原理**

由运算放大器组成的同相比例放大电路如图 11.5.6 所示。

同相比例放大器的电压放大倍数为：

$$A_{uf} = \frac{U_o}{U_i} = \frac{R_1 + R_f}{R_1} = 1 + \frac{R_f}{R_1} \quad (11.5.10)$$

同相比例放大器的输入电阻为：

$$R_{if} = R_1 // R_f + R_{id}(1 + A_{uo}F) \quad (11.5.11)$$

其中，$R_{id}$ 是运放的差模输入电阻；$A_{uo}$ 是集成运放的开环电压增益；$F = R_1/(R_1 + R_f)$ 为反馈系数。

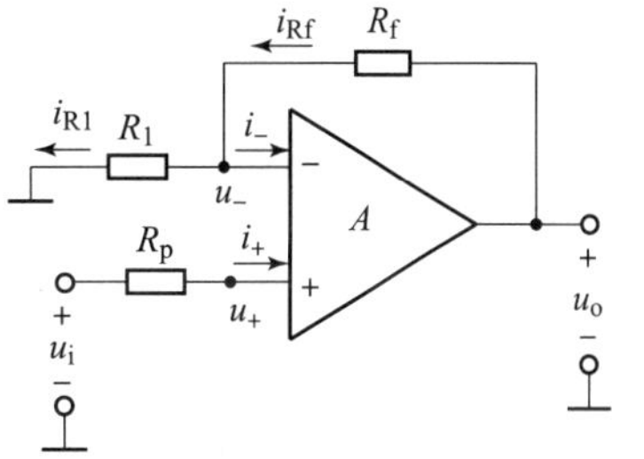

输出电阻：$R_o \approx 0$。

放大器同相端的直流平衡电阻为：$R_p = R_f // R_1$

放大器的闭环带宽为：

图 11.5.6　同相比例放大电路

$$BW_f = \frac{A_{uo}}{A_{uf}} \cdot BW_o \quad (11.5.12)$$

最佳反馈电阻为：

$$R_f = \sqrt{\frac{R_{id} \cdot R_o \cdot A_{uf}}{2}} \quad (11.5.13)$$

**2. 仿真验证**

在 Multisim10 电路窗口中创建如图 11.5.6 所示的电路。运算放大器采用 OP07，其在元件库的位置是：Place/Component \ Analog \ Opamp \ Op07AH。

理论分析：

$$U_o = \left(1 + \frac{R_3}{R_2}\right)U_i = \left(1 + \frac{4}{1}\right)U_i = 5U_i \tag{11.5.14}$$

通过函数信号发生器 XFG1，给如图 11.5.7 所示的电路输入峰峰幅度为 300 mV、频率为 1 kHz 的正弦波信号，如图 11.5.8 所示。单击仿真开关 ，进行仿真分析，此时电路的输入、输出波形在示波器 XSC1 显示的波形如图 11.5.9 所示。

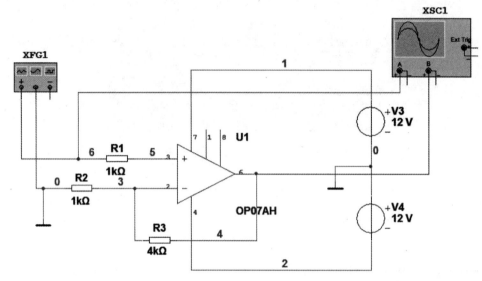

图 11.5.7　同相比例电路

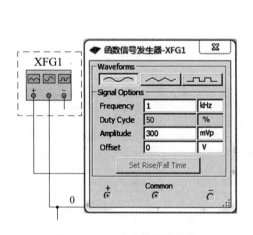

图 11.5.8　输入信号设定值

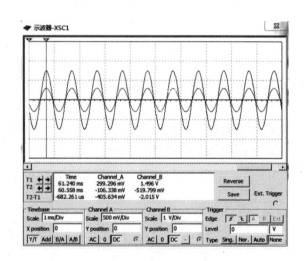

图 11.5.9　同相比例电路仿真结果

由仿真结果可以看出，由于运算放大器的非理想性，使得输出信号波形与输入信号波形之间存在一定的相位差，但是相位差较小，理论分析和仿真分析基本相同。同时根据电路的结构可以看出，电路的增益一定大于 1，故此电路只能做放大电路，特殊情况是当电路中的 $R_2$ 趋于无穷大时，电路就相当于电压跟随器。

由此可知，要满足本课题的要求，输入信号为 300 mV ~ 5 V 的电压值，在反相比例电路和同相比例电路中，只是需要将反馈电阻 $R_3$ 换成 50 kΩ 的滑动变阻器，就可以让电路的增益变成可调，达到我们需要的输出电压值。

## 11.5.4　有源滤波电路

由 $RC$ 元件与运算放大器组成的滤波器称为 $RC$ 有源滤波器，其功能是让一定频率范围内的信号通过，一直或急剧衰减此频率范围以外的信号，可用于信息处理、数据传输、抑制干扰等方面。但因受运算放大器频带限制，这类滤波器主要用于低频率范围。根据对频率范围的选择不同，可分为低通（LPF）、高通（HPF）、带通（BPF）与带阻（BEF）4 种滤波器。具有理想特性的滤波器是很难实现的，只能采用实际特性去逼近理想的，常用的逼近方法是巴特沃斯最大平坦响应和切比雪夫等波动响应。在不许带内有波动时，用巴特沃斯响应较好，如果给定带内所允许的滤波差，则采用切比雪夫响应较好。

有源滤波器具有许多独特的特点。首先不用电感元件，所以免除了电感所固有的非线性特性、磁场屏蔽、损耗、体积和重量过大等缺点。其次由于运算放大器的增益和输入电阻高，输出电阻低，因此能提供一定的信号增益和缓冲作用。本节主要介绍带通滤波器的设计。

1. 电路原理

带通滤波器只允许在某一个通频带范围内的信号通过，而对比通频带下限频率低和比上限频率高的信号加以衰减或抑制，注意：要将高通的下限截止频率设置为小于低通的上限截止频率。反之则为带阻滤波器。典型的带通滤波器可以从二阶低通滤波器中将其中一级改为高通而成，如图 11.5.10 所示。

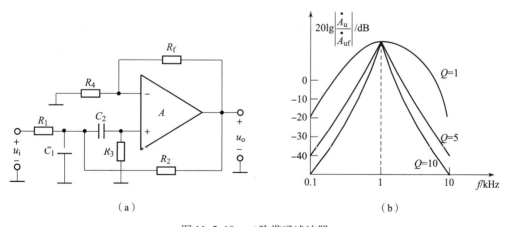

图 11.5.10　二阶带通滤波器
（a）电路图　（b）幅频特性

2. 工作原理

通频带增益 $A_{uf}$：

$$A_{uf} = 1 + \frac{R_f}{R_4} \quad (11.5.15)$$

中心频率 $\omega_0$：

$$\omega_0 = \frac{1}{2\pi}\sqrt{\frac{R_1 + R_2}{R_1 R_2 R_3 C_1 C_2}} \quad (11.5.16)$$

通频带宽度 $B$：

$$B = \omega_0/Q \quad (11.5.17)$$

品质因素 $Q$：

$$Q = \frac{\omega_0}{1/(R_1 C_2) + 1/(R_3 C_2) + 1/(R_1 C_1) + (1 - A_{uf})/(R_2 C_2)} \quad (11.5.18)$$

此电路的优点是改变 $R_f$ 和 $R_4$ 的比例就可以改变频带而不影响中心频率。

3. 仿真验证

在 Multisim10 电路窗口中创建如图 11.5.10（a）所示的二阶带通滤波器电路。运算放大器采用 OP07，其在元件库的位置是：Place/Component \ Analog \ Opamp \ Op07AH。测量该电路的通频带增益、中心频率和带宽，计算品质因数并与理论值作比较。

根据本课题的要求，此时，电阻 $R_1$ 和 $R_2$ 选用 15 kΩ，电阻 $R_3$ 选用 30 kΩ，$R_4$ 和 $R_5$ 选用 10 kΩ，电容 $C_1$ 和 $C_2$ 选用 10 nF。

理论分析如下。

电路的通频带增益：

$$A_{uf} = 1 + \frac{R_5}{R_4} = 1 + \frac{10}{10} = 2 \quad (11.5.19)$$

中心频率：

$$\omega_0 = \frac{1}{2\pi} \times \sqrt{\frac{R_1 + R_2}{R_1 R_2 R_3 C_1 C_2}} = \frac{1}{2\pi} \times \sqrt{\frac{15 + 15}{15 \times 15 \times 30 \times 10 \times 10}} \times 10^6 \approx 1.06 \text{ (kΩ)}$$

$$(11.5.20)$$

带宽：

$$B = \omega_0/Q = 1.06/0.5 = 2 \text{ (kΩ)} \quad (11.5.21)$$

品质因数：

$$Q = \frac{\omega_0}{1/(R_1 C_1) + 1/(R_3 C_2) + 1/(R_1 C_2) + (1 - A_{uf})/R_2 C_2} \approx 0.5 \quad (11.5.22)$$

在图 11.5.11 所示仿真电路中函数发生器 XFG1 提供输入信号，即幅度为 2.5 $V_{pp}$，频率为 1 kHz 的正弦波信号，如图 11.5.12 所示。示波器 XSC1 的通道 A、B 分别观测电路的输入信号 $u_i$、输出信号 $u_o$。波特图测试仪 XBP1 用来测量带通滤波器的频率特性，单击仿真开关，打开 View/Grapher/Bode plotter – XBP1，进行仿真分析，此时电路的幅频特性线性输出如图 11.5.13 所示，波特表示如图 11.5.14 和图 11.5.15 所示。

# 第 11 章 简易数字频率计仿真设计

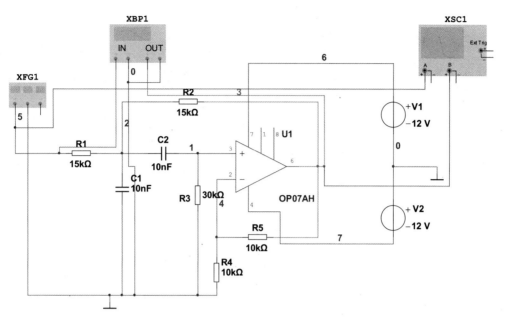

图 11.5.11　电路仿真

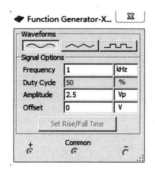

图 11.5.12　函数发生器信号

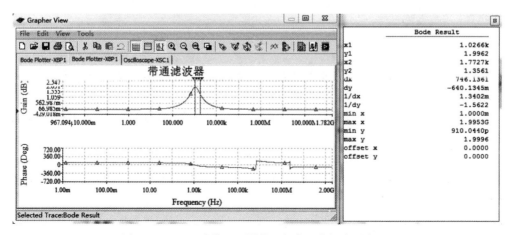

图 11.5.13　二阶带通上限截止频率（线性表示方法）

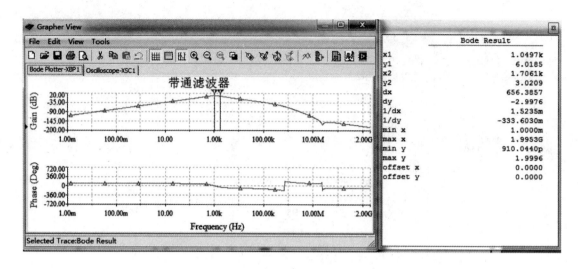

图 11.5.14　二阶带通上限截止频率（波特表示方法）

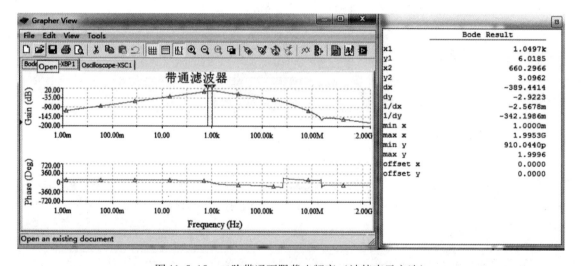

图 11.5.15　二阶带通下限截止频率（波特表示方法）

从图 11.5.14 中可以读出它的通带增益为 6 dB 左右，中心频率为 1.049 7 kHz，下降 3 dB 对应的上限截止频率为 1.706 1 kHz；从图 11.5.15 中可以读出它的通带增益为 6 dB 左右，中心频率为 1.049 7 kHz，下降 3 dB 对应的下限限截止频率为 660.296 6 Hz，读数和操作上会存在一些误差，可得到其带宽大约为 1.2 kHz，基本和理论一致。

输入、输出波形在示波器 XSC1 显示的波形如图 11.5.16 所示，通过观察输入、输出波形可知，输入信号为 2.495 V，输出信号为 4.962 V，由此可得放大倍数为 2 倍，同理论设计一致。

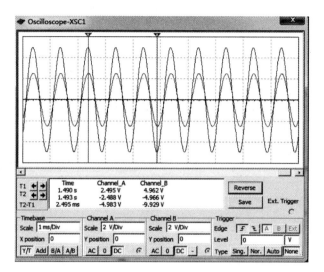

图 11.5.16　二阶带通滤波器输入、输出波形

## 11.5.5　比较整形电路

**1. 电路原理**

电压比较器（以下简称比较器）是一种常用的集成电路。它可用于报警器电路、自动控制电路、测量技术，也可用于 V/F 变换电路、A/D 变换电路、高速采样电路、电源电压监测电路、振荡器及压控振荡器电路、过零检测电路等。

简单地说，电压比较器是对两个模拟电压比较其大小（也有两个数字电压比较的，这里不进行介绍），并判断出其中哪一个电压高。图 11.5.17（a）是比较器的原理图，它有两个输入端：同相输入端（"+"端）及反相输入端（"-"端），有一个输出端 $u_o$（输出电平信号）。另外有电源 $V_{CC}$ 及 $V_{SS}$。当 $V_{SS}$ 接地时，同相端输入电压 $u_A$，反相端输入电压 $u_B$。$u_A$ 和 $u_B$ 的波形输入变化如图 11.5.17（b）所示。在时间 $0 \sim t_1$ 时，$u_A > u_B$；在 $t_1 \sim t_2$ 时，$u_B > u_A$；在 $t_2$ 以上区间时，$u_A > u_B$。在这种情况下，$u_o$ 的输出如图 11.5.7（c）所示。$u_A > u_B$ 时，$u_o$ 输出高电平（饱和输出）；$u_B > u_A$ 时，$u_o$ 输出低电平。根据输出电平的高低便可知道哪个电压大。

如果把 $u_A$ 输入到反相端，$u_B$ 输入到同相端，$u_A$ 及 $u_B$ 的电压变化仍然如图 11.5.17（b）所示，则 $u_o$ 输出如图 11.5.17（d）所示。与图 11.5.17（c）比较，其输出电平倒了一下。由此可知，比较器的输出电平变化与 $u_A$、$u_B$ 的输入端有关。

图 11.5.18（a）是双电源（正负电源）供电的比较器。如果它的 $u_A$、$u_B$ 输入电压如图 11.5.17（b）所示，则它的输出特性如图 11.5.18（b）所示。$u_B > u_A$ 时，$u_o$ 输出饱和负电压。

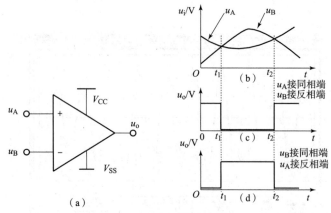

图 11.5.17 比较器的原理图及波形图
（a）原理图；（b）（c）（d）波形图

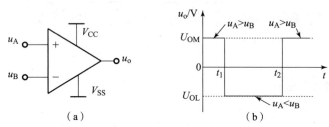

图 11.5.18 双电源供电的比较器原理图及波形图
（a）原理图；（b）波形图

如果输入电压 $u_A$ 与某一个固定不变的电压 $U_{REF}$ 相比较，如图 11.5.19（a）所示。此 $U_{REF}$ 称为参考电压、基准电压或阈值电压。如果这参考电压是 0 V（地电平），如图 11.5.19（b）所示，它一般用作过零检测。

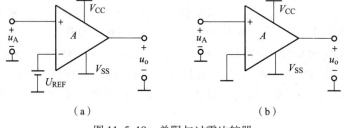

图 11.5.19 单限与过零比较器
（a）单限比较器；（b）过零比较器

比较器是由运算放大器发展而来的，比较器电路可以看作是运算放大器的一种应用电路。由于比较器电路应用较为广泛，所以开发出了专门的比较器集成电路。

图 11.5.20（a）是由运算放大器组成的差分放大器电路，输入电压 $u_A$ 经分压器 $R_2$、$R_3$ 分压后接在同相端，$u_B$ 通过输入电阻 $R_1$ 接在反相端，$R_f$ 为反馈电阻，若不考虑输入失调电压，则其输出电压 $u_o$ 与 $u_A$、$u_B$ 及 4 个电阻的关系式为

$$u_o = (1 + R_f/R_1) \times R_3/(R_2 + R_3) u_A - (R_f/R_1) u_B \tag{11.5.23}$$

若 $R_1 = R_2$，$R_3 = R_f$，则 $u_o = R_f/R_1 (u_A - u_B)$，$R_f/R_1$ 为放大器的增益。当 $R_1 = R_2 = 0$

（相当于 $R_1$、$R_2$ 短路），$R_3 = R_f = \infty$（相当于 $R_3$、$R_f$ 开路）时，$u_o = \infty$，增益成为无穷大，其电路图就形成图 11.5.20（b）的样子，差分放大器处于开环状态，它就是比较器电路。实际上，运放处于开环状态时，其增益并非无穷大，而 $u_o$ 输出是饱和电压，它小于正负电源电压，也不可能是无穷大。

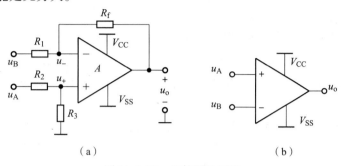

图 11.5.20　比较器的原理
(a) 由运算放大器组成的差分放大器电路；(b) 比较器电路

从图 11.5.20 中可以看出，比较器电路就是一个运算放大器电路处于开环状态的差分放大器电路。

同相放大器电路如图 11.5.21 所示。如果 $R_f = \infty$，$R_1 = 0$ 时，它就变成与图 11.5.20（b）一样的比较器电路。图 11.5.21 中的 $u_i$ 相当于图 11.5.20（b）中的 $u_A$。

运放可以做比较器电路，但性能较好的比较器比通用运放的开环增益更高，输入失调电压更小，共模输入电压范围更大，压摆率较高（使比较器响应速度更快）。另外，比较器的输出级常用集电极开路结构，如图 11.5.22 所示，它外部需要接一个上拉电阻或者直接驱动不同电源电压的负载，应用上更加灵活。也有一些比较器为互补输出，无须上拉电阻。

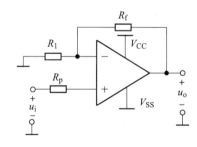　　　　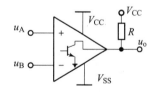

图 11.5.21　同相比例运算电路　　　图 11.5.22　LM339 电平转换电路

这里顺便要指出的是，比较器电路本身也有技术指标要求，如精度、响应速度、传播延迟时间、灵敏度等，大部分参数与运放的参数相同。在要求不高时可采用通用运放来作比较器电路。在 A/D 转换器电路中要求采用精密比较器电路，此时就必须采用专门的比较器芯片。

由于比较器与运放的内部结构基本相同，其大部分参数（电特性参数）与运放的参数项基本一样（如输入失调电压、输入失调电流、输入偏置电流等）。LM339 常用来构成各种电压比较器。

LM339 集成块内部装有四个独立的电压比较器，该电压比较器的特点是：

（1）失调电压小，典型值为 2 mV；

(2) 电源电压范围宽，单电源为 2~36 V，双电源电压为 ±1~±18 V；

(3) 对比较信号源的内阻限制较宽；

(4) 共模范围很大，为 0~($V_{CC}$-1.5V) V；

(5) 差动输入电压范围较大，大到可以等于电源电压；

(6) 输出端电位可灵活方便地选用。

LM339 集成块采用 DIP-14 型封装，图 11.5.23 为其外形及内部电路图。

LM339 类似于增益不可调的运算放大器。每个比较器有两个输入端和一个输出端。两个输入端一个称为同相输入端，用"+"表示，另一称为反相输入端，用"-"表示。比较两个电压时，任意一个输入端加一个固定电压做参考电压（也称为门限电平，它可选择 LM339 输入共模范围的任何一点），另一端加一个待

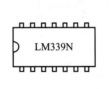
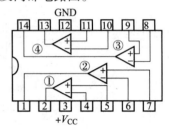

图 11.5.23　LM339 的外形及内部电路图

比较的信号电压。当"+"端电压高于"-"端时，输出管截止，相当于输出端开路。当"-"端电压高于"+"端时，输出管饱和，相当于输出端接低电位。两个输入端电压差别大于 10 mV 时就能确保输出能从一种状态可靠地转换到另一种状态，因此，把 LM339 用在弱信号检测等场合是比较理想的。LM339 的输出端相当于集电极不接电阻的晶体三极管（即集电极开路输出），使用时输出端到正电源一般须接上拉电阻（称为上拉电阻，选 3~15 kΩ）。选不同阻值的上拉电阻会影响输出端高电位的值。因为当输出晶体三极管截止时，它的集电极电压基本上取决于上拉电阻与负载的值。另外，各比较器的输出端允许连接在一起使用。

图 11.5.24（a）给出了一个基本单限比较器。输入信号 $u_i$，即待比较电压，它加到同相输入端，在反相输入端接一个参考电压 $U_{REF}$，该单限电压比较器门限电压为 $U_T$。当输入电压 $u_i > U_T$ 时，输出为高电平 $U_{OH}$。当输入电压 $u_i < U_T$ 时，输出为低电平 $U_{OL}$。图 11.5.24（b）为其传输特性。

注意：在单限电压比较器电路中，如果输入信号 $u_i$ 在门限值附近有微小的干扰，则输出电压就会产生相应的抖动（起伏）。在电路中引入正反馈可以克服这一缺点。正反馈电阻一般取值为 1 MΩ，上拉电阻取值 4.7 kΩ。

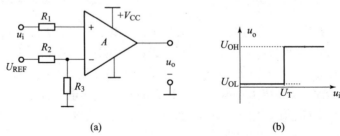

图 11.5.24　单限电压比较器的电路原理图及传输特性曲线

(a) 单限电压比较器电路；(a) 传输特性曲线

## 2. 仿真验证

单限电压比较器的实验电路如图 11.5.25 所示。其中，运算放大器处于开环无反馈状态，参考电压为 5 V，阈值电压为 1 V，被比较的输入信号采用电压有效值为 4 V、1 kHz 的正弦波信号。参考电压加在比较器的反向端，输入信号加在比较器的同相端，所以当输入电压大于阈值电压时，输出为正的最大值；反之，当输入信号小于阈值电压时，输出为负的最大值。

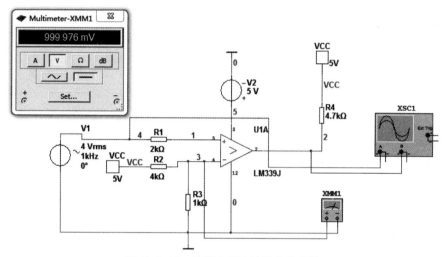

图 11.5.25　单限电压比较器实验电路

当实验电路由单电源供电时，输入输出波形如图 11.5.26 所示。当正弦输入信号大于 1 V 时，输出约为 5 V；而当正弦输入信号小于 1 V 时，输出约 0 V。当实验电路由双电源供电时，其电压设置电路如图 11.5.27 所示，输入输出波形如图 11.5.28 所示。当正弦输入信号大于 1 V 时，输出约为 5 V；而当正弦输入信号小于 1 V 时，输出约为 −5 V，形成了占空比约为 50% 的矩形波输出信号，实现了模拟信号到脉冲信号的转换，达到了本课题的要求。

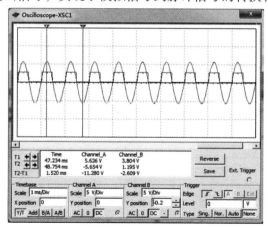

图 11.5.26　单电源供电时输入/输出波形

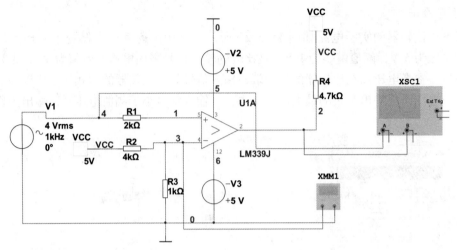

图 11.5.27　双电源电压比较器电压设置电路图

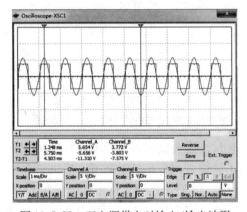

图 11.5.28　双电源供电时输入/输出波形

注意：输入信号此时加入的都是理想的正弦信号，信号不带纹波信号，所以不需要加入 1 MΩ 的正反馈电阻。

### 11.5.6　计数译码显示电路

计数器的设计作为本次课题的核心，一般需要经过下面几个步骤，如图 11.5.29 框图所示。计数器输出的用 8421BCD 码表示的脉冲个数信号经译码器译码输出相应的脉冲信号，输出的脉冲信号通过 LED 显示器显示出相应的数字。

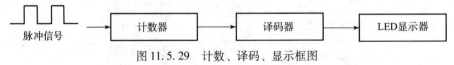

图 11.5.29　计数、译码、显示框图

**1. 计数电路原理**

计数器的功能是将输入的脉冲信号通过计数器计数，并将得到的结果用 8421BCD 码表示出来，本设计中选用了一种十进制计数器 74LS160。

在此以 74LS160 为例，通过对集成计数器功能和应用的介绍，根据产品手册上给出的功能表帮助读者提高正确而灵活地运用集成计数器的能力。

74LS160 为十进制可预置同步计数器，其管脚图和逻辑符号如图 11.5.30 所示，功能表见表 11.5.1。

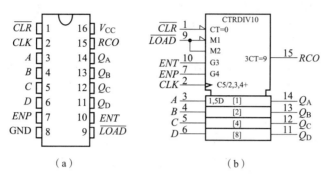

图 11.5.30　74LS160 管脚与逻辑符号

（a）管脚图；（b）逻辑符号

表 11.5.1　74LS160 的功能表

| 输入信号 | | | | | 工作模式 |
|---|---|---|---|---|---|
| 清零 | 置数 | 使能 | | 时钟 | |
| $\overline{CLR}$ | $\overline{LOAD}$ | ENT | ENP | CLK | |
| L | × | × | × | × | 异步清零 |
| H | L | × | × | ↑ | 同步置数 |
| H | H | H | H | ↑ | 同步计数 |
| H | H | L | × | × | 保持（RCO = 0） |
| H | H | × | L | × | 保持（不变） |
| 注意："H"表示高电平；"L"表示低电平；"×"表示不定（高或者低电平）；"↑"表示由低电平到高电平的跃变。 | | | | | |

计数器输入端如下：异步清零端 $\overline{CLR}$（低电平有效），时钟脉冲输入端 CLK，同步并行置数控制端 $\overline{LOAD}$（低电平有效），计数控制端 ENT 和 ENP，并行数据输入端 A、B、C、D。输出端如下：四个触发器的输出端 $Q_A \sim Q_D$，进位输出 RCO。

根据功能表 11.5.1，可看出 74LS160 具有下列功能：

（1）异步清零功能：若 $\overline{CLR}$ 输入低电平，则不管其他输入端（包括 CLK 端）状态如何，实现四个触发器全部清零。由于这一清零操作不需要时钟脉冲 CLK 配合（即不管 CLK 是什么状态都行），所以称为"异步清零"。

（2）同步并行置数功能：在 $\overline{CLR}$ = "1" 且 $\overline{LOAD}$ = "0" 的前提下，在 CLK 上升沿的作用下，触发器 $Q_A \sim Q_D$ 分别接收并行数据输入信号 A、B、C、D。置数操作必须在 CLK 上升沿到来时才有效，并与 CLK 上升沿同步，所以称为"同步"置数。由于四个触发器同时置入,又称为"并行"置数。

(3) 同步十进制加计数功能:在 $\overline{CLR}$ = "1"、$\overline{LOAD}$ = "1" 的前提下,若计数控制端 $ENT=ENP$ = "1",则对计数脉冲 $CLK$ 实现同步十进制加计数。此处,"同步"二字既表明计数器是"同步",而不是"异步"结构,又暗示各触发器动作都与 $CLK$(上升沿)同步。

(4) 保持功能:$\overline{CLR}=\overline{LOAD}$ = "1" 的前提下,若 $ENT \cdot ENP$ = "0",即两个计数器控制端中至少有一个输入"0",则不管 $CLK$ 状态如何(包括上升沿),计数器中各触发器保持原状态不变。

(5) 进位输出:$RCO = ENTQ_0 \overline{Q_1 Q_2 Q_3}$,这表明:进位输出端通常为 0,仅当计数控制端 $ENT$ = "1" 且计数器状态为 9 时它才为 1。

2. 计数仿真验证

74LS160 是十进制计数器,若要设计成 100 进制计数器则只需要将低位的进位信号 $RCO$ 控制高位的 $ENT$ 或者 $ENP$ 信号,清零和置数信号直接接高电平,为无效状态,$CLK$ 脉冲信号采用 5 V、1 kHz 的方波信号,显示采用 8421BCD 四线数码管显示。仿真电路如图 11.5.31 所示。

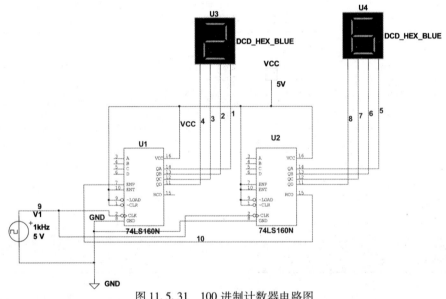

图 11.5.31  100 进制计数器电路图

3. 译码电路原理

以下主要介绍 74LS47 芯片。以 BCD 码七段译码驱动器为例。

74LS47 是一个专门用来将输入的四位 8421BCD 码转换为七段码并驱动数码管(共阳)的集成片。因为它是输出低电平有效,故只能驱动共阳极的数码管(译码器 74LS48 是高电平输出有效,可驱动共阴极数码管)。该芯片四个输入端 $A$、$B$、$C$、$D$ 分别接 8421BCD 码计数器的相应输出端(注意其中 $D$ 为最高位)。

74LS47 是输出低电平有效的七段字形译码器,以驱动共阳极数码管,其管脚图和逻辑符号如图 11.5.32 所示,表 11.5.2 列出了 74LS47 的真值表,表示出了它与显示七段数码管之间的关系。

第 11 章 简易数字频率计仿真设计 313

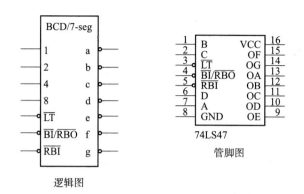

图 11.5.32　74LS47 管脚与逻辑图

表 11.5.2　七段显示译码器 74LS47 的功能表

| 十进制数或功能 | 输入 | | | | | | $\overline{BI}/\overline{RBO}$ | 输出 | | | | | | | 字形 |
|---|---|---|---|---|---|---|---|---|---|---|---|---|---|---|---|
| | $\overline{LT}$ | $\overline{RBI}$ | D | C | B | A | | $\overline{Y}_a$ | $\overline{Y}_b$ | $\overline{Y}_c$ | $\overline{Y}_d$ | $\overline{Y}_e$ | $\overline{Y}_f$ | $\overline{Y}_g$ | |
| 0 | 1 | 1 | 0 | 0 | 0 | 0 | 1 | 0 | 0 | 0 | 0 | 0 | 0 | 1 | ⌐ |
| 1 | 1 | × | 0 | 0 | 0 | 1 | 1 | 1 | 0 | 0 | 1 | 1 | 1 | 1 | ¦ |
| 2 | 1 | × | 0 | 0 | 1 | 0 | 1 | 0 | 0 | 1 | 0 | 0 | 1 | 0 | ⊇ |
| 3 | 1 | × | 0 | 0 | 1 | 1 | 1 | 0 | 0 | 0 | 0 | 1 | 1 | 0 | ⊐ |
| 4 | 1 | × | 0 | 1 | 0 | 0 | 1 | 1 | 0 | 0 | 1 | 1 | 0 | 0 | ч |
| 5 | 1 | × | 0 | 1 | 0 | 1 | 1 | 0 | 1 | 0 | 0 | 1 | 0 | 0 | S |
| 6 | 1 | × | 0 | 1 | 1 | 0 | 1 | 1 | 1 | 0 | 0 | 0 | 0 | 0 | ь |
| 7 | 1 | × | 0 | 1 | 1 | 1 | 1 | 0 | 0 | 0 | 1 | 1 | 1 | 1 | ⌐ |
| 8 | 1 | × | 1 | 0 | 0 | 0 | 1 | 0 | 0 | 0 | 0 | 0 | 0 | 0 | 8 |
| 9 | 1 | × | 1 | 0 | 0 | 1 | 1 | 0 | 0 | 0 | 1 | 1 | 0 | 0 | ӛ |
| 10 | 1 | × | 1 | 0 | 1 | 0 | 1 | 1 | 1 | 1 | 0 | 0 | 1 | 0 | c |
| 11 | 1 | × | 1 | 0 | 1 | 1 | 1 | 1 | 1 | 0 | 0 | 1 | 1 | 0 | ⊐ |
| 12 | 1 | × | 1 | 1 | 0 | 0 | 1 | 1 | 0 | 1 | 1 | 1 | 0 | 0 | ⊔ |
| 13 | 1 | × | 1 | 1 | 0 | 1 | 1 | 0 | 1 | 1 | 0 | 1 | 0 | 0 | Ε |
| 14 | 1 | × | 1 | 1 | 1 | 0 | 1 | 1 | 1 | 1 | 0 | 0 | 0 | 0 | ⊢ |
| 15 | 1 | × | 1 | 1 | 1 | 1 | 1 | 1 | 1 | 1 | 1 | 1 | 1 | 1 | |
| 消隐脉冲消隐灯测试 | × | × | × | × | × | × | 0 | 1 | 1 | 1 | 1 | 1 | 1 | 1 | |
| | 1 | 0 | 0 | 0 | 0 | 0 | 0 | 1 | 1 | 1 | 1 | 1 | 1 | 1 | |
| | 0 | × | × | × | × | × | 1 | 0 | 0 | 0 | 0 | 0 | 0 | 0 | 8 |

根据功能表 11.5.2，可看出 74LS47 具有下列功能：

（1）七个输出端 $\overline{Y}_a \sim \overline{Y}_g$ 接共阳极七段 LED 显示器的对应端以驱动相应段亮，$\overline{LT}$、$\overline{BI}/\overline{RBO}$、$\overline{RBI}$ 是三个辅助输入端，当辅助输入端均为高电平时，电路正常显示。

（2）$\overline{LT}$ 是试灯输入端，当 $\overline{LT}=0$ 时，数码管显示"8"；

(3) $\overline{BI}$ 为灭灯输入端，当 $\overline{BI}=0$ 时，灯熄灭；

(4) $\overline{RBI}$ 为动态灭零输入端，当 $\overline{RBI}=0$，$\overline{LT}=1$ 且 $D=C=B=A=0$ 时，显示器熄灭（即不显示），且输出 $\overline{RBO}=0$。必须指出 $\overline{RBI}=0$ 只熄灭数字"0"，而不会熄灭其他数字，如果要正常显示"0"字，则应使 $\overline{RBI}=1$。

同理，74LS48 是一个专门用来将输入的四位 8421BCD 码转换为七段码并驱动（共阴极）数码管的集成片。

**4. LED 七段数码电路原理**

数字显示器件有多种不同类型的产品，例如，辉光数字管、荧光数字管、液晶数字管、发光二极管数字管等。但因七段发光二极管数字管具有字形清晰美观、驱动简便、安装方便、供电电源低、价格低廉等优点，因而得到广泛应用。

目前常用的是七段数码管（若加小数点 dp，则为八段），它由七个半导体二极管（LED）组成。当所有 LED 的阳极连在一起作为公共端时，称为共阳极数码管；当所有 LED 的阴极连在一起时，称为共阴极数码管，使用中切不可混淆。

七段发光二极管数字管由七段条状发光二极管排成字形显示数字。当给相应的某些线段加一定的驱动电流和电压时，这些段就发光，从而显示相应的数字。为了鉴别输入情况，当输入码大于 9 时，七段显示仍能显示一定图案。七段发光二极管显示器有共阳极、共阴极两种连接形式。其内部发光二极管的连接图分别如图 11.5.33 所示。为限制各发光二极管的电流，可在它们的公共极上串联一只 240 Ω 的限流电阻。数码管的字形图见图 11.5.34 所示。

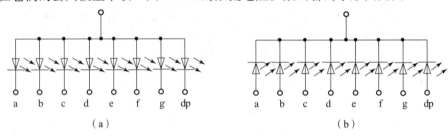

图 11.5.33 数码管的内部结构图
(a) 共阳极连接；(b) 共阴极连接

对于共阳极数码管，其公共阳极接高电平，$a \sim dp$ 相应端（二极管阴极）接低电平，便显示相应数字。例如，若 $a \sim f$ 均接低电平，$g$ 接高电平，则除 dp 外，其余二极管均导通发光，因而显示"0"。同理，对共阴极数码管，将公共阴极接低电平，$a \sim f$ 相应端接高电平，$g$ 接低电平，同样显示数字"0"。

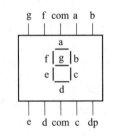

图 11.5.34 七段数码管显示字形图

**5. 计数、译码、显示仿真验证**

计数、译码、显示电路如图 11.5.35 所示。电路中采用 74LS160 同步触发的方法设计 100 进制的计数器，输出的 8421BCD 码通过 74LS47 译码芯片，驱动七段共阳极数码管显示计数得到的值，$U_6$ 为计数器的个位，$U_5$ 为计数器的十位。通过仿真验证，设计的 100 进制计数器与课题要求一致。

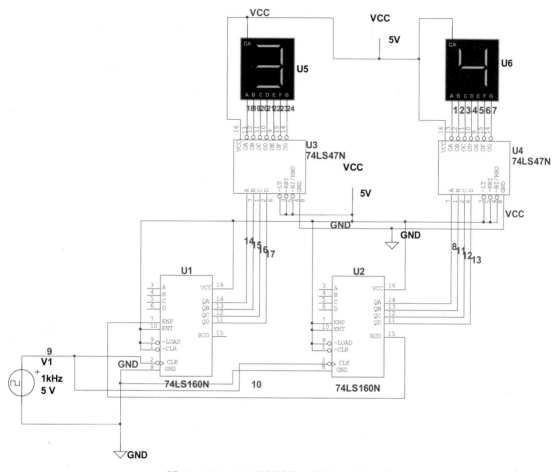

图 11.5.35  100 进制计数、译码、显示电路

## 11.5.7 逻辑控制电路

### 1. 电路原理

逻辑控制电路，采用单稳态集成芯片 74LS123，通过调节外部连接的 $RC$ 电路来调整定时时间的宽度，实现计数电路的清零、计数和保持功能。

74LS123 内有两组多谐振荡器，由二种方法控制脉冲宽度，最基本的是选取外部的 $RC$ 值来控制（对于 74LS122，内部已经有一个定时电阻，因此允许只外接定时电容控制脉冲宽度）。其功能特点：清零终止输出脉冲；$V_{CC}$ 和温度变化补偿；直流触发是边沿电平或电平逻辑输入。管脚和原理图如图 11.5.36 所示。

74LS123 内部包括两个独立的单稳态触发电路。单稳输出脉冲的宽度主要由外接的定时电阻（$R_T$）和定时电容（$C_T$）决定。单稳的翻转时刻决定于 $A$、$B$、$\overline{CLR}$ 三个输入信号。

74LS123 功能如表 11.5.3 所示。

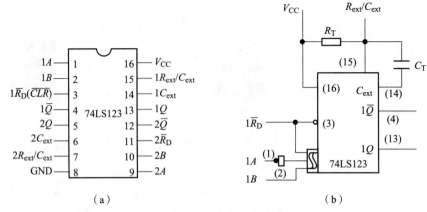

图 11.5.36 74LS123 的管脚与原理图
（a）管脚图；（b）原理图

表 11.5.3 74LS123 的功能表

| 输入 | | | 输出 | | 说明 |
|---|---|---|---|---|---|
| $\overline{CLR}$ | A | B | Q | $\overline{Q}$ | |
| 0 | × | × | 0 | 1 | 稳态 |
| × | × | 0 | 0 | 1 | |
| × | 1 | × | 0 | 1 | |
| 1 | 0 | ↑ | ⊓ | ⊔ | 触发 |
| ↑ | 0 | 1 | ⊓ | ⊔ | |
| 1 | ↓ | 1 | ⊓ | ⊔ | |
| 注："↑"代表从低电平到高电平的跳变，"↓"代表从高电平到低电平的跳变，"⊓"代表高脉冲宽度，"⊔"代表低电平宽度。 | | | | | |

根据功能表 11.5.3，可看出 74LS123 具有下列功能：

（1）当 $\overline{CLR}$ 接地时清零有效，不管芯片其他管脚为任何状态，输出端 $Q$ 一直保持低电平，称为异步清零。

（2）当输入管脚 $B$ 端接地时，不管芯片其他管脚为任何状态，输出端 $Q$ 一直为低电平，$\overline{Q}$ 输出一直为高电平。

（3）当输入管脚 $A$ 端接高电平时，不管芯片其他管脚为任何状态，输出端 $Q$ 一直为低电平，$\overline{Q}$ 输出一直为高电平，此三种状态称为稳态。

（4）当 $\overline{CLR}$ 接高电平时，清零无效，输入 $A$ 端接低电平时，同时输入端 $B$ 采集脉冲上升沿，根据外部 $RC$ 电路，得到 $Q$ 端输出一个正脉宽的波形，$\overline{Q}$ 端输出一个同 $Q$ 端脉宽宽度相同的低脉宽波形，其工作原理如图 11.5.37（a）所示。

（5）当输入 $A$ 端接低电平，输入 $B$ 端接高电平时，同时输入端 $\overline{CLR}$ 采集脉冲上升沿，根

据外部 $RC$ 电路,得到 $Q$ 端输出一个正脉宽的波形,$\overline{Q}$ 端输出一个同 $Q$ 端脉宽宽度相同的低脉宽波形。

(6) 当 $\overline{CLR}$ 接高电平时清零无效,输入 $B$ 端接高电平,同时输入端 $A$ 采集到脉冲下降沿,根据外部 $RC$ 电路,得到 $Q$ 端输出一个正脉宽的波形,$\overline{Q}$ 端输出一个同 $Q$ 端脉宽宽度相同的低脉宽波形,其工作原理如图 11.5.37(b)所示。

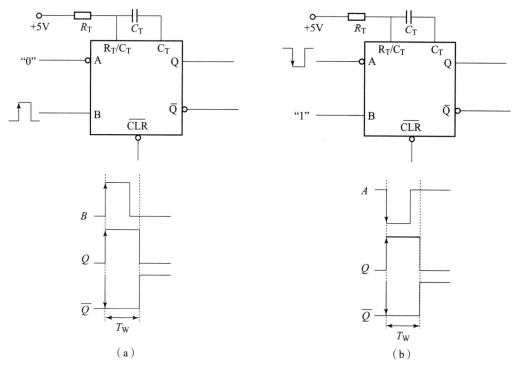

图 11.5.37  74LS123 工作原理图
(a) 输入 $A$ 端工作原理图;(b) 输入 $B$ 端工作原理图

在此,若定时电阻 $R_T$ 取值单位为 kΩ,定时电容 $C_T$ 取值单位为 pF,且定时电容 $C_T$ 取值大于 1 000 pF,则有 $T_W = 0.22\ R_T C_T$。

2. 仿真验证

74LS123 的仿真电路如图 11.5.38 所示。电路中采用一片 SN74LS123 芯片中的两个独立的电路单元,一路产生计数器的清零信号,一路产生计数器的计数信号。通过 NE555 振荡电路产生的大于 2 s 的方波周期信号的上升沿触发第一路信号,产生清零信号。同时通过第一路信号的输出信号的 $\overline{Q}$ 上降沿触发第二路信号产生,由输出 $Q$ 信号控制计数器计数。为了方便观察输出波形,时钟采用 5 V、200 Hz 的标准方波,电路中清零信号定时电阻 $R_1$ 取值472 Ω,定时电容 $C_2$ 取值 4.7 μF,计数信号定时电阻 $R_2$ 取值 2 kΩ,定时电容 $C_1$ 取值 4.7 μF。实际设计中只需调整定时电阻和电容的值,就可以满足本课题的要求。

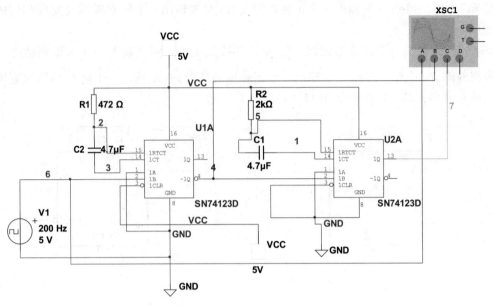

图 11.5.38 74LS123 的仿真电路图

**理论分析：**

如图 11.5.39 所示的仿真波形图，排在最上面的为标准信号 5 V、200 Hz 的方波，提供逻辑控制的整个采样周期，中间的为第一路 $\overline{Q}$ 产生的清零信号，排在最下边的高电平宽度为计数时间，低电平宽度为保持时间。需要注意的是，定时电路 $RC$ 的取值，通过计算不能大于给定的时钟周期的宽度。

清零信号的宽度：$T_W = 0.22 \times 472 \times 4.7 \times 10^{-6} \approx 497$（μs）。

计数信号的宽度：$T_W = 0.22 \times 2 \times 4.7 \times 10^{-3} \approx 2.2$（ms）。

从图 11.5.39 可以看出清零信号宽度约为 464 μs，从图 11.5.40 可以看出计数信号宽度约为 2.2 ms。与理论计算基本一致，通过仿真验证，设计的逻辑控制电路可以达到本课题的要求。

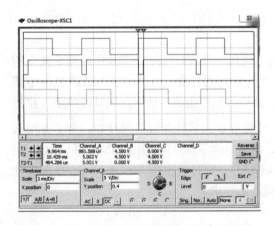

图 11.5.39 74LS123 清零信号的仿真波形图

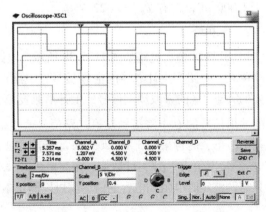

图 11.5.40 74LS123 计数信号的仿真波形图

## 11.5.8 时基振荡电路

**1. 电路原理**

时基电路主要为控制电路产生所需要的时钟标准,根据频率计的定义,在此可以设计一个 555 多谐振荡器,使其产生大于 2 s 的标准时钟信号。

555 定时器原理图及引线排列如图 11.5.41 所示。定时器内部由电压比较器、分压电路、RS 触发器及放电三极管等组成。

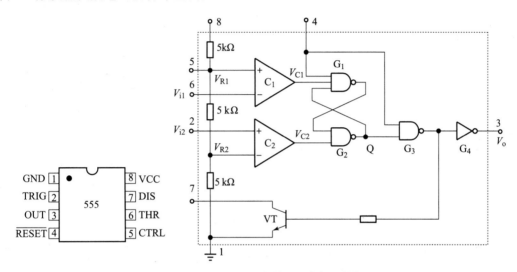

图 11.5.41　NE555 引脚排列及内部功能框图

1) 电压比较器

两个相同的电压比较器 $C_1$ 和 $C_2$,其中 $C_1$ 的同相端接基准电压,反相端接外触发输入电压,称高触发端 $TH$。电压比较器 $C_2$ 的反相端接基准电压,其同相端接外触发电压,称低触发端 $\overline{TR}$。

2) 分压电路

分压电路由 3 个 5 kΩ 的电阻构成,分别给 $C_1$ 和 $C_2$ 提供参考电平 $\frac{2}{3}V_{CC}$ 和 $\frac{1}{3}V_{CC}$。5 脚为控制端,平时等于 $\frac{2}{3}V_{CC}$ 作为比较器的参考电平,当 5 脚外接一个输入电压,即改变了比较器的参考电平,从而实现对输出的另一种控制。如果不在 5 脚外加电压,通常接 0.01 μF 电容到地,起滤波作用,以消除外来的干扰,确保参考电平的稳定。

3) 基本 RS 触发器

它由交叉耦合的两个与非门组成。比较器 $A_1$ 的输出作为基本 RS 触发器的复位输入,比较器 $A_2$ 的输出作为基本 RS 触发器的置位输入。4 脚是直接复位控制端,当 4 脚接入低电平时,则 3 脚输出 $U_o=0$;正常工作时 4 脚接高电平。

4) 放电开关管 VT

$A_1$ 和 $A_2$ 的输出端控制 RS 触发器状态和放电管开关状态。当输入信号 6 脚输入电压大于

$\frac{2}{3}V_{CC}$ 时，触发器复位，3 脚输出为低电平，放电管 VT 导通；当输入信号 2 脚输入电压低于 $\frac{1}{3}V_{CC}$ 时，触发器置位，3 脚输出高电平，放电管截止。

5）输出缓冲级

它由反相器构成，其作用是提高定时器的带负载能力并隔离负载对定时器的影响。

2. 工作原理

如图 11.5.42 所示，当 5 脚悬空时，接 0.01 μF 电容到地，比较器 $C_1$ 和 $C_2$ 的比较电压分别为 $\frac{2}{3}V_{CC}$ 和 $\frac{1}{3}V_{CC}$。

（1）当 $V_{i1} > \frac{2}{3}V_{CC}$、$V_{i2} > \frac{1}{3}V_{CC}$ 时，比较器 $C_1$ 输出低电平，$C_2$ 输出高电平，基本 RS 触发器被置 0，放电三极管 VT 导通，输出端 $V_o$ 为低电平。

（2）当 $V_{i1} < \frac{2}{3}V_{CC}$、$V_{i2} < \frac{1}{3}V_{CC}$ 时，比较器 $C_1$ 输出高电平，$C_2$ 输出低电平，基本 RS 触发器被置 1，放电三极管 VT 截止，输出端 $V_o$ 为高电平。

（3）当 $V_{i1} < \frac{2}{3}V_{CC}$、$V_{i2} > \frac{1}{3}V_{CC}$ 时，比较器 $C_1$ 输出低电平，$C_2$ 输出高电平，基本 RS 触发器 $R_D = 1$，$S_D = 1$，触发器状态不变，电路亦保持原状态不变。

由于阈值输入电压（$V_{i1}$）为高电平（$> \frac{2}{3}V_{CC}$）时，定时器输出低电平，所以也将该端称为高触发端（TH）。

由于触发器输入电压（$V_{i2}$）为低电平（$< \frac{1}{3}V_{CC}$）时，定时器输出高电平，所以也将该端称为低触发端（$\overline{TR}$）。

如果在电压的控制端（5 脚）施加一个外加电压（其值在 0 ~ $V_{CC}$），比较器的参考电压将发生变化，电路相应的阈值、触发电平也将随之变化，并进而影响电路的工作状态。

另外，$R_D$ 为复位输入端，当 $R_D$ 为低电平时，不管其他输入端的状态如何，输出端 $V_o$ 为低电平，即 $R_D$ 的控制级别最高。正常工作时，一般应将 $R_D$ 接高电平。

综上所述，可得 555 定时器功能如表 11.5.4 所示。

表 11.5.4 NE555 定时器的功能表

| 输入 | | | 输出 | |
| --- | --- | --- | --- | --- |
| 阈值输入（6 脚） | 触发输入（2 脚） | 复位（4 脚） | 输出（3 脚） | 放电管 VT（7 脚） |
| 任意 | 任意 | 0 | 0 | 导通 |
| $< \frac{2}{3}V_{CC}$ | $< \frac{1}{3}V_{CC}$ | 1 | 1 | 截止 |
| $> \frac{2}{3}V_{CC}$ | $> \frac{1}{3}V_{CC}$ | 1 | 0 | 导通 |
| $< \frac{2}{3}V_{CC}$ | $> \frac{1}{3}V_{CC}$ | 1 | 不变 | 不变 |

555定时器主要是与电阻、电容构成充放电电路,并由两个比较器来检测电容器上的电压,以确定输出电平的高低和放电开关管的通断。这就很方便地构成从微秒到数十分钟的延时电路,可方便地构成单稳态触发电路、多谐振荡器、施密特触发器等脉冲产生和波形变换电路。本课题的设计主要采用多谐振荡器构成,下面主要介绍多谐振荡器的构成,其他的电路设计请读者自行查看相关的书籍。

电路由555定时器和外接元件$R_1$、$R_2$、$C$构成多谐振荡器,2脚和6脚直接相连。电路无稳态,仅存在两个暂稳态,亦不需外加触发信号,即可产生振荡。电源接通后,$V_{CC}$通过电阻$R_1$、$R_2$向电容$C$充电。当电容上电压$u_C = \frac{2}{3}V_{DD}$时,阈值输入端6受到触发,比较器$C_1$翻转,输出电压$u_o = 0$,同时放电管VT导通,电容$C$通过$R_2$放电;当电容上电压$u_C = \frac{1}{3}V_{CC}$时,比较器$C_2$工作,输出电压$u_o$变为高电平,$C$放电终止、又重新开始充电,周而复始,形成振荡。电容$C$在$\frac{1}{3}U_{DD} \sim \frac{2}{3}U_{DD}$之间充电和放电,其波形图如图11.5.42所示。

充电时间常数:
$$T_{PH} \approx 0.7(R_1 + R_2)C \quad (11.5.24)$$

放电时间常数:
$$T_{PL} \approx 0.7 R_2 C \quad (11.5.25)$$

振荡周期:
$$T = T_{PH} + T_{PL} \approx 0.7(R_1 + 2R_2)C \quad (11.5.26)$$

振荡频率:
$$f = \frac{1}{T} = \frac{1.44}{(R_1 + 2R_2)C} \quad (11.5.27)$$

输出方波占空比:
$$D = \frac{T_{PH}}{T} = \frac{R_1 + R_2}{R_1 + 2R_2} \quad (11.5.28)$$

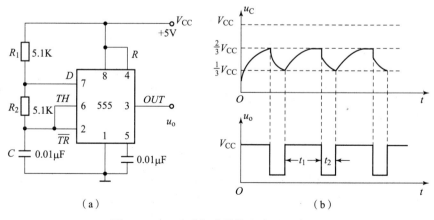

图11.5.42 多谐振荡器的电路图和波形图

### 3. 仿真验证

555 电路仿真本身要求 $R_1$、$R_2$ 均应大于或等于 1 kΩ，而 $R_1 + R_2$ 应小于或等于 3.3 MΩ。为了观察方便，仿真中输出信号为 1 kHz，占空比大约为 60% 的方波，电路如图 11.5.43 所示。仿真中电阻 $R_1$ 取值 30 kΩ，电阻 $R_2$ 取值为 57 kΩ，充电电容取值为 10 nF。

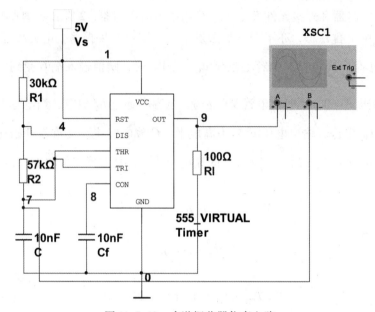

图 11.5.43 多谐振荡器仿真电路

理论计算：
充电时间常数：
$$T_{PH} \approx 0.7(R_1 + R_2)C = 0.7 \times (30+57) \times 10^{-5} \approx 609(\mu s) \quad (11.5.29)$$

放电时间常数：
$$T_{PL} \approx 0.7 R_2 C = 0.7 \times 57 \times 10^{-5} \approx 399 \ (\mu s) \quad (11.5.30)$$

振荡周期：
$$T = T_{PH} + T_{PL} \approx 0.7(R_1 + 2R_2)C \approx 1(\text{ms}) \quad (11.5.31)$$

振荡频率：
$$f = \frac{1}{T} = \frac{1.44}{(R_1 + 2R_2)C} \approx 1 \ (\text{kHz}) \quad (11.5.32)$$

输出方波占空比：
$$D = \frac{T_{PH}}{T} = \frac{R_1 + R_2}{R_1 + 2R_2} \approx \frac{399}{609} \times 100\% \approx 65\% \quad (11.5.33)$$

仿真波形图如图 11.5.44 和图 11.5.45 所示，方波为输出信号波形，方波中间的波形为电容 C 的充放电波形图。从图中可以读出 $T_{PH}$ 约为 624 μs，$T_{PL}$ 约为 409 μs。与理论计算基本一致，通过仿真验证，设计的 555 多谐振荡电路可以达到本课题的要求。

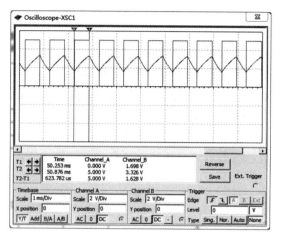

图 11.5.44　高电平宽度测试波形图

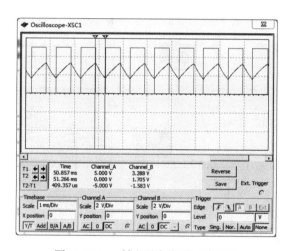

图 11.5.45　低电平宽度测试波形图

## 11.6　系统电路整体仿真

简易数字频率计整体仿真电路图如图 11.6.1 所示，仿真测试步骤如下。

调试方法：可以先将模拟电路和数字电路分开测试，然后组合起来。

（1）按照本课题的指标，设置相应的放大倍数，通过示波器测试输入信号与输出信号的关系，观察示波器的读数，确定电路的正确性。

（2）设计带通滤波器时，采用波特图仪测试带通滤波器的幅频响应和相频响应，同时观察带通滤波器的上下截止频率。

（3）设计比较器电路时，采用电路分压定理产生需要比较的电压，输入信号可以通过信号源给定一个标准正弦信号，通过示波器观察输入输出波形图，确定设计的正确性。

（4）设计计数器时，首先设计 100 进制的计数器，并独立调试，验证其正确性。

(5) 设计 NE555 时基振荡电路时，通过示波器观察它的输出波形和电容的充放电波形，使其输出到达设计的要求。

(6) 设计逻辑控制电路时，采用 74LS123 芯片组成单稳态触发电路，单元测试时，可以采用标准时钟沿进行测试，通过示波器观察设计的正确性。

(7) 整体系统测试时，将放大电路的输出信号，通过带通滤波器滤波后，经整形电路整形成方波信号，给计数电路进行计数，计数的时间闸门由 NE555 构成的时基电路触发逻辑控制电路的清零信号得到。在一个标准的时基信号内完成清零、计数和保持读数的功能，测试中产生的信号均可通过示波器观察，达到循环自动测频的功能。

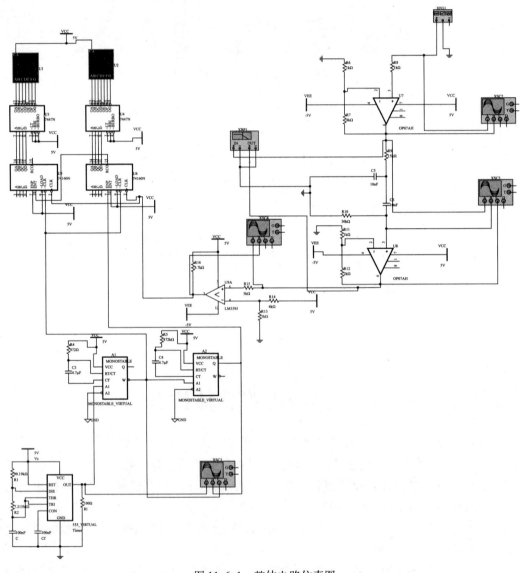

图 11.6.1　整体电路仿真图

## 11.7 电路扩展训练

(1) 电路中设计的简易数字频率计,只是通过两位数码管显示,如何测试 1 kHz 的周期信号,电路应该如何扩展?

(2) 比较整形电路中,若输出波形带有纹波信号,电路应该如何处理?

(3) 时基电路的产生方法还可以通过哪些电路产生?

(4) 逻辑控制电路的设计方法还可以通过哪些电路实现?

# 实 践 练 习

## 实验一  软件基本操作

姓名：_____  学号：_____  日期：_____

**一、实验目的**

（1）熟悉 Multisim10 界面。
（2）掌握软件界面的设置方法。
（3）掌握调用元件方法。
（4）掌握修改元件参数方法。
（5）掌握电路布局及连线。

**二、实验任务**

（1）按照用户习惯设置软件界面。
（2）按照图1、图2电路，调用相关元件，修改元件参数，完成布局及连线。

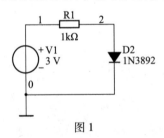

图 1

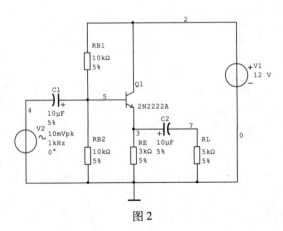

图 2

# 实验二 虚拟仪器使用及仿真方法

姓名：_____  学号：_____  日期：_____

## 一、实验目的

（1）熟悉调用元件、修改元件参数、布局、连线等软件基本操作。
（2）掌握常用虚拟仪器（万用表、示波器、波特图仪等）的使用方法。
（3）掌握利用仿真分析方法对电路的参数进行测量，对电路的性能进行分析。
（4）了解虚拟面包板的使用方法。

## 二、实验任务

### 1. 实验任务一

（1）按照图1电路，调用相关元件，修改元件参数，完成布局及连线。

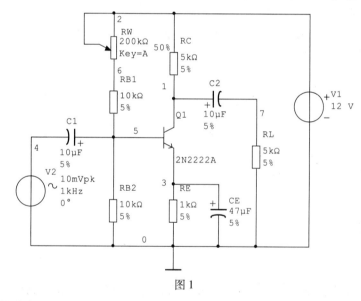

图 1

（2）调节滑动变阻器的百分比分别为10%、20%、70%、100%，用万用表测量三极管的 $U_{CE}$，判断三极管的工作状态，将相关结果填入表1中。

表 1

| 项　　目 | 10% | 20% | 70% | 100% |
|---|---|---|---|---|
| $U_{CE}$ | | | | |
| 三极管工作状态 | | | | |
| $u_o$ 波形 | | | | |
| 失真类型 | | | | |
| 电压放大倍数 | | | | |

（3）调节滑动变阻器的百分比分别为 10%、20%、70%、100%，利用示波器观察 $u_i$、$u_o$ 的波形，将 $u_o$ 波形填入表1中，标出 $u_o$ 峰值。若输出信号发生失真，试判断失真类型，将判断结果填入表1中；当滑动变阻器百分比为20%时，根据测量值计算电路电压放大倍数，将计算结果填入表1中。

（4）调节滑动变阻器的百分比为20%，利用波特图仪观察电路的幅频特性和相频特性；利用幅频特性曲线测量电路的上、下限截止频率，估算电路的通频带，将结果填入表2中。

**表 2**

| 上限截止频率 | 下限截止频率 | 通频带 |
| --- | --- | --- |
|  |  |  |

（5）（选做）用虚拟面包板搭建相应电路。

2. 实验任务二

（1）按照图2电路，调用相关元件，修改元件参数，完成布局及连线。

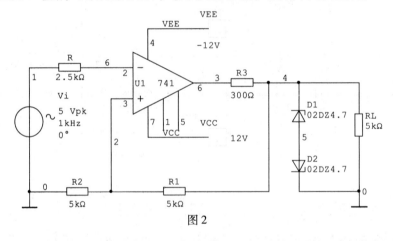

图 2

（2）设置 $u_i$ 的峰值为 5 V，频率为 1 kHz，偏置电压为 0，利用瞬态分析观察输入、输出信号波形，显示 5 个周期的波形即可，将结果填入表3中。

（3）设置 $u_i$ 的峰值为 1 V，频率为 1 kHz，偏置电压为 0，利用瞬态分析观察输入、输出信号波形，显示 5 个周期的波形即可，将结果填入表3中。

（4）设置 $u_i$ 的峰值为 5 V，频率为 100 Hz，偏置电压为 0，利用示波器 A 通道观察输入信号波形，B 通道观察输出信号波形；将示波器显示方式调节为 "B/A"，观察示波器波形，将结果填入表3中。

（5）（选做）用虚拟面包板搭建相应电路。

**表 3**

| 项目 | $U_{im}=5$ V，$f=1$ kHz | $U_{im}=1$ V，$f=1$ kHz | $U_{im}=5$ V，$f=100$ Hz |
| --- | --- | --- | --- |
| $u_i$、$u_o$ 的波形 |  |  |  |

### 3. 实验任务三

利用 Agilent 函数信号发生器 33120A 产生下列信号：

（1）正弦波信号，$y = [200\sin(50kt) + 50]$ mV。

（2）正弦波信号，$y = [200\sin(2\pi \times 50kt) + 50]$ mV。

（3）方波信号，频率为 5 kHz，幅值为 50 mV，占空比为 30%，偏置电压为 0。

（4）三角波信号，频率为 5 kHz，峰峰值为 80 mV，占空比为 20%，偏置电压为 0。

（5）AM 信号，载波频率为 8 kHz，幅度为 500 mV，调制信号为正弦波，频率为 500 Hz，调制幅度为 80%。

## 实验三　半导体器件特性

姓名：_____　　学号：_____　　日期：_____

### 一、实验目的

（1）熟悉调用元件、修改元件参数、布局、连线等软件基本操作。

（2）掌握常用虚拟仪器（万用表、示波器、波特图仪等）的使用方法。

（3）掌握二极管、三极管、场效应管的工作原理。

（4）掌握二极管、三极管、场效应管的相关参数。

（5）学习使用伏安分析仪测量二极管的伏安特性曲线、三极管的输出特性曲线、场效应管的输出特性曲线。

（6）学习利用直流扫描分析法测量三极管的输入、输出特性曲线，测量场效应管的转移特性曲线。

（7）掌握利用仿真测量的结果估算半导体元器件的相关参数。

（8）掌握半导体元器件的基本应用电路。

### 二、实验原理

参考本书 3.1、3.2、3.3 节的内容。

### 三、实验任务

1. 实验任务一

电路如图 1 所示，已知二极管型号为 1N3491：

（1）按图 1 连接电路。

（2）利用伏安分析仪测量二极管的伏安特性曲线，将结果填入表 1 中，标出关键值。

（3）利用伏安特性曲线求 $U_D = 1.4$ V 时二极管的直流电阻和动态电阻，将结果填入表 1 中。

（4）设二极管导通电压约为 0.6 V，根据理论推导画出 $u_i$、$u_o$ 的波形，将结果填入表 1 中。

（5）利用示波器观察 $u_i$ 和 $u_o$ 的波形，将结果填入表 1 中，比较理论推导结果与测量结果。

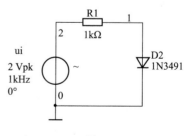

图 1

表1

| 伏安特性曲线 | 直流电阻 | 动态电阻 | $u_i$、$u_o$的理论推导波形 | $u_i$、$u_o$的测量波形 |
|---|---|---|---|---|
|  |  |  |  |  |

2. 实验任务二

二极管电路如图2、图3所示，二极管为理想二极管。

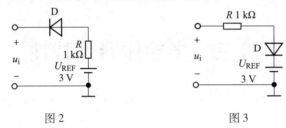

图2    图3

（1）试用函数信号发生器产生频率为1 kHz，峰值为2.5 V，偏压为2.5 V，占空比为50%的方波。

（2）按理论推导画出$u_i$和$u_o$的波形。

（3）按图2、图3连接电路，利用示波器观察$u_i$和$u_o$的波形。

（4）将分析结果填入表2中，比较理论推导结果与测量结果。

表2

| 图2中$u_i$、$u_o$理论推导波形 | 图2中$u_i$、$u_o$测量波形 | 图3中$u_i$、$u_o$理论推导波形 | 图3中$u_i$、$u_o$测量波形 |
|---|---|---|---|
|  |  |  |  |

3. 实验任务三

电路如图4所示，三极管型号为2N2102，将实验结果填入表3中。

（1）利用DC Sweep仿真方法分析三极管的输出特性曲线；

（2）估算三极管在放大区的$\beta$。

（3）按图4连接电路，$R_B = 100$ kΩ，利用万用表测量三极管的$U_{CE}$，判断三极管的工作状态；令输入信号峰值为5 mV，频率为1 kHz，偏置电压为0 V，利用示波器观察$u_i$、$u_o$波形，判断输出信号是

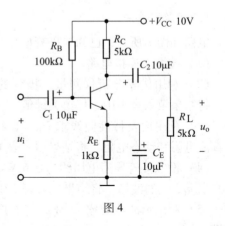

图4

否发生失真,若发生失真判断失真类型。

(4)调节 $R_B = 450 \text{ k}\Omega$,利用万用表测量三极管的 $U_{CE}$,判断三极管的工作状态;令输入信号峰值为 5 mV,频率为 1 kHz,偏置电压为 0 V,利用示波器观察 $u_i$、$u_o$ 波形,判断输出信号是否发生失真,若发生失真判断失真类型。

(5)分析 $R_B$ 对三极管工作状态及输出信号波形的影响。

表 3

| 项目 | $\beta$ | $U_{CE}$ | 三极管工作状态 | $u_o$ 波形 | 失真类型 |
|---|---|---|---|---|---|
| $R_B = 100 \text{ k}\Omega$ | | | | | |
| $R_B = 450 \text{ k}\Omega$ | | | | | |

4. 实验任务四

电路如图 5 所示,2N6661 为 N 沟道增强型 MOS 管,$R_D = 100 \text{ }\Omega$,将实验结果填入表 4 中。

(1)利用 DC Sweep 仿真方法测量 2N6661 的转移特性曲线,根据转移特性曲线求出 2N6661 的阈值电压。

(2)利用伏安分析仪测试 2N6661 的输出特性曲线。

(3)估算 $u_i$ 分别为 1.2 V、1.8 V、2.4 V 时 $u_o$ 分别为多少?

(4)按图 5 连接电路,令 $u_i$ 分别为 1.2 V、1.8 V、2.4 V,利用万用表测量 $u_o$ 的值,将仿真结果与估算结果进行比较。

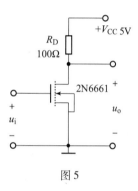

图 5

表 4

| 项目 | $u_i$ = 1.2 V | $u_i$ = 1.8 V | $u_i$ = 2.4 V |
|---|---|---|---|
| 阈值电压 | | | |
| $u_o$ 估算值 | | | |
| $u_o$ 测量值 | | | |

四、思考题

(1)利用万用表直流挡可以测量二极管的动态电阻吗?
(2)二极管的单向导电性是不是任何时候都适用?
(3)两只硅晶体二极管串接后,是否可作为 1.4 V 的低压稳压管使用?
(4)常温下晶体二极管的工作点电流为 2 mA,则其交流等效电阻 $r_D$ 为多少?
(5)稳压二极管的动态电阻(交流电阻)大致范围为多少?
(6)发光二极管正常工作时的正向压降大致范围为多少?
(7)变容二极管正常工作的条件是什么?
(8)三极管的输出特性分成几个区域?
(9)NPN 管和 PNP 管构成的电路发生饱和失真时,输出信号波形有什么区别?
(10)三极管的输入电阻、输出电阻分别指什么?

(11) 双极型三极管是电流控制电流型器件还是电压控制电流型器件？
(12) 三极管的 $\beta$ 值与什么有关系？
(13) 三极管共发射极的截止频率 $f_\beta$ 的定义是什么？
(14) 晶体管做放大时，其 $\beta$ 值与工作频率 $f$ 的关系是什么？
(15) N 沟道增强型 MOS 管工作在饱和状态的条件是什么？
(16) MOS 管的输入输出电阻都很大，这种说法对吗？
(17) MOS 管是电流控制电流型器件还是电压控制电流型器件？
(18) 由 MOS 管组成的放大电路中，MOS 管主要工作于哪个区域？
(19) 如何通过 N 沟道增强型 MOS 管的栅极、漏极、源极电位判断管子的工作状态？

## 实验四　单级放大电路

姓名：_____　学号：_____　日期：_____

一、实验目的

(1) 熟悉共发射极、共集电极放大电路的结构。
(2) 掌握共发射极、共集电极放大电路静态工作点的估算方法及仿真分析方法。
(3) 掌握共发射极、共集电极放大电路的 $A_u$、输入电阻、输出电阻的估算方法及仿真分析方法。
(4) 理解共发射极、共集电极放大电路静态工作点对电路交流特性的影响。
(5) 了解单级放大电路频率特性的分析方法。
(6) 掌握各类单级放大电路的特点及应用。
(7) 了解电路产生失真的原因及解决方法。

二、实验原理

参考本书 4.1 节内容。

三、实验任务

1. 实验任务一

电路如图 1 所示，三极管 2N3020 的 $r_{bb'} = 20\ \Omega$，$U_{BE} = 0.7\ V$。

(1) 利用伏安分析仪测量三极管 2N3020 的输出特性曲线并求出三极管的 $\beta$，将结果填入表 1 中。

(2) 按图连接电路，调节滑动变阻器使输出信号不失真，估算此时电路的静态工作点，写出估算过程，将估算结果填入表 1 中。

静态工作点估算过程：

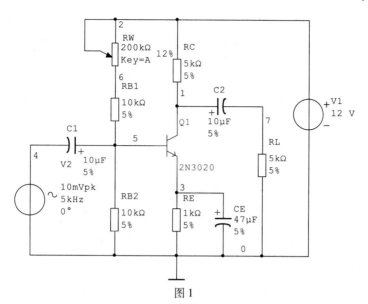

图 1

（3）保持步骤（2）中滑动变阻器百分比不变，仿真测量电路的静态工作点，估算此时三极管的 $\beta$，将实验结果填入表 1 中，比较估算结果和仿真结果，分析产生误差的原因。

表 1

| 项目 | $V_C/V$ | $V_E/V$ | $U_{CE}/V$ | $I_B/\mu A$ | $I_C/mA$ | $\beta$ |
|---|---|---|---|---|---|---|
| 估算值 | | | | | | |
| 测量值 | | | | | | |

（4）保持步骤（2）中滑动变阻器百分比不变，利用步骤（3）中估算得到的 $\beta$，估算电路的电压放大倍数、输入电阻、输出电阻，写出估算过程，将数据填入表 2 中。

动态参数估算过程：



（5）在步骤（4）基础上，改变输入信号分别为 2 mV、5 mV、10 mV，仿真测量电路的电压放大倍数、输入电阻、输出电阻，将实验结果填入表 2 中，比较估算结果与仿真结果。

表 2

| 项目 | | $A_u$ | $R_i/k\Omega$ | $R_o/k\Omega$ |
|---|---|---|---|---|
| 估算值 | | | | |
| 测量值 | $u_i = 2$ mV | | | |
| | $u_i = 5$ mV | | | |
| | $u_i = 10$ mV | | | |

（6）令输入信号峰值为 20 mV，频率为 1 kHz，调节滑动变阻器的百分比分别为 0%、100%，利用示波器观察输出信号波形是否产生失真，若产生失真则判断失真类型。对电路进行静态工作点分析，然后分析失真产生的原因，提出解决失真的方法，将结果填入表 3 中。

表 3

| 项目 | | 输出信号失真波形 | 失真类型 | $U_{CE}/V$ | $I_B/\mu A$ | $I_C/mA$ |
|---|---|---|---|---|---|---|
| 滑动变阻器的百分比 | 0% | | | | | |
| | 100% | | | | | |

## 2. 实验任务二

电路如图 2 所示，三极管 2N3439 的 $r_{bb'} = 5\ \Omega$，$U_{BE} = 0.7\ V$，调节滑动变阻器使输出信号不失真。

（1）按图 2 连接电路，仿真测量电路的静态工作点，估算此时三极管的 $\beta$，将实验结果填入表 4 中。

表 4

| 项目 | $V_C/V$ | $V_E/V$ | $U_{CE}/V$ | $I_B/\mu A$ | $I_C/mA$ | $\beta$ |
|---|---|---|---|---|---|---|
| 测量值 | | | | | | |

（2）利用步骤（1）中得到的 $\beta$，估算电路的电压放大倍数、输入电阻、输出电阻，写出估算过程，将结果填入表 5 中。

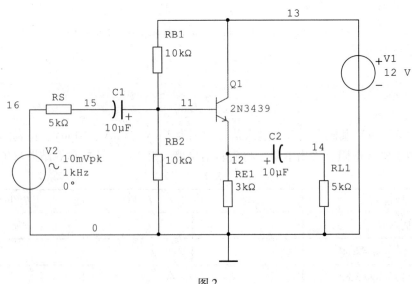

图 2

动态参数估算过程：

（3）改变输入信号分别为 2 mV、5 mV、10 mV，仿真测量电路的电压放大倍数、输入电阻、输出电阻，将实验结果填入表 5 中，比较估算结果与仿真结果。

表 5

| 项目 | | $A_u$ | $R_i/\text{k}\Omega$ | $R_o/\Omega$ |
|---|---|---|---|---|
| 估算值 | | | | |
| 测量值 | $u_i$ = 2 mV | | | |
| | $u_i$ = 5 mV | | | |
| | $u_i$ = 10 mV | | | |

（4）利用波特图仪测量电路的幅频特性曲线，根据幅频特性曲线求出电路的上限截止频率、下限截止频率及通频带，将实验结果填入表 6 中。

表 6

| 上限截止频率 | 下限截止频率 | 通频带 |
|---|---|---|
| | | |

四、思考题

（1）图 1 电路中电容 $C_E$ 的作用是什么？

（2）在低频共发射极、共基极、共集电极三类放大器中，$u_o$ 与 $u_i$ 反相的是哪类放大器，同相的是哪类放大器？

（3）共发射极放大电路的输出信号与输入信号总是成反相关系吗？为什么？

（4）在共发射极、共基极、共集电极三种放大电路中，输入阻抗最高的放大器是哪种？

（5）在图 1 电路中，若 $R_C$ 阻值减小，则电路放大倍数和通频带如何变化？

（6）场效应管共漏极放大器的特点是什么？

（7）共发射极放大电路中改变负载电阻大小，会对电路的输入电阻、输出电阻产生影响吗？

（8）共发射极放大电路中改变负载电阻大小，会对电路的输出电压产生影响吗？

（9）如何根据共发射极电路的输出波形判断 PNP 型三极管的工作状态？

（10）共集电极放大电路中改变负载电阻大小，会对电路的输入电阻、输出电阻产生影响吗？

（11）电路的带负载能力指什么？共发射极放大电路与共集电极放大电路的带负载能力哪个大？

# 实验五　差分放大电路

姓名：_____　学号：_____　日期：_____

## 一、实验目的
（1）熟悉差分放大电路的结构。
（2）了解差分放大电路抑制零点漂移的原理。
（3）掌握差分放大电路静态工作点的估算方法及仿真分析方法。
（4）掌握差分放大电路电压放大倍数、输入电阻、输出电阻的估算方法及仿真分析方法。
（5）了解差分放大电路的大信号特性。
（6）理解差分放大电路提高共模抑制比的方法。

## 二、实验原理
参考本书 4.2 节内容。

## 三、实验任务
差分放大电路如图 1 所示，三极管型号为 2N3439，$r'_{bb} = 50\ \Omega$。

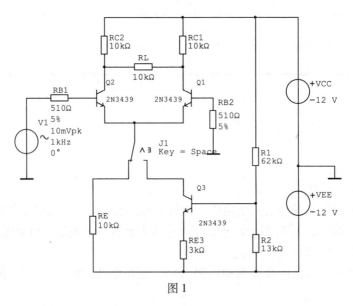

图 1

（1）按要求连接电路。
（2）仿真分析长尾差分放大电路的静态工作点，计算三极管的 $\beta$ 值，将结果填入表 1 中。

表 1

| 项目 | $U_{CE1}/V$ | $U_{CE2}/V$ | $I_{B1}/\mu A$ | $I_{B2}/\mu A$ | $I_{C1}/mA$ | $I_{C2}/mA$ | $I_{C3}/mA$ | $\beta_1$ | $\beta_2$ |
|---|---|---|---|---|---|---|---|---|---|
| 长尾差放 |  |  |  |  |  |  | — |  |  |
| 恒流源差放 |  |  |  |  |  |  |  |  |  |

（3）差放单端输入、双端输出时估算电路的电压放大倍数，写出估算过程；令电路的输入信号峰值为 10 mV，频率为 1 kHz，利用示波器观察 1 端口输入信号波形、3 端口及 4 端口输出信号波形，仿真分析长尾和恒流源差放的差模电压放大倍数，将实验结果填入表 2 中，对测量结果进行分析。

电压放大倍数估算过程：

表 2

| 项目 | 长尾差放 $A_{ud}$ | 恒流源差放 $A_{ud}$ |
| --- | --- | --- |
| 估算值 | | |
| 测量值 | | |

（4）差放单端输入、单端输出时，令信号由 1 端口输入，输入信号峰值为 10 mV，频率为 1 kHz。

①若信号由 3 端口输出，估算电路的电压放大倍数；利用示波器观察 1 端口输入信号波形、3 端口输出信号波形，仿真分析长尾和恒流源差放的差模电压放大倍数，将实验结果填入表 3 中。

②若信号由 4 端口输出，估算电路的电压放大倍数；利用示波器观察 1 端口输入信号波形、4 端口输出信号波形，仿真分析长尾和恒流源差放的差模电压放大倍数，将实验结果填入表 3 中。

估算 $A_{ud}$：

表 3

| 项目 | | 长尾差放 $A_{ud}$ | 恒流源差放 $A_{ud}$ | 输入、输出信号波形 |
| --- | --- | --- | --- | --- |
| 3 端口输出 | 估算值 | | | |
| | 测量值 | | | |
| 4 端口输出 | 估算值 | | | |
| | 测量值 | | | |

（5）通过（3）、（4）问求出放大电路双端输出、单端输出电压放大倍数的比值，分析该比值和什么参数有关。

（6）（选做）电路为单端输入、双端输出，输入信号峰值为 200 mV，频率为 1 kHz，估算电路的输出信号峰值；利用示波器观察输出信号波形并测量输出信号峰值，若输出信号发生失真，分析失真产生的原因，将实验结果填入表 4 中。

表 4

| 项目 | $U_{om}$/V | 输出信号波形 |
|---|---|---|
| 估算值 | | |
| 测量值 | | |

（7）令输入信号为共模信号，峰值为 10 mV，频率为 1 kHz，仿真分析单端输出、双端输出情况下，长尾和恒流源差放的共模电压放大倍数，将相关参数填入表 5 中，并对测试结果进行分析。

表 5

| 项目 | 单端输入、双端输出 | 单端输入、单端输出 |
|---|---|---|
| 长尾差放 | $A_{uc}=$ | $A_{uc}=$ |
| 恒流源差放 | $A_{uc}=$ | $A_{uc}=$ |

### 四、思考题

（1）为什么差分放大电路可以抑制共模信号？

（2）长尾差分放大电路中，长尾电阻 $R_E$ 对差模信号有什么影响？对共模信号有什么影响？

（3）低频信号输入、双端输出时，差模电压放大倍数总是负值吗？为什么？

（4）低频信号输入、单端输出时，差模电压放大倍数总是负值吗？为什么？

（5）共模电压放大倍数总是负值吗？为什么？

（6）为什么要用恒流源代替长尾电阻 $R_E$？

（7）差分放大电路中，单端输出差模电压放大倍数与双端输出差模电压放大倍数有什么关系？

（8）若要求差分放大电路用作线性放大，则对差模输入电压的大小有什么要求？

（9）大信号输入时，恒流源电流对差分放大电路输出信号有什么影响？

（10）如何增加差模输入电压的线性动态范围？

（11）差分放大电路具有限幅作用吗？

# 实验六　功率放大电路

姓名：_____　学号：_____　日期：_____

### 一、实验目的

（1）掌握判断功率放大电路类型的方法。

(2) 了解功率放大电路的工作原理。
(3) 掌握功率放大电路交越失真产生的原因及解决方法。
(4) 掌握功率放大电路性能指标的估算方法及仿真分析方法。
(5) 了解常见的集成功放芯片。

二、实验原理

参考本书 4.3 节内容。

三、实验任务

1. 实验任务一

电路如图 1 所示,NPN 三极管 2SC2001 的 $U_{BE}\approx 0.7$ V;PNP 三极管型号为 2SA952,$U_{BE}\approx -0.7$ V。

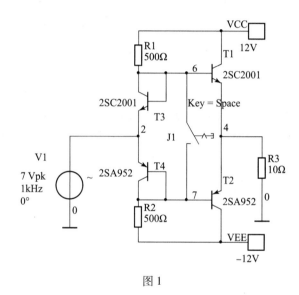

图 1

(1) 按图 1 连接电路,判断功率放大电路的类型。
(2) 将开关打开,分别估算、仿真测量节点 2、4、6、7 的静态电位,将结果填入表 1 中。

表 1

| 项目 | $V_{(2)}$/V | $V_{(4)}$/V | $V_{(6)}$/V | $V_{(7)}$/V |
| --- | --- | --- | --- | --- |
| 估算值 | | | | |
| 测量值 | | | | |

(3) 将开关打开,令输入信号峰值为 7 V,频率为 1 kHz,估算电路的输出功率、电源提供的功率与效率,写出估算过程;利用示波器观察输入信号与输出信号的波形,测量输出信号峰值,计算电路此时的输出功率、电源提供的功率与效率,将结果填入表 2 中,比较估算结果与测量结果,并分析产生误差的原因。

功放参数估算过程:

表 2

| 项目 | $U_{om}$/V | $P_o$/W | $P_D$/V | $\eta$ | 输入、输出波形 |
|---|---|---|---|---|---|
| 估算值 | | | | | |
| 测量值 | | | | | |

(4) 将开关闭合,令输入信号峰值为 7 V,频率为 1 kHz,利用示波器观察输入信号与输出信号的波形,如果 $u_o$ 波形发生失真,分析发生失真的原因。

(5) 分析三极管 $T_3$、$T_4$ 的作用。

(6) 若要求功放电路输出功率为 1 W,试估算输入信号的峰值为多少,写出估算过程;利用瓦特表测量输出功率,调节输入信号的峰值使瓦特表读数为 1 W,记录此时输入信号的峰值,将实验结果填入表 3 中,比较仿真结果与估算结果,分析产生误差的原因。

输入信号估算过程:

表 3

| 项目 | $U_{im}$/V |
|---|---|
| 估算值 | |

## 2. 实验任务二

电路如图 2 所示,LM1875 为集成功放芯片。

(1) 判断功放电路的类型。

(2) 按图 2 连接电路。

(3) 令输入信号峰值为 100 mV,频率为 1 kHz,测量电路输出信号峰值,计算电路的电压放大倍数 $A_u$ 及功放电路的输出功率、电源提供的功率与效率,将结果填入表 4 中。

表 4

| 项目 | $U_{im}$/V | $U_{om}$/V | $A_u$ | $P_o$/W | $P_D$/W | $\eta$ |
|---|---|---|---|---|---|---|
| 测量值 | | | | | | |

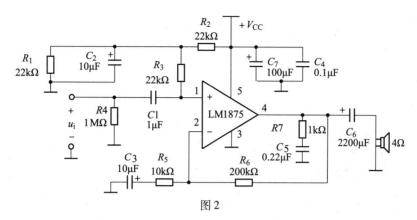

图 2

**3. 实验任务三**

电路如图 3 所示。

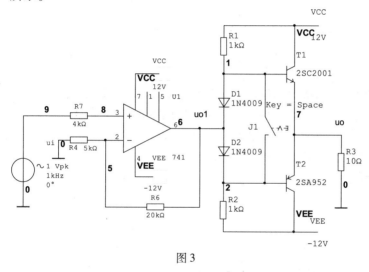

图 3

（1）按图 3 连接电路，判断集成运放与三极管各组成哪种电路。

（2）将开关打开，令输入信号峰值为 1 V，频率为 1 kHz，利用示波器观察 $u_{o1}$ 与 $u_i$ 的波形，计算运放所构成电路的电压放大倍数 $A_{ul}$；利用示波器观察 $u_{o1}$ 与 $u_o$ 的波形，测量 $u_o$ 的峰值，计算电路此时的输出功率、电源提供的功率与效率，写出计算过程，将实验结果填入表 5 中。

功放参数计算过程：

表 5

| 项目 | $U_{im}$/V | $U_{o1m}$/V | $A_{ul}$ | $U_{om}$/V | $P_o$/W | $P_D$/W | $\eta$ |
| --- | --- | --- | --- | --- | --- | --- | --- |
| 测量值 | | | | | | | |

（3）将开关闭合，令输入信号峰值为 1 V，频率为 1 kHz，利用示波器观察 $u_o$ 的波形，如果 $u_o$ 波形发生失真，分析发生失真的原因。

（4）分析二极管 $D_1$、$D_2$ 的作用。

（5）若要求功放电路输出功率为 2 W，试估算输入信号的峰值为多少。利用瓦特表测量输出功率，调节输入信号的峰值使瓦特表读数为 2 W，记录此时输入信号的峰值，将仿真结果与估算结果进行比较，分析产生误差的原因。

**四、思考题**

（1）什么是交越失真？如何消除交越失真？

（2）为什么 OCL 功放电路具有较强的带负载能力？其电压增益为多大？

（3）OTL 电路与 OCL 电路主要有哪些区别？

（4）OTL 电路中对输出端的电容 $C$ 有什么要求？

（5）OCL 功放中，输出功率达到最大时，管耗也达到最大，这种说法对吗？为什么？

（6）OCL 功放中，最大管耗与最大输出功率之间有什么关系？

# 实验七　多级放大电路

姓名：_____　学号：_____　日期：_____

**一、实验目的**

（1）了解多级放大电路的结构。

（2）了解多级放大电路的耦合方式及不同耦合方式的优缺点。

（3）掌握多级放大电路动态参数与单级放大电路动态参数的关系。

（4）掌握多级放大电路动态参数的求解及仿真分析方法。

（5）掌握直接耦合多级放大电路的调试。

**二、实验原理**

参考本书 4.4 节内容。

**三、实验任务**

1. 实验任务一

电路如图 1 所示，三极管型号为 2N3439，$r'_{bb} = 2\ \Omega$，$U_{BE} = 0.5\ V$。

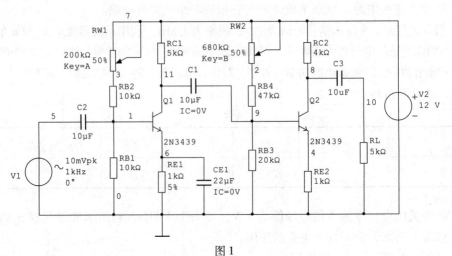

图 1

(1) 按图 1 连接电路,判断电路的耦合方式。

(2) 调节滑动变阻器的百分比,使输出信号不失真,测量此时电路的静态工作点,计算三极管的 $\beta$ 值,将结果填入表 1 中。

表 1

| 项目 | $U_{CE1}$/V | $I_{B1}$/μA | $I_{C1}$/mA | $\beta_1$ | $U_{CE2}$/V | $I_{B2}$/μA | $I_{C2}$/mA | $\beta_2$ |
| --- | --- | --- | --- | --- | --- | --- | --- | --- |
| 测量值 | | | | | | | | |

(3) 在步骤(2)基础上(即输出信号不失真情况下),估算电路的电压放大倍数、输入电阻、输出电阻,写出估算过程,将估算结果填入表 2 中;令输入信号峰值为 10 mV,频率为 1 kHz,仿真分析电路的电压放大倍数、输入电阻、输出电阻,将仿真结果填入表 2 中,比较测量结果与估算值。

动态参数估算过程:

表 2

| 项目 | $U_{im}$/mV | $U_{o1m}$/mV | $A_{u1}$ | $U_{om}$/mV | $A_{u2}$ | $R_i$/kΩ | $R_o$/kΩ |
| --- | --- | --- | --- | --- | --- | --- | --- |
| 估算值 | | — | | — | | | |
| 测量值 | | | | | | | |

(4) 将耦合电容 $C_1$ 的电容量改为 10 nF,观察输出波形,测量输出信号峰值,给出波形变化的原因以及解决方法。

2. 实验任务二

电路如图 2 所示,已知三极管 2N3439 的 $U_{BE} \approx 0.5$ V,2N2904 的 $U_{BE} \approx 0.7$ V。

(1) 按图 2 连接电路,判断各级电路类型与作用。

(2) 要求静态时输出电压直流电位为零,试估算电阻 $R_{C1}$、$R_{C2}$ 的阻值,写出估算过程,将估算结果填入表 3 中。

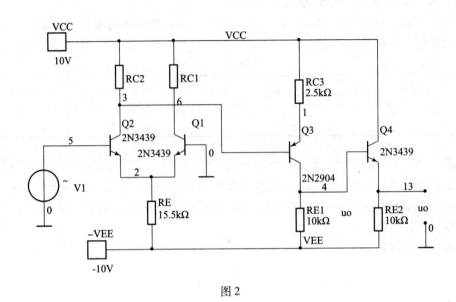

图2

$R_{C1}$、$R_{C2}$阻值的估算过程：

(3) 利用万用表测量输出直流电压，通过微调$R_{C1}$、$R_{C2}$的值使输出电压直流电位为0，记录此时$R_{C1}$、$R_{C2}$的阻值，将实验结果填入表3中。

表3

| 项目 | $R_{C1}$/kΩ | $R_{C2}$/kΩ |
| --- | --- | --- |
| 估算值 | | |
| 测量值 | | |

(4) 仿真分析$Q_2$、$Q_3$管的静态工作点，将实验结果填入表4中，根据仿真结果计算2N3439、2N2904的$\beta$值。

表4

| 项目 | $U_{CE2}$/V | $I_{B2}$/μA | $I_{C2}$/mA | $\beta_2$ | $U_{CE3}$/V | $I_{B3}$/μA | $I_{C3}$/mA | $\beta_3$ |
| --- | --- | --- | --- | --- | --- | --- | --- | --- |
| 仿真值 | | | | | | | | |

（5）估算电路的电压放大倍数、输入电阻、输出电阻（设各管的 $r'_{bb}$ 都是 10 Ω）；

令输入信号峰值为 5 mV，频率为 1kHz，通过示波器观察输入信号及各级输出信号波形，测量电路的电压放大倍数、输入电阻、输出电阻，将结果填入表 5 中。

表 5

| 项目 | $U_{im}$/mV | $U_{o1m}$/mV | $A_{u1}$ | $U_{o2m}$/mV | $A_{u2}$ | $U_{om}$/mV | $A_u$ | $R_i$/kΩ | $R_o$/ kΩ |
|---|---|---|---|---|---|---|---|---|---|
| 估算值 | | — | | — | | — | | | |
| 测量值 | | | | | | | | | |

3. 实验任务三

电路如图 3 所示，已知三极管 2N3439 的 $U_{BE} \approx 0.5$ V，2N2904 的 $U_{BE} \approx 0.7$ V。

（1）判断各三极管构成哪种电路。

（2）要求静态时输出电压直流电位为零，试估算电阻 $R_{C2}$、$R_{C1}$ 的阻值。

（3）利用万用表测量输出直流电压，通过微调 $R_{C2}$、$R_{C1}$ 的值使输出电压直流电位为 0，记录此时 $R_{C2}$、$R_{C1}$ 的阻值。

（4）利用 DC Operating Point 分析各级电路的静态工作点，估算 2N3439、2N2904 的 $\beta$ 值。

（5）估算电路的电压放大倍数与输出电阻（设各管的 $r'_{bb}$ 都是 10 Ω）。

（6）通过示波器观察输入信号及各级输出信号波形，仿真测量电路的电压放大倍数与输出电阻。

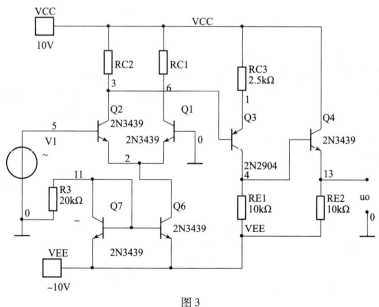

图 3

**四、思考题**

（1）什么是零点漂移？放大电路中产生零点漂移的原因是什么？

（2）多级放大电路中采用什么方式抑制零点漂移？

（3）多级放大电路的耦合方式有哪些？各自特点是什么？集成电路中应该采用哪种耦合方式？

（4）多级放大电路增益和各级电路增益之间有什么关系？

（5）电压放大倍数均为 10 的两级放大器级联，则级联后电压总增益为 20 dB，这种算法对吗？若不对，则正确值应该是多少分贝？

（6）多级放大器系统中，放大器的级数愈多，则其总的放大倍数会愈高，通频带会愈宽，这种说法对吗？为什么？

（7）若多级放大电路输出波形发生失真，则应该先判断哪一级电路产生失真？

# 实验八　负反馈放大电路

姓名：_____　学号：_____　日期：_____

**一、实验目的**

（1）掌握负反馈放大电路极性、组态的判断方法。

（2）掌握深度负反馈放大电路动态参数的估算方法及仿真分析方法。

（3）理解负反馈对放大电路放大倍数、输入电阻、输出电阻、通频带等性能的影响。

（4）掌握针对不同的要求选择不同的反馈类型。

**二、验原理**

参考本书 4.5 节内容。

**三、实验任务**

1. 实验任务一

电路如图 1 所示。

（1）按图 1 连接电路，判断反馈的极性与类型。

（2）估算电路的电压放大倍数、输入电阻、输出电阻，写出估算过程，将估算结果填入表 1 中。

动态参数估算过程：

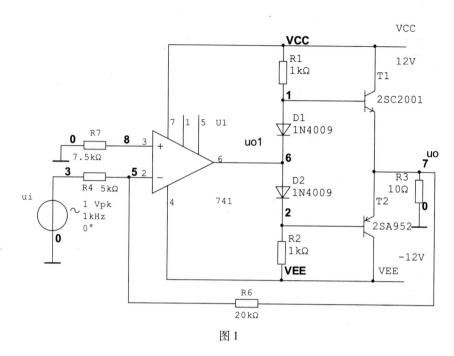

图 1

（3）令输入信号峰值为 1 V，频率为 1 kHz，利用示波器观察输入信号与输出信号波形，仿真分析电路的电压放大倍数、输入电阻、输出电阻，将结果填入表 1 中。

表 1

| 项目 | $U_{im}/V$ | $U_{om}/V$ | $A_u$ | $R_i/k\Omega$ | $R_o/\Omega$ |
| --- | --- | --- | --- | --- | --- |
| 估算值 | — | — | | | |
| 仿真值 | | | | | |

（4）断开反馈网络，令输入信号峰值为 1 V，频率为 1 kHz，利用示波器观察输入信号与输出信号波形，若输出信号发生失真，分析产生失真的原因。

2. 实验任务二

电路如图 2 所示。
（1）按图 2 连接电路，判断反馈的极性与类型。
（2）断开反馈网络，令输入信号峰值为 40 mV，频率为 1 kHz，测量电路的输出电压峰值，计算电路的电压放大倍数；利用波特图仪测量电路的幅频特性曲线，求出电路的截止频率与通频带，将结果填入表 2 中。
（3）加入反馈，令输入信号峰值为 40 mV，频率为 1 kHz，测量电路的输出电压峰值，计算负反馈电路的电压放大倍数；利用波特图仪测量负反馈电路的幅频特性曲线，求出负反馈电路的截止频率与通频带，将结果填入表 2 中。

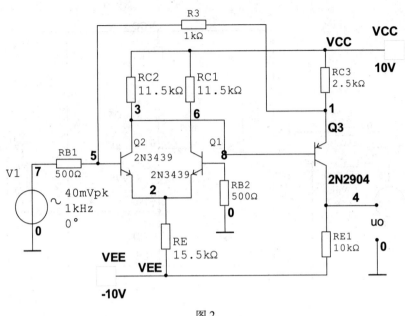

图 2

表 2

| 项目 | $U_{im}$/mV | $U_{om}$/mV | $A_u$ | $f_L$/Hz | $f_H$/Hz | $BW$/Hz |
|---|---|---|---|---|---|---|
| 断开反馈网络 | | | | | | |
| 接入反馈网络 | | | | | | |

（4）分析反馈前后电路电压放大倍数与通频带的关系。

（5）若要求电路从信号源获取更多的信号、提高电路带负载能力，则反馈网络应如何连接？连接电路后测量电路的电压放大倍数与通频带。

四、思考题

（1）正反馈系统都是不稳定的系统，这种说法对吗？为什么？

（2）负反馈系统都是稳定系统，这种说法对吗？为什么？

（3）要使放大器的输入阻抗高、输出阻抗低，则电路的反馈类型是什么？

（4）为提高放大器输出电压的稳定性，并降低此放大器对前级电路的影响，应采用的反馈方式是什么？

（5）什么是反馈深度？

（6）三极管、差分放大、集成运放构成的反馈电路中，净输入信号指什么？

（7）若要减小电路从电流源获取的电流，增强带负载能力，应在电路中引入什么类型的反馈？

# 实验九  集成运算放大电路

姓名：_____ 学号：_____ 日期：_____

## 一、实验目的
（1）掌握比例运算电路运算关系的估算方法及仿真分析方法。
（2）掌握加减法运算电路运算关系的估算方法及仿真分析方法。
（3）掌握比例运算电路、加减运算电路的设计方法及调试方法。
（4）掌握积分电路的工作原理及基本性能特点。
（5）掌握积分电路运算关系的分析方法。
（6）掌握积分电路的仿真分析方法。

## 二、实验原理
参考本书5.1、5.2、5.3、5.4节的内容。

## 三、实验任务

**1. 实验任务一**

利用集成运放设计运算放大电路，要求 $u_o = 5u_i$。

（1）画出电路原理图，确定元件参数，写出估算过程。

电路原理图：　　　　　　　　　　　元件参数估算过程：

（2）利用示波器观察 $u_i$、$u_o$ 波形，并测量 $u_i$、$u_o$ 的峰值。

**2. 实验任务二**

利用集成运放设计运算放大电路，要求 $u_o = 0.7u_i$。

（1）画出电路原理图，确定元件参数。

电路原理图：　　　　　　　　　　　元件参数估算过程：

（2）利用示波器观察 $u_i$、$u_o$ 波形，并测量 $u_i$、$u_o$ 的峰值。

**3. 实验任务三**

电路如图1所示，$u_C(0) = 0$ V。

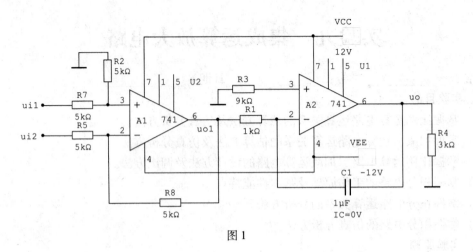

图1

（1）判断运放 $A_1$、$A_2$ 构成的电路类型。

（2）推导 $u_{o1}$、$u_o$ 的表达式，将结果填入表1中。

表1

| 项目 | $u_{o1}$ | $u_o$ |
|---|---|---|
| 表达式 |  |  |

（3）令 $u_{i1}=0$ V，$u_{i2}$ 为方波信号，频率为 1 kHz，峰值为 1 V，占空比为 50%，偏置电压为 0 V，理论分析后并画出 $u_{i2}$、$u_{o1}$、$u_o$ 的波形图，标出峰值；利用 Transient Analysis 仿真方法分析 $u_{o1}$、$u_o$ 的波形（显示3个周期即可），测量输出信号峰值，将结果填入表2中，并比较仿真结果与估算结果。

表2

| 项目 | $U_{o1m}$/V | $U_{om}$/V | $u_{i2}$、$u_{o1}$、$u_o$ 的波形 |
|---|---|---|---|
| 估算 |  |  |  |
| 仿真分析 |  |  |  |

（4）令 $u_{i1}=-1$ V，$u_{i2}$ 输入方波信号，频率为 1 kHz，峰值为 1 V，占空比为 50%，偏置电压为 0 V，理论分析后画出 $u_{o1}$、$u_o$ 的波形图；利用 Transient Analysis 仿真方法分析 $u_{o1}$、$u_o$ 的波形（显示14个周期），将结果填入表3中，并比较仿真结果与估算结果。

表 3

| 项目 | $u_{o1}$、$u_o$ 的波形 |
|---|---|
| 理论分析 | |
| 仿真分析 | |

**四、思考题**

（1）理想集成运放的性能指标是什么？
（2）什么是"虚断"和"虚短"？它们使用的条件是什么？
（3）平衡电阻的作用是什么？
（4）如何提高反相比例电路的输入电阻？
（5）集成运放构成的电压跟随器有什么特点？其用途是什么？
（6）叠加定理是什么？
（7）向积分电路输入方波时，输出信号一定是三角波吗？

# 实验十　有源滤波电路

姓名：_____　学号：_____　日期：_____

**一、实验目的**

(1) 掌握有源低通滤波电路截止频率的估算方法及仿真分析方法。
(2) 掌握有源高通滤波电路截止频率的估算方法及仿真分析方法。
(3) 掌握滤波电路的设计方法及调试方法。
(4) 掌握积分滤波电路的基本性能特点。

**二、实验原理**

参考本书 5.5 节内容。

**三、实验任务**

1. **实验任务一**

设计一个有源低通滤波器，要求 10 kHz 以下的频率都能通过。
（1）画出电路原理图，确定元件参数。
电路原理图：　　　　　　　　　　　元件参数估算过程：

（2）利用波特图仪测量电路的幅频特性并测量电路的截止频率。

2. 实验任务二

设计一个有源高通滤波器，要求 1 kHz 以上的频率都能通过。

（1）画出电路原理图，确定元件参数。

电路原理图：　　　　　　　　　　　　元件参数估算过程：

（2）利用波特图仪仿真电路的幅频特性，测量电路的截止频率。

四、思考题

（1）有源低通滤波电路中集成运放的作用是什么？

（2）为避免 50 Hz 电网电压的干扰进入放大器，应该选用哪类滤波电路？

（3）已知输入信号的频率为 10～12 kHz，为了防止干扰信号的混入，应该选用哪类滤波电路？

（4）为了使滤波电路的输出电阻足够小，保证负载电阻变化时滤波特性不变，应选用有源还是无源滤波电路？为什么？

# 实验十一　电压比较器

姓名：_____　学号：_____　日期：_____

一、实验目的

（1）理解迟滞比较器的基本性能特点。

（2）掌握迟滞比较器门限电压的估算方法及传输特性曲线的绘制方法。

（3）掌握迟滞比较器的仿真分析方法。

（4）掌握迟滞比较器的设计与调试方法。

（5）理解窗口比较器的工作原理及性能特点。

（6）掌握窗口比较器门限电压的估算方法及传输特性曲线的绘制方法。

（7）掌握窗口比较器的仿真分析方法。

二、实验原理

参考本书 6.1 节内容。

三、实验任务

1. 实验任务一

电路如图 1 所示，$A_1$ 运放型号为 741，$A_2$ 比较器型号为 LT1017CN8，稳压管 $U_Z = 4.7$ V，稳压管正向导通电压约为 1 V。

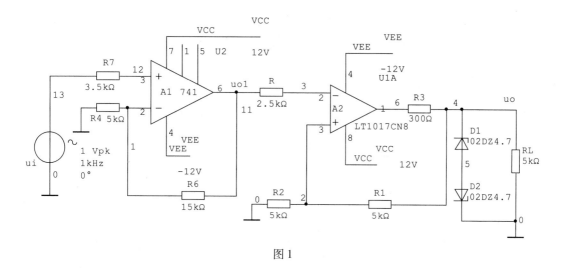

图1

（1）判断运放 $A_1$、$A_2$ 构成的电路类型。

（2）推导 $u_{o1}$ 的运算表达式。

（3）估算 $A_2$ 所构成电路的门限电压，画出传输特性曲线，写出估算过程，将结果填入表1中。

门限电压估算过程： 传输特性曲线：

（4）利用示波器观察 $A_2$ 所构成电路的传输特性曲线，并读取门限电压值，将（2）、（3）、（4）的结果填入表1中，并比较仿真结果与估算结果。

（5）$u_i$ 输入正弦波信号，频率为 1 kHz，峰值为 1 V，偏置电压为 0 V，理论推导后画出 $u_i$、$u_{o1}$、$u_o$ 的波形图。

（6）利用 Transient Analysis 仿真方法分析 $u_i$、$u_{o1}$、$u_o$ 的波形（显示5个周期即可），将结果填入表2中，比较仿真结果与估算结果。

表1

| 项目 | $u_{o1}$的表达式 | $U_{TH}/V$ | $U_{TL}/V$ | 传输特性曲线 |
|---|---|---|---|---|
| 估算 | | | | |
| 测量值 | | | | |

表 2

| 项目 | $u_i$、$u_{o1}$、$u_o$ 的波形 |
|---|---|
| 理论推导 | |
| 仿真结果 | |

2. 实验任务二

电路如图 2 所示，$A_1$ 比较器型号为 LT1017CN8，稳压管 $U_Z = 4.7$ V，稳压管正向导通电压约为 1 V。

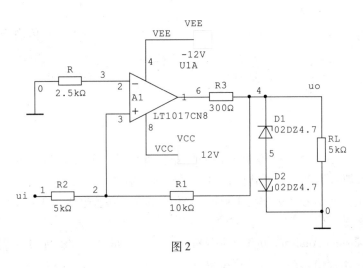

图 2

（1）估算 $A_1$ 所构成电路的门限电压，画出传输特性曲线，写出估算过程，将结果填入表 3 中。

门限电压估算过程：　　　　　　　　　　　　传输特性曲线：

（2）利用示波器观察 $A_1$ 所构成电路的传输特性曲线，并读取门限电压值，将实验结果填入表 3 中，比较仿真结果与估算结果。（注意：示波器选择"DC"挡）

表 3

| 项目 | $U_{TH}/V$ | $U_{TL}/V$ | 传输特性曲线 |
|---|---|---|---|
| 估算 | | | |
| 测量值 | | | |

（3）$u_i$ 输入正弦波信号，频率为 1 kHz，峰值为 4 V，偏置电压为 0 V，试画出 $u_i$、$u_o$ 的波形图。

（4）利用 Transient Analysis 仿真方法分析 $u_i$、$u_o$ 的波形（显示 5 个周期即可），将（3）、（4）实验结果填入表 4 中，比较仿真结果与估算结果。

表 4

| 项目 | $u_i$、$u_o$ 的波形 |
|---|---|
| 理论推导 | |
| 仿真结果 | |

3. 实验任务三

电路如图 3 所示，$A_1$、$A_2$ 比较器型号为 LT1017CN8，$D_1$、$D_2$ 二极管为理想二极管，$D_3$ 为理想稳压管，$U_Z = 5$ V，稳压管正向导通电压为 0 V。

（1）分析电路的工作原理，估算电路的门限电压，画出电路传输特性曲线。

（2）利用直流扫描分析（DC Sweep）测量电路的传输特性曲线，将测量结果填入表 5 中，将仿真结果与估算结果进行比较。（注意：示波器选择"DC"挡）。

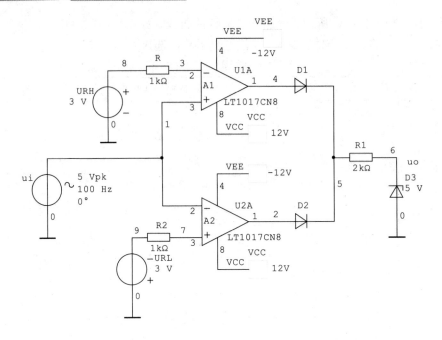

图 3　电压比较器

表 5

| 项目 | $U_{TH}$/V | $U_{TL}$/V | 传输特性曲线 |
|---|---|---|---|
| 估算 |  |  |  |
| 测量值 |  |  |  |

（3）$u_i$ 输入正弦波信号，频率为 100 Hz，峰值为 5 V，偏置电压为 0 V，理论分析并画出 $u_i$、$u_o$ 的波形图。

（4）利用 Transient Analysis 仿真方法分析 $u_i$、$u_o$ 的波形（显示 2 个周期即可），将结果填入表 6 中，比较仿真结果与理论分析结果。

表 6

| 项目 | $u_i$、$u_o$ 波形 |
|---|---|
| 理论推导 |  |
| 仿真结果 |  |

(5) 分析电路的作用。

# 实验十二  RC 正弦波振荡电路

姓名：_____  学号：_____  日期：_____

## 一、实验目的
(1) 掌握正弦波振荡电路的工作原理。
(2) 掌握正弦波振荡电路输出信号峰值、频率的估算方法。
(3) 掌握正弦波振荡电路的仿真分析方法。
(4) 掌握常用正弦波振荡电路的设计与调试方法。

## 二、实验原理
参考本书 6.2 节内容。

## 三、实验任务
设计一个自稳幅 RC 正弦波振荡电路，输出信号频率为 2 kHz，峰值为 5 V。
(1) 绘制电路原理图，根据要求确定电路元件参数，写出元件参数估算过程。
电路原理图：                    参数估算过程：




(2) 利用 Multisim10 软件连接电路图。
(3) 观察起振过程。
(4) 调节电路元件参数获得正弦波。

## 四、思考题
(1) RC 振荡电路由哪几部分组成？每部分的作用是什么？
(2) 振荡电路的起振条件是什么？
(3) 什么是相位平衡条件和幅值平衡条件？
(4) 正弦波振荡电路产生的自激振荡和负反馈放大电路产生的自激振荡有什么不同？
(5) 用 RC 串并联网络与单管共发射极放大电路连接能构成正弦波振荡电路吗？为什么？
(6) 常用正弦波振荡电路有哪几种？频率稳定度最高的是哪种振荡电路？

# 实验十三  非正弦波振荡电路

姓名：_____  学号：_____  日期：_____

## 一、实验目的
（1）掌握方波、矩形波、三角波、锯齿波等非正弦波振荡电路的电路结构。
（2）理解非正弦波振荡电路的工作原理。
（3）掌握非正弦波振荡电路输出信号峰值、周期的估算方法。
（4）掌握非正弦波振荡电路的仿真分析方法。
（5）掌握非正弦波振荡电路的设计与调试方法。

## 二、实验原理
参考本书6.3节内容。

## 三、实验任务
1. 实验任务一

电路如图1所示，$A_1$、$A_2$的型号为741，稳压管$U_Z = 4.7$ V，稳压管正向导通电压约为1 V。

（1）估算$A_1$所构成电路的门限电压，写出估算过程。
门限电压估算过程：




（2）估算电路输出信号的峰值和周期，写出估算过程。
信号的峰值和周期估算过程：




（3）利用Transient Analysis仿真方法分析$u_{o1}$、$u_o$的波形（瞬态分析中，输出节点选择$u_{o1}$、$u_o$处的节点，分析时间为0.02 s），测量输出信号的峰值、周期，将测量值与估算值进行比较。
（4）分析电路的工作原理。
（5）分析该电路的作用，分析电路如何调节输出信号峰值和周期。

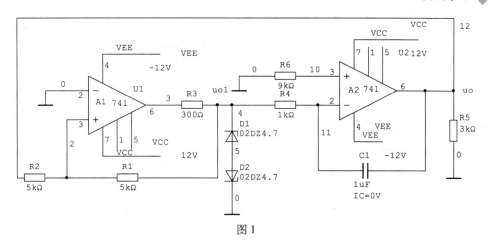

图 1

## 2. 实验任务二

电路如图 2 所示，$A_1$、$A_2$ 的型号为 741，稳压管 $U_Z = 4.7$ V，稳压管正向导通电压约为 1 V。

(1) 估算 $A_1$ 所构成电路的门限电压，写出估算过程。

门限电压估算过程：




(2) 调节滑动变阻器 $R_{W1}$ 的百分比分别为 25%、50%、75%，利用 Transient Analysis 仿真方法分析滑动变阻器百分比不同时 $u_{o1}$、$u_o$ 的波形（瞬态分析中，输出节点选择 $u_{o1}$、$u_o$ 处的节点，分析时间为 0.1 s），测量 $u_o$ 的峰值、周期、占空比。

(3) 分析电路的工作原理。

(4) 估算滑动变阻器百分比不同时，电路输出信号的峰值、周期、占空比。

(5) 分析该电路的作用，分析电路中滑动变阻器的作用，分析电路如何调节输出信号占空比。

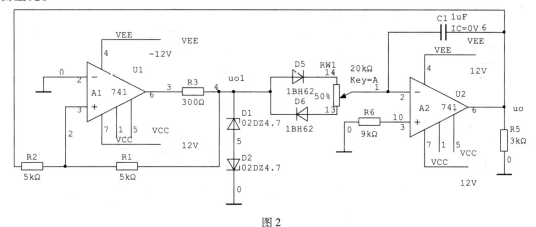

图 2

## 实验十四　直流稳压电源设计

姓名：_____　学号：_____　日期：_____

**一、实验目的**

（1）掌握直流稳压电源的电路结构。
（2）理解整流、滤波的工作原理。
（3）掌握整流、滤波电路中相关参数的估算。
（4）掌握整流、滤波电路的仿真分析方法。
（5）掌握整流、滤波电路的设计与调试方法。
（6）理解集成稳压电路的工作原理。
（7）掌握集成稳压电路的设计方法与仿真分析方法。

**二、实验原理**

参考本书 6.3 节内容。

**三、实验任务**

设计一个直流稳压电源。要求输出直流电压为 30 V，负载为 300 Ω，稳压电路分别用稳压管稳压和线性三端集成稳压器（LM7812CT）；设计完成后测量电路的输出电压、稳压系数及电压调整率。

## 实验十五　组合逻辑电路

姓名：_____　学号：_____　日期：_____

**一、实验目的**

（1）掌握卡诺图化简方法。
（2）掌握组合逻辑电路分析、设计的方法。
（3）理解编码器逻辑功能并可运用编码器和七段数码管实现数码显示。
（4）理解译码器的逻辑功能并运用译码器实现组合逻辑函数。
（5）理解数据选择器的逻辑功能并运用数据选择器实现组合逻辑函数。
（6）理解加法器的逻辑功能并运用加法器实现常见 BCD 码转换。
（7）理解比较器的逻辑功能并运用比较器实现多位数比较。

**二、实验原理**

参考本书第 8 章内容。

**三、实验任务**

**1. 任务一**

请写出全减器真值表，并以 3 线 - 8 线译码器分别和与门、与非门实现全减器。

**2. 任务二**

请写出全加器真值表，并以双 4 选 1 数据选择器和少量门电路实现全加器。

### 3. 任务三

请写出余 3 BCD 码及自反 2421BCD 码，并以 4 位二进制加法器 7483 设计一个可将自反 2421BCD 码转换为余 3 BCD 码的代码转换器。

### 4. 任务四

请用一片 4 位数值比较器 7485 和少量门实现对两个 5 位二进制数进行比较的数值比较器。

# 实验十六　时序逻辑电路

姓名：＿＿＿＿＿＿＿　学号：＿＿＿＿＿＿＿　日期：＿＿＿＿＿＿

## 一、实验目的

(1) 理解时序逻辑电路的工作原理。
(2) 理解常见触发器 RS、D、JK、T、T′的逻辑功能。
(3) 掌握触发器逻辑功能的转换。
(4) 掌握时序逻辑电路的分析与设计方法。
(5) 理解同步、异步二进制计数器和十进制计数器的工作原理。
(6) 掌握采用计数器集成电路设计任意进制计数器及计数型序列信号发生器的方法。
(7) 理解寄存器及移位寄存器的工作原理。
(8) 掌握采用移位寄存器集成电路设计移位型序列信号发生器的方法。

## 二、实验原理

参考本书第 9 章内容。

## 三、实验任务

### 1. 任务一

请以 T 触发器和门电路设计一个同步 4 位十进制计数器，并给出设计过程。T 触发器逻辑符号及功能表如图 1 所示。

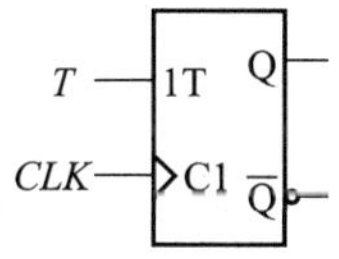

| $T$ | $Q^n$ | $Q^{n+1}$ |
|---|---|---|
| 0 | 0 | 0 |
| 0 | 1 | 1 |
| 1 | 0 | 1 |
| 1 | 1 | 0 |

图 1

### 2. 任务二

请以 4 位十进制计数器 74160 和适量门电路设计同步三位计时电路（分个位、秒十位、秒个位），在 55 秒、57 秒和 59 秒有亮灯提示，并可以实现快速较分。

### 3. 任务三

请用一片 4 位同步二进制加法计数器 74163 设计一个模 10 计数器，计数器的计数规律为 2，3，4，5，6，10，11，12，13，14，2，…，并给出设计过程。

### 4. 任务四

请以移位寄存器 74194 和集成双 4 选 1 数据选择器 74153 设计一个能产生序列信号为 11010000 的移存型序列信号发生器，并给出详细的设计过程，设置 74194 工作在右移模式。

# 实验十七　555 集成电路仿真分析

姓名：_____　学号：_____　日期：_____

## 一、实验目的

(1) 掌握 555 集成定时器的工作原理。
(2) 理解 555 集成定时器实现波形变换、脉冲整形及幅度鉴别的原理。
(3) 理解 555 集成定时器构成单稳态触发电路的工作原理并掌握其设计分析方法。
(4) 理解 555 集成定时器构成多谐振荡器的工作原理并掌握其设计分析方法。

## 二、实验原理

参考本书第 10 章内容。

## 三、实验任务

### 1. 任务一

请对 555 定时器外加正弦信号或三角波输入，输出产生同频矩形波。

### 2. 任务二

请以 555 定时器设计单稳态电路，调节外接定时元件 $R$、$C$ 的大小，分析输出结果的变化。

### 3. 任务三

请以 555 定时器设计多谐振荡器，调节外接定时元件中 $R_1$ 和 $R_2$ 的大小，分析输出结果的变化，$R_1$ 和 $R_2$ 的取值满足怎样的关系可近似实现方波输出？

### 4. 任务四

请以 555 定时器设计多谐振荡器，外接可变电阻器，产生方波输出。

# 参 考 文 献

[1] 童诗白,华成英. 模拟电子技术基础[M]. 北京:高等教育出版社,2009.
[2] 胡宴如,耿燕秋. 模拟电子技术基础[M]. 北京:高等教育出版社,2012.
[3] 蒋立平. 数字逻辑电路与系统设计[M]. 北京:电子工业出版社,2008.
[4] 程勇. 实例讲解 Multisim10 电路仿真[M]. 北京:人民邮电出版社,2010.
[5] 郭锁利. 基于 Multisim 的电子系统设计、仿真与综合应用[M]. 北京:人民邮电出版社,2012.
[6] 张新喜. Multisim10 电路仿真及应用[M]. 北京:机械工业出版社,2010.
[7] 张金. 电子设计工程师之路[M]. 北京:电子工业出版社,2014.
[8] 聂典. Multisim12 仿真设计[M]. 北京:电子工业出版社,2014.
[9] 赛尔吉欧·佛朗哥(Franco. S). 基于运算放大器和模拟集成电路的电路设计[M]. 刘树棠,朱茂林,荣玫,译. 西安:西安交通大学出版社,2009.
[10] 铃木雅臣. 晶体管电路设计(上,下)[M]. 周南生,译. 北京:科学出版社,2004.
[11] 任骏原,腾香,李金山. 数字逻辑电路 Multisim 仿真技术[M]. 北京:电子工业出版社,2013.
[12] 张金,袁魏华,张友方,等. 现代电子系统设计[M]. 北京:电子工业出版社,2011.
[13] 王连英. 基于 Multisim10 的电子仿真实验与设计[M]. 北京:北京邮电大学出版社,2009.
[14] 许晓华,何春华. Multisim10 计算机仿真及应用[M]. 北京:清华大学出版社,2011.
[15] 王冠华. Multisim10 电路设计及应用[M]. 北京:国防工业出版社,2008.
[16] 周润景,郝晓霞. Multisim & LabVIEW 虚拟仪器设计技术[M]. 北京:北京航空航天大学出版社,2008.
[17] 熊伟. Multisim7 电路设计及仿真应用[M]. 北京:清华大学出版社,2005.
[18] 付文红,花汉兵. EDA 技术与实验[M]. 北京:机械工业出版社,2007.